茶艺与茶文化专业系列教材

茶树栽培与茶园管护

余海云　李　杨　刘　敏　主　编
余玉庚　童杰文　王　蝶　张　静　吴　震　副主编

旅游教育出版社
·北　京·

数字资源总码

图书在版编目（CIP）数据

茶树栽培与茶园管护 / 余海云，李杨，刘敏主编．北京：旅游教育出版社，2025. 9. --（茶艺与茶文化专业系列教材）. -- ISBN 978-7-5637-4873-0

Ⅰ. S571. 1

中国国家版本馆 CIP 数据核字第 2025BW5124 号

茶艺与茶文化专业系列教材

茶树栽培与茶园管护

余海云　李　杨　刘　敏　主编

余玉庚　童杰文　王　蝶　张　静　吴　震　副主编

总 策 划	丁海秀
执行策划	赖春梅
责任编辑	赖春梅
出版单位	旅游教育出版社
地　　址	北京市朝阳区定福庄南里 1 号
邮　　编	100024
发行电话	（010）65778403　65728372　65767462（传真）
本社网址	www.tepcb.com
E — mail	tepfx@163.com
排版单位	北京知壹文化传播有限公司
印刷单位	天津雅泽印刷有限公司
经销单位	新华书店
开　　本	710毫米 × 1000毫米　1/16
印　　张	24.25
字　　数	384 千字
版　　次	2025 年 9 月第 1 版
印　　次	2025 年 9 月第 1 次印刷
定　　价	66.00 元

（图书如有装订差错请与发行部联系）

茶艺与茶文化专业系列教材

编委会

茶树栽培与茶园管护

编委会

主　编:

余海云　常德职业技术学院

李　杨　中国农业科学院茶叶研究所

刘　敏　江苏农林职业技术学院

副主编:

余玉庚　中国茶叶博物馆

童杰文　信阳农林学院

王　蝶　湘西民族职业技术学院

张　静　江西婺源茶业职业学院

吴　震　湖州陆羽茶文化研究会

编　委:

张群峰　中国农业科学院茶叶研究所

王　斤　常德科技职业技术学院

向博文　吉首市茶叶产业发展服务中心

刘姝娟　湖南省茶叶研究所

许爱国　石门县农业农村局

安丰轩　广西职业技术学院

陈世亮　江西婺源茶业职业学院

程一方　襄阳市农业科学院

唐志华　湖南省茶业集团股份有限公司

丰金玉　常德市农林科学研究院

龚迎均　湖南民族职业学院

汤茶琴　江苏农林职业技术学院

刘皓然　常德职业技术学院

陈　璐　常德职业技术学院

总序 PREFACE

茶者，南方嘉木也。江南烟雨浸润千年，茶香氤氲间沉淀着中华文明的精魄。在习近平总书记关于“三茶统筹”战略的引领下，在旅游强国与文化强国建设的时代召唤中，中国职业技术教育学会智慧文旅职业教育专业委员会、全国旅游职业教育教学指导委员会景区与休闲类专业委员会携旅游教育出版社、浙江旅游职业学院，广邀全国二十余所院校中的多位茶学专家学者与行业大师，如春茶吐蕊在全国率先出版“茶艺与茶文化专业系列教材”。这既是对传统茶道精神的现代诠释，也是对优秀传统茶文化的有效传承，更是旅游职业教育服务国家战略的生动实践。

茶艺与茶文化，作为“东方生活的美学范式”，承载着中华民族天人合一的哲学智慧，更是满足现代人民对美好生活需要的重要组成。新时代职业教育肩负着培养技术技能人才与文化传承者的双重使命，本系列教材以“一片叶子”为媒介，将茶树相关资源保护、非遗制茶工艺、现代文旅融合等要素熔铸其中，构建起贯通历史与未来、联结农业与文旅的知识体系与能力图谱。作为国家新版职教专业标准颁布后的首批配套教材，我们构建了“三维立体化”的编写体系：纵向贯穿“茶叶种植—精深加工—文化传播—旅游服务”产业链，横向融合农业类与旅游类院校的专业优势，深度嵌入中华茶文化与创新等教学资源库的数字化资源。特别是创新采用模块化、项目化、情境化等课程教学改革设计，每个教学单元不仅遵循案例或任务导入、工作过程或任务解析、技能训练与实践、学习效果检测与拓展等任务驱动的原则，而且包含标准教学视频、虚拟仿真实训或教学微课等新形态元素，从而使得诸如“西湖茶宴的意境营造”与“普洱茶渥堆发酵技术”等专业知识得以在数字空间完美呈现。这种“三维立体化”的教材编写模式，正是专业“五金”新基建理念的具象化表达。

本系列教材的编写团队秉持“三跨三融”原则——跨地域组建团队、跨领域整合资源、跨时空共享成果，融通标准、融汇技艺、融合文化，这已然成为本套教材的鲜明特色。例如，广西职业技术学院带来六堡茶制作技艺的国家级非遗传承经验，江苏农林职业学院贡献茶叶深加工领域的科研成果，新疆农业职业技术大学注入边疆茶文化传播的鲜活案例等。这种“东茶西引、南北互鉴”的协同机制，打破了传统教材编写的学科壁垒和区域隔阂。在本系列教材中，《茶文化》《茶席设计与茶会组织》《茶空间花艺》《茶树栽培与茶园管护》等将茶园的生态景观、文化主题、多元场景等转化为教学情境，《茶调饮制作》《茶叶审评》用创新时尚理念来引领茶学科严谨厚重的知识传达，凡此种种努力，无不彰显着协同创新的力量。本系列教材还特别设计“四阶递进式”教学模块：从茶叶、茶园认知的“识茶明理”，到加工实训的“制茶悟道”，从茶艺展演的“事茶修心”，到文旅融合的“传茶致远”。每个模块均坚持“岗课赛证”融通的思想理念，既对接评茶员、茶艺师等职业标准，又衔接全国职业技能大赛规程。更值得关注的是，教材创新设置《茶调饮制作》《茶空间花艺》《茶馆经营管理》等文旅生活领域的应用项目，让课堂真正成为文化传承与产业创新、文旅深度融合的耦合点。

本套教材既可作为中高本旅游类相关专业教学用书，也可作为茶艺与茶文化相关从业人员和社会人士借鉴与参考的读本。本套教材共有15本，在教材出版的同时，同步上线智慧职教等智慧教育平台，实现“纸质教材＋移动端资源＋虚拟仿真系统”的全场景覆盖。我们期待，当新疆学子通过AR技术复原宋代点茶技艺，当海南学生借助数字地图溯源茶马古道，这些浸润着江南茶韵却不止于江南的教材，能培育出新时代的“茶文化摆渡人”，让中国茶香飘向世界各地。

作为全国首套“茶艺与茶文化专业系列教材”，汲取了同行许多研究和实践成果，在此一并表示感谢。同时编写中也一定还有诸多不足和遗漏之处，恳请读者批评指正，我们将在今后再版过程中予以完善和修正。

杜兰晓　教授

中国职业技术教育学会智慧文旅职业教育专业委员会　执行主任

浙江旅游职业学院　校长

前言 FOREWORD

本教材根据《国家职业教育改革实施方案》《关于推动现代职业教育高质量发展的意见》《关于职业院校专业人才培养方案制定与实施工作的指导意见》《教育强国建设规划纲要（2024—2035年）》等有关文件精神对教材建设提出的具体要求，以及习近平总书记在党的二十大报告中对职业教育工作做出的重要指示，在旅游教育出版社的组织下，由高等职业院校教师和行业、企业一线专家等共同开发编写。本教材紧密对接茶产业高质量发展需求，聚焦茶树种植与茶园管理领域核心技能，严格遵循高等职业教育农林类专业学生认知规律与发展需求，将“以学生为中心、以能力为本位、以产业需求为导向”的现代职教理念深度融入内容体系，充分体现新时代职业教育教材改革方向。

教材采用“模块—项目—任务”的层级化结构组织内容，共设三大模块、十四个项目、四十四个任务，系统覆盖茶园建设、茶园全周期科学管护和茶园常用机械操作和维护等茶产业链种植环节的核心技术与关键技能。内容编排坚持“理论适度够用，突出职业技能，强化实践应用”的原则，实现理论知识与实践操作的高度融合，充分彰显了职业教育教材的实用性、针对性、可操作性和先进性特点。

在编写过程中，我们始终坚持：

1.立德树人，思政引领。牢牢把握正确政治方向，积极弘扬社会主义核心价值观，将立德树人根本任务贯穿始终。深度挖掘课程思政元素，推动专业知识传授与价值引领的有机统一，全面落实“三全育人”要求，着力培养德技并修、担当民族复兴大任的“三农”领域高素质技术技能人才。

2.产教融合，对接前沿。紧密围绕茶产业种植端转型升级的实际需求，积极引入新品种、新技术、新装备、新模式和新理念。通过设置明确的学习目标、设计真实的实训任务、提供丰富的拓展阅读与训练，引导学生在“做中学、学中做”，激发创新思维，主动适应产业变革和社会发展需求，切实提升岗位胜任力。

3.学生为本，数字赋能。充分考虑职业院校学生学习特点，创新内容呈现方式。采用表格化、图示化精练呈现重点理论知识，图文并茂，助力学生高效构建系统化专业知识体系。深度融合信息技术，配套开发了丰富的数字资源（如微课视频、操作演示、虚拟仿真、在线题库等），大量素材直接取材于生产一线，通过可视化手段生动展示关键知识点与核心技能点，营造沉浸式学习环境，有效提升学习效果。

本教材具体编写分工如下：余海云负责教材总体设计并编写模块一下的项目二；李杨编写模块三下的项目一、二、三、四；刘敏编写模块二下的项目一；余玉庚编写模块二项目四；童杰文编写模块二项目三下的任务三、四和项目五下的任务六、七；王蝶编写模块二项目五下的任务一、二、三、五；张静编写模块二项目三下的任务一、二；张群峰编写模块二项目二下的任务二、三、四和项目五下的任务四；王厅编写模块一项目一；向博文编写模块一项目三；刘姝娟编写模块一项目四下的任务一、二；许爱国编写模块二项目六；安丰轩编写模块二项目二下的任务一；陈世亮编写模块一项目四下的任务三；吴震、程一方、唐志华、丰金玉、龚迎均、汤茶琴、刘皓然、陈璐负责图文资料的收集、数字资源的建设、图表编排和课程思政元素的挖掘与融入。

在教材中，我们参考、借鉴和引用了相关文献资料，谨向所有原作者表示诚挚的谢意！石媛、左显强、伍学峰等提供了图片支持，于此一并致以谢忱。限于编者水平与时间，书中疏漏与不足之处，恳请广大师生、行业专家及读者朋友提出宝贵意见，以便我们持续改进和完善。

编　者

目录 CONTENTS

模块一 茶园建设

模块二 茶园管护

模块三　常见茶园机械

模块一

茶园建设

项 一

了解茶树栽培历史

思维导图

项目一　了解茶树栽培历史
- 任务一　茶树栽培发展简史
- 任务二　茶叶生产概况

学习目标

知识目标：

· 了解茶树起源和茶树栽培发展历程；

· 了解我国的茶区分布和世界主要产茶国分布。

能力目标：

· 明晰茶树的起源，建立我国茶树栽培历史总体认识；

· 能简述我国茶区的分类及特征。

素养目标：

· 在学习茶树栽培发展史中增加民族自豪感和产业发展使命感；

· 在学习我国茶叶生产概况的过程中，构建对各地茶区分布的认知，初步形成对各地茶产业基础的辨识能力，为职业规划的萌芽打基础。

项目说明

了解茶树栽培历史及分布对建立茶树栽培的整体认知至关重要。中国作为世界茶树的原产地，产茶历史悠久，茶园面积广阔。掌握茶树起源、茶树栽培发展历程和茶叶生产概况后，为后续其他茶树栽培知识的学习打下良好的理论基础。本项目分别介绍茶树的起源、发展历程、我国的茶区分布、世界主要产茶国分布等知识，旨在构建茶树起源知识体系，令读者对世界茶树的起源、分布、发展等情况建立全面的认知。

任务一 茶树栽培发展简史

知识储备

茶树栽培发展简史

在植物学分类中，茶树，学名为 *Camellia sinensis* （L.）O.Kuntze。属于被子植物门（Angiospermae），双子叶植物纲（Dicotyledoneae），山茶目（Theales），山茶科（Theaceae），山茶属（Camellia），茶种（Camellia sinensis）。中国是世界上最早发现茶树、利用茶树的国家，世界饮茶的历史起源于中国，中国是茶的故乡，是茶的起源地。

（一）神奇的东方树叶原产于历史悠久的中华大地

茶树原产地是指在人工栽培茶树以前，茶树的原始分布区域。关于茶树原产地的论述，以前存在中国论、印度论，甚至调和论。随着现代社会科学技术的发展，众多专家、学者逐步进行了许多科学论证，最终达成了科学共识，即：中国是茶树的原产地，也是最早发现、栽培茶树并利用茶叶的国家，茶树原产于中国的西南地区。我国茶叶生产历史悠久，世界其他产茶国均是从我国直接或间接引入茶籽、茶苗和栽培技术，有的国家还多次派遣专家学者前来学习茶树栽培及茶叶加工方法，以助推本国茶业经济发展。

关于中国西南区域是世界茶树原产地的论证表

序号	论据	理由
1	中国西南地区是茶树近缘植物的地理分布中心	目前，世界上山茶科植物共有 23 属 380 余种，我国有 15 个属 260 余种，且大部分分布在西南地区。调查显示，山茶科、山茶属植物在我国西南区域高密度分布，说明西南区域是山茶科、山茶属植物的发源中心

续表

序号	论据	理由
2	中国西南地区的茶树变异最多、资源最丰富	植物学家认为，从地质变迁来看，某物种变异最多的地方就是该物种起源的中心地
3	中国西南地区的野生大茶树分布最集中、数量最多，且具有原始茶树的形态特征和生化特征	我国在云南、贵州、四川、广西、湖南等 10 个省份发现 200 余处野生大茶树，其中 70% 分布在西南地区，树干直径 1m 以上的特大型野生大茶树几乎全部分布在云南。从茶树的进化类型看，茶树在其系统发育的历史长河中，总是在趋于进化，凡原始型茶树比较集中的区域，属茶树的原产地。我国西南三省云贵川及其毗邻地区的野生大茶树具有原始树型的生化特征及形态特征，当属茶树原产地的中心地带
4	中国西南部具有最早利用茶的记载和最丰富的茶文化	《华阳国志》记载，在公元前 1000 多年前的周代以前，巴蜀一带就有人工种植的茶树，并为贡品 西汉王褒《僮约》记载“烹荼尽具”“武阳买荼”，表明当时茶叶已经商品化，出现了茶叶市场 唐代陆羽《茶经》写道“茶之为饮，发乎神农氏，闻于鲁周公”

▸ 拓展阅读

中国野生大茶树的分布区域及特征

（二）茶树栽培发展简史

茶树栽培历史阶段划分见下表。

茶树栽培历史阶段划分

序号	阶段	时间
1	起始时期	秦以前（公元前 220 年以前）
2	扩大时期	西汉至魏晋
3	兴盛时期	隋唐至清代
4	萧条时期	清末至中华人民共和国成立前夕（1911—1949 年）
5	恢复与再发展时期	中华人民共和国成立后（1949 年—）

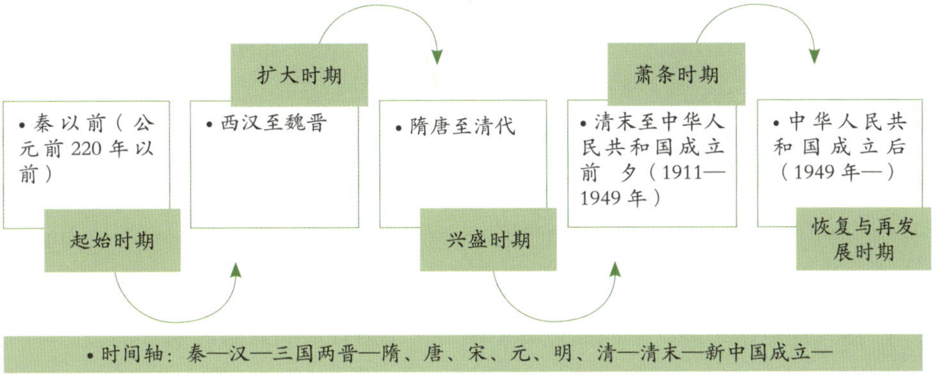

茶树栽培历史阶段划分

1. 千古神话代代传，千年记载显起源——茶树栽培的起始时期

秦以前是茶树发现、利用、栽培的起始时期。远古时期，由于没有文字记载，茶和茶树的记载多是一些神话和传说，史情大多靠人们代代相传，有的被后人补充记录后流传开来，如陆羽在《茶经》中记载“茶之为饮，发乎神农氏”，传说炎帝就是神农氏，将发现茶的时代推至四五千年以前；有的则通过神话和传说使人们推测了解、探索研究当时人类的行为活动，如《神农本草经》载“神农尝百草，日遇七十二毒，得茶而解之”，此传说目前流传最广；又依据《白虎通义》和《庄子·杂篇·盗跖》记述，神农时代是“只知其母，不知其父”的母系社会，由此可推测茶的发现与利用已有五六千年的历史。

秦以前已经有人工栽培茶树的记录，但局限在我国四川、重庆等地。据东晋常璩《华阳国志》记载：“周武王伐纣，实得巴蜀之师……武王即克殷，以其宗姬封一于巴……丹、漆、茶、蜜……皆纳贡之。”该书还记载“园有芳蒻、香茗”。由此表明，在周代以前，巴蜀一代不仅有人工栽培茶树，还将茶叶加工后作为贡品。

2. 口口相传甘露香，步步拓展茶园广——茶树栽培的扩大时期

秦汉至魏晋南北朝时期（公元前221年至公元589年）是茶树栽培的扩大时期。上古时代，四川是茶叶的生产中心，据《日知录》（1670年）载：“自秦人取蜀而后，始有茗饮之事”。从秦统一中国后，茶叶随着经济、文化交流而逐步向当时的政治、经济、文化中心陕西、河南传播，促使河南南部和陕西南部成为最古老的北方茶区之一。之后，又逐渐向长江中下游拓展，传播至南方各省。

西汉时期，记载茶的文献资料增多，资料显示茶的利用已日渐广泛、茶树栽培区域已逐步扩大。据《四川通志》（1733年）记载：“名山县治之西十五里，有蒙山，其山有五顶，形如莲花五瓣，其中顶最高，名曰上清峰……即种‘仙茶’之处。汉时甘露祖师，姓吴名理真者手植。至今不长不灭，共八小株……”汉代时期“甘露”是指汉宣帝“甘露”年号，由此可见，西汉时期，四川蒙山已有人工种植茶树。

南北朝时期，佛教盛行、道教兴起，使具有提神醒脑功效的茶饮在南方一些寺院传播，并陆续种植茶树，如江西庐山，四川峨眉山、青城山，浙江径山、天台山、雁荡山，安徽黄山、九华山，湖南常德西山等。据《汉书·地理志》《食论》（东汉华佗）等古书记载，两晋南北朝时期，除四川外，湖南的常德、沅陵，河南的汝南，安徽的合肥、凤台八公山，江苏的宜兴、淮安，浙江的吴兴等地都已生产茶叶。

3. 世人都道饮茶妙，茶园面积真不少——茶树栽培的兴盛时期

隋唐至清代（581—1911 年），是我国历史上茶树栽培和茶叶生产的兴盛时期，经济的繁荣、文化的兴盛都极大地推动着茶饮的传播和茶园的扩大。据唐《封氏闻见记》载：“古人亦饮茶，但不如今人溺之甚，穷日尽夜，殆成风俗，始自中地，流于塞外。”由此可见，唐朝时期，茶不仅从南方传到中原，还传播到了边疆地区，成为举国之饮。

“茶，兴于唐，盛于宋。”唐代，我国的产茶区域分布至现今的 15 个省。据我国的第一本茶学专著——“茶圣”陆羽的《茶经》（780 年）在“八之出”记述，当时茶叶栽培区域已遍及现在的四川、重庆、河南、陕西、安徽、湖北、湖南、贵州、江苏、浙江、江西、福建、广东、广西等省（自治区、直辖市）（当时云南为南诏国等，故未被《茶经》录入）。

宋代，斗茶之风兴盛，茶文化发展至巅峰，茶区不断扩展，茶树栽培技术也有了较大的提高，产量增加、茶树品种增多。据统计，宋代时期的产茶州府达到了 101 个，辖县约 500 个，茶区扩大到北纬 36°，宋徽宗赵佶还亲自撰写了茶书《大观茶论》。另外，唐宋时期，茶树不仅在国内传播，而且传播至国外。例如，唐贞元二十年（804 年），日本僧人最澄率弟子来浙江学佛后携茶籽回国，并种植于近江国（今滋贺县）比睿山麓（今大津市坂本）日枝神社旁。高丽王朝《三国史记》记载，632—647 年新罗善德女王执政期间，茶叶传入高丽王朝，828 年，遣唐使大廉带回天台山云雾茶茶种，并种植在地理山（今韩国智异山），目前，智异山仍是韩国优质名茶的主产区。朝鲜王朝末期，丁若镛、草衣禅师、金正喜为发展茶叶起到重要作用，著有《东茶记》《茶神传》《东茶颂》等茶书。宋代，日本“茶祖”荣西禅师来我国浙江学佛后，于 1191 年回国，并把茶籽带回日本种植在肥前国（今日本九州西北部），从此，茶开始在日本广为流传。

元代，我国茶区主要分布在长江流域、淮南和广西、广东一带，在宋代基础上有新的开拓，茶叶产量约为 10 万吨。

明代，我国茶园面积继续扩大，南至云南的金齿（今保山）、湾甸（今昌宁县西南），北至今山东莱阳。郑和下西洋开拓了台湾茶区，不仅形成了主要茶叶产地，还生产出了知名代表茶类。

清代，我国不仅茶区增多，而且出口茶激增。据估计，当时茶园面积已达到中国 20 世纪 50 年代前的最高纪录 40 万 ~ 46.7 万公顷，1886 年的茶叶出口量（13.41 万吨）达到了总产量（22.5 万吨）的 59.60%。

4. 战乱纷纷百姓苦，何来精力把茶顾——茶树栽培的萧条时期

清朝末年，战乱纷纷、民不聊生，中国沦为半殖民地半封建社会，各国势力入侵我国，掠夺我国资源、欺压百姓，茶农也未能幸免。加上印度、斯里兰卡等国植茶业兴起，机械化生产红碎茶大量出口，世界茶价下降，对我国茶业影响巨大，茶园面积锐减、产量剧降。据统计，1949 年新中国成立时，我国的茶园面积仅有 15.4 万公顷，仅占历史高峰时期的 1/3；茶叶产量 9.21 万吨，为历史高峰时期的 40%；茶叶出口量仅 0.99 万吨，为历史高峰时期的 7%。

在此茶产业萧条时期，大批产业有识之士主动学习、研究西方新文化，引进国外先进设备和技术，出国深造，效仿创办试验站、茶叶示范场、科研机构，提出“中国茶业复兴计划”，改良品种、创办茶学刊物、出版《茶树栽培》《茶树育种》等专著，宣传茶叶科技知识，使中国茶业逐渐形成近代茶业体系。

5. 重整旗鼓建茶园，团结一致干科研——茶树栽培的恢复与再发展时期

1949 年新中国成立后，党和政府针对茶园荒芜、茶业低迷的状态采取一系列有效措施：出台政策支持新茶园建设，组织恢复废弃荒芜茶园，扩大茶园种植区域和面积；建立健全茶叶教学机构和科研机构，大力开展茶叶研发推广工作，选育、推广茶树良种，建立种质资源库，提高茶树栽培与茶园管培技术。我国茶产业发展得到快速恢复、栽培技术显著提高、科研技术硕果累累。

20 世纪 50 至 60 年代，我国茶园面积不断扩大，在原来的基础上向西、向北、向南发展，例如，西藏试种成功，茶树进入察隅、林芝等地；甘南扩种为新茶区；海南扩展为新的产茶省份等等。产茶区域由原来的 14 个省（自治区、直辖市）500 余个县市增加到 20 个省（自治区、直辖市）近 1000 个县。目前，我国茶园面积居世界第一，茶叶产量居世界第一，是世界公认的茶业大国。

▶ **拓展阅读**

我国近年来茶园面积和茶叶产量数据

素质提升

“国强则民安，国富则民强，国家昌盛则民族兴旺。”作为当代青年，应明白自身的责任使命，努力学习专业知识、掌握多项专业技能、传承现代工匠精神，努力为社会发展、国家兴盛贡献一份自己的力量。

课后思考

模块一 · 项目一 · 任务一

参考答案

任务拓展训练

查阅我国古代文献，了解我国茶产业发展历史过程中劳动人民积累的关于茶树栽培的重要经验，摘录出其中的具体内容，并完成下表《中国古代茶树栽培文献整理》。

中国古代茶树栽培文献整理

班级：　　　　　　　　　　　　姓名：

序号	文献名称	作者	朝代	年份	具体内容
1					
2					

任务二 茶叶生产概况

知识储备

一、中国茶区分布

我国种茶历史悠久、适茶区域广阔，南北纬度跨 20°、东西经度跨 28° 都有栽培茶树。最北到达北纬 38° 附近的山东蓬莱，最南到达北纬 18° 的海南三亚，最东为东经 122° 的台湾东岸阿里山，最西到东经 94° 的西藏察隅。产茶区域有四川、重庆、贵州、湖南、湖北、河南、山东、陕西、甘肃、西藏、江西、安徽、浙江、江苏、福建、云南、广东、广西、海南、台湾 20 个省、自治区、直辖市的 1000 多个县，浙江、福建等产茶大省几乎县县产茶。

茶区是根据国家国民经济发展总方针，综合考虑各产茶区域自然、经济和社会条件、行政区域完整性而进行的划分，属于经济概念。具体是根据茶树的生物学特性，将适合茶树生长的区域范围划分为若干自然环境、经济水平和社会生产条件大致相似、茶叶生产技术大致相同的茶树栽培区域单元，以利于因地制宜采用相适应的栽培技术和茶树品种，发挥区域生态、经济、技术优势。

目前，全国划分为三级茶区，一级茶区为全国划分，国家根据区域进行宏观指导；二级茶区由各产茶省（自治区、直辖市）自行划分，以利于调控和领导；三级茶区由地（市）划分，直接指导茶叶生产。同时，根据当地生态环境是否适宜茶树正常生长发育，能否基本满足茶树生理活动需求将我国茶树生态适宜性区划为最适宜区、适宜区、次适宜区和不适宜区。

（一）我国茶区分类及各自特点

综合我国茶区的地域条件、茶类结构、产茶历史、产茶特点等因素，我国茶区分为四大区域，即西南茶区、华南茶区、江南茶区、江北茶区，四大茶区各有特色。

我国茶区分类及其特征

一级茶区名称	包含区域	茶区类型	环境特征	资源特征	主产茶类
西南茶区	四川、重庆、贵州、云南中北部和西藏东南部等	属于茶树生态适宜性区划适宜区	地势复杂、气候差别大，大部分区域处于亚热带，水热条件较好，气候温和 境内土壤类型较多，川、黔及藏东南以黄壤为主，滇中北为赤红壤、山地红壤和棕壤为主；土壤 pH 值 5.5 ~ 6.5, 质地较黏重，有机质含量较低	茶树资源较丰富，栽培树种有乔木型、小乔木型和灌木型	红茶、绿茶、花茶，黑茶中的普洱茶、边销茶等

续表

一级茶区名称	包含区域	茶区类型	环境特征	资源特征	主产茶类
华南茶区	广西和云南南部、福建中南部和广东中南部、海南和台湾	茶树生态适宜性区划最适宜区 我国气温最高的茶区	南部为热带季风性气候，北部为南亚热带季风性气候；茶区高温多雨，水热资源丰富，年均气温在20℃以上，年活动积温6500℃以上，无霜期300～350天 土壤多为赤红壤和砖红壤，部分为黄壤；土层深厚，有机质丰富	茶树资源极其丰富，品种多为乔木型和小乔木型，少量灌木型	红茶、乌龙茶、绿茶，黑茶中的普洱茶和六堡茶等
江南茶区	福建北部、广东和广西北部、安徽、江苏和湖北南部以及江西、湖南、浙江等省	茶树生态适宜性区划适宜区 我国茶叶主产区	大部分属于中亚热带季风性气候，仅南部为南亚热带季风性气候，四季分明；降水量比较充足，春季降雨量最多，秋冬季较少，易发生伏旱或秋旱；年均气温15.5℃，茶树生长期225～270天 土壤多为红壤，部分是黄壤和黄棕壤，还有少量黄褐土、山地棕壤、紫色土、冲积土等，pH值5.0～5.5	茶树资源丰富，品种主要是灌木型中叶种和小叶种，部分小乔木型的大叶种和中叶种	所产茶类丰富，六大茶类皆有生产，且品质优异、驰名中外
江北茶区	陕西、甘肃、河南南部，安徽、湖北、江苏北部，以及山东东南部等地	属于茶树生态适宜性区划次适宜区；是我国最北的茶区	地处北亚热带北部边缘，地形复杂，相比较其他茶区，气温低、积温少，年均气温15.5℃以下，年茶树生长期6至7个月；四季降水不匀，以夏季最多，冬季最少，易发生冬春干旱 植茶地区多为黄棕壤，部分是山地棕壤，土壤黏重、酸碱度偏高、肥力不高	茶树品种以抗寒性较强的灌木型小叶种为主	主要生产绿茶

（二）我国茶叶生产近况

近年来，我国茶产业繁荣发展，根据中国茶叶流通协会《2022年中国茶叶产销形势报告》和《2023年中国茶叶产销形势报告》统计：2022年全国茶园面积为4995.40万亩，2023年全国茶园面积5149.76万亩，同比增加154.36万亩，增幅3.09%。茶园面积超过300万亩的省份有：云南、贵州、四川、湖北、福建、湖南、安徽、浙江。

▶ 拓展阅读

近年我国茶叶生产情况统计

（三）我国茶叶出口近况

根据中国海关统计，近年来，绿茶在我国出口茶中占据了绝对优势，就出口量而言，红茶出口下降较大，黑茶和乌龙茶有所增长；从出口单价看，白茶单价最高。具体数据如下表所示。

2023 年中国茶叶出口量、出口额、出口均价统计表

茶类	出口量（吨）	出口额（万美元）	出口均价（美元 / 千克）
绿茶	309 389.54	118 048.70	3.82
红茶	29 044.19	26 705.07	9.19
乌龙茶	19 925.58	20 677.25	10.38
茉莉花茶	6210.55	5049.67	8.13
普洱茶	1719.01	1325.43	7.71
白茶	580.74	1465.92	25.24
黑茶	427.29	252.89	5.92
其他茶类	245.20	395.18	16.12
合计	367 542.11	173 920.12	4.73

数据来源：中国海关

二、世界茶区分布概况

世界茶区分布广泛，全世界有60多个产茶国，其中亚洲是主产区，有22个产茶国。

目前，世界茶区分布区域南至南纬33° 的南非纳塔尔、北至北纬49° 的乌克兰外喀尔巴阡，其中茶树主要种植在南纬6° 至北纬32° 区域之间，气候以亚热带和热带为主。根据气候和生产分布，可将世界茶区分为东亚、南亚、东南亚、西亚和欧洲、东非、南美等茶区，其各茶区都包含有相应的产茶国。

世界茶区分布统计表

茶区名称	主要产茶国
东亚茶区	中国、日本等
南亚茶区	印度、斯里兰卡、孟加拉等
东南亚茶区	印度尼西亚、越南、缅甸、马来西亚等
西亚和欧洲茶区	欧洲的葡萄牙、俄罗斯的索契和亚洲的格鲁吉亚、阿塞拜疆、土耳其、伊朗等
非洲茶区	东非的肯尼亚、马拉维、坦桑尼亚、莫桑比克、乌干达，南非的纳塔尔，中部的刚果、喀麦隆、卢旺达、南非和印度洋中的毛里求斯等
美洲茶区	阿根廷、巴西、秘鲁、墨西哥、厄瓜多尔、哥伦比亚等

各产茶国因地理、气候等条件不同，其茶树品种、生产方式、茶叶品质及茶叶产量也存在较大差异。据统计，茶叶产量中国居世界第一位、印度居世界第二位、肯尼亚居世界第三位、斯里兰卡居世界第四位、土耳其居世界第五位、印度尼西亚居世界第六位、日本居世界第七位。

素质提升

学生讨论：我国茶叶产量居世界第一位，那么茶叶出口量是不是也居世界第一位呢？

通过学生讨论，教师揭晓答案，介绍我国茶叶出口现状，从而引出作为茶学学子的责任：传播中国茶文化、推广中国茶叶，是每位同学的使命；传播中国传统文化是每位中国人的责任，作为当代青年，应学习周总理“为中华之崛起而读书”的奋斗精神，立足当下、珍惜时光、日积月累，为传播中国文化而不懈奋斗。

课后思考

模块一・项目一・任务二

参考答案

任务拓展训练

开展饮茶习惯调查。通过小程序或问卷调查或电话或微信形式联系身边的亲戚朋友，了解他们平时喝的茶，茶叶产区、茶叶品质特征，并完成茶饮习惯调查表。

茶饮习惯调查表

调查时间： 调查人：

被调查人姓名	常饮茶名	所产区域	茶类特征	备注

项目二

认识茶树

思维导图

- 项目二　认识茶树
  - 任务一　茶树的植物学特性
  - 任务二　茶树的总发育特点
  - 任务三　茶树的年发育特点

学习目标

知识目标：

- 了解茶树的植物学分类依据，掌握茶树各器官的植物学特征特性；
- 了解茶树一生总的生长发育进程及其幼苗期、幼年期、成年期、衰老期的生长特点；
- 了解茶树的年发育规律及环境变化对茶树生育的影响。

能力目标：

- 能够正确区分、描述茶树各器官的植物学特征特性；
- 能够根据茶树所处生长阶段，确定相应的培管要求。

素养目标：

- 培养对大自然的热爱和敬畏之情，能够在日常生活和后期工作中积极、主动学习并应用相关学科知识；
- 尊重事物的发展规律并学会总结事物发展规律，根据规律做正确的事情；
- 学会化繁为简，抓关键影响因子，并灵活转换思路，积极化逆境为顺境。

项目说明

开展茶叶生产活动，明确茶树的生长特性非常重要。茶树作为多年生木本植物，具有独特的生长特性和生长规律。掌握茶树的植物学特性，有的放矢地采取科学、适宜的生产方式，才能培养出健壮、高产、经济期长的树形，实现茶园长效、高产、稳产、优质、高效。

本项目分别介绍茶树的植物学特性、总发育特点、年发育特点，帮助学生了解茶树在不同生育阶段的生长特点，在年生长周期内的生育规律，建立认识茶树生长特性的总图谱。

任务一 茶树的植物学特性

知识储备

一、茶树在植物分类学上的地位

茶树，学名为 *Camellia sinensis*（L）O.kuntze，为山茶科山茶属常绿木本植物，具有独特的经济、生态、文化价值。在植物分类学上，茶树的位置体现了其在自然界中的系统位置、与其他植物的关系。

界：植物界（Regnum Vegetabile）。

门：种子植物门（Spermatophyta），表明茶树是产生种子的植物，属于高等植物。

亚门：被子植物亚门（Angiospermae），表明茶树为有花植物。

纲：双子叶植物纲（Dicotyledoneae），表明茶树具有两片子叶。

目：山茶目（Theales），表明茶树与其他山茶目植物的亲缘关系。

科：山茶科（Theaceae），表明茶树有多种相似植物。

属：山茶属（Camellia），表明茶树的近亲植物。

种：茶种（Camellia sinensis），明确具有相似性的同类植物种群。

茶树的分类地位反映了其在自然界中的系统位置，指出了与其他植物的亲缘关系及其演化路径。

二、茶树的植物学特征特性

茶树是由根、茎、叶、花、果实、种子等器官有机构成的统一整体。其中根、茎、叶为营养器官，主要功能为营养和水分的吸收、运输、合成和转化，气体的交换等，并能用于繁殖新的个体。花、果实、种子为生殖器官，主要功能为繁衍后代。

（一）茶树的根系

茶树根系具有固定、吸收、贮藏、合成等多项功能，也可作为无性繁殖的材料。了解和认识茶树根系的生育规律是制定茶园土壤管理生产措施的重要生物学依据。

茶树根系的植物学特征特性

内容	项目	说明	备注
根系的组成	按功能区分：主根、侧根、吸收根、根毛	主根：由胚根发育形成的中轴根，有很强的向地性，向土壤深层生长可达 1 ~ 2m，甚至更深；当胚根伸长至 5 ~ 10cm 时，就会发生一级侧根；一级侧根生长发育到一定阶段后，可发生二级侧根，以此类推，形成庞大的根系	主根和侧根呈红棕色，寿命长，起固定、贮藏和疏导作用。 主根上的侧根按螺旋状排列，由于主根生长速度不均衡、各土层营养条件的变化，侧根生长有一定的节律，使茶树根系出现层状结构
		侧根：从主根侧面生长出来的分支	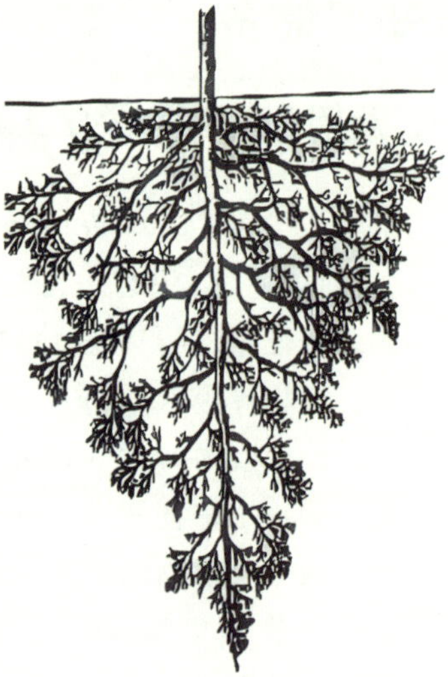
		吸收根：侧根前端生长出乳白色分支，表面密生根毛	吸收水分和无机盐，也能吸收少量的二氧化碳，寿命短，不断衰亡更新，少数未死亡的吸收根可发育成侧根
		根毛：吸收根尖端表面所生的细毛	根系吸收水分和养料的主要部分
	按发生部位区分：定根、不定根	定根：主根和各级侧根	种子苗由胚根发育而来的根系
		不定根：从茶树茎、叶、老根或根茎处发生的根	如扦插苗的根

续表

内容	项目	说明	备注
根系的分布	主根、侧根	主根生长到一定年龄后，生长速度放缓，慢于侧根；侧根向水平方向发展	根系分布与耕作制度密切相关。若茶园经常耕作，根系水平分布范围与树冠幅度一致；免耕或少耕茶园，茶树根幅常大于树幅
	吸收根	一般分布在地表下 5 ~ 45cm 土层内，集中分布在地表下 20 ~ 30cm 土层	具有喜湿怕涝、向肥性、向土壤阻力小方向生长的特性
菌根	存在于茶树整个根系	真菌与茶树根的共生复合体	根据菌丝在根中存在的部位不同，可分为外生、内外生和内生三种类型的菌根菌

素质拓展

讲述茶叶生产领域技术能手、劳动模范、成功企业的故事，传递“植物唯有根深才能叶茂”的踏实精神。作为当代大学生，一定要抓好专业技能学习的根本任务，才能确保将来走进社会成为一名自信、自强、有价值的社会主义建设者。

（二）茶树的茎

茶树茎为连接或着生叶、花、果，与根系相连的部分，具有支撑、疏导、贮藏等重要功能，其着生状态随品种不同差异较大。了解与认识茶树茎的生长发育特点，是指导茶树树冠高效管理和合理利用茶树茎的依据。

茶树茎的植物学特征特性

内容	说明	定义	图示 / 说明
茎的定义	联系茶树根、叶、花、果的轴状结构	枝条：主干以上着生叶的成熟茎	
		新梢：着生叶的未成熟茎	

续表

内容	说明	定义	图示 / 说明
树型分类	根据分枝部位不同，可将茶树分为乔木型、小乔木型和灌木型3种类型	乔木型茶树：植株高大（株高10米以上），有明显主干	我国栽培最多的是灌木型和小乔木型茶树 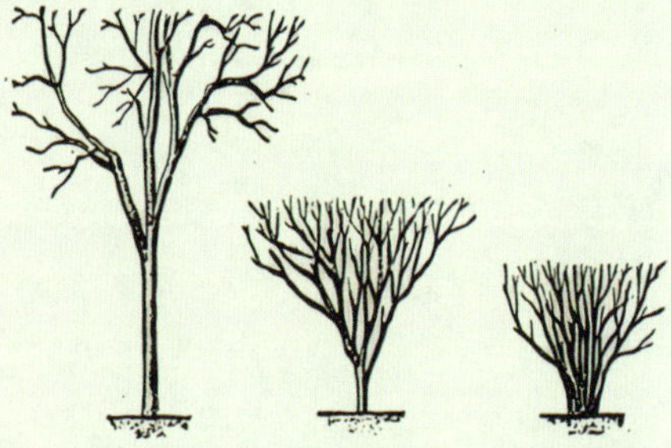
		小乔木型茶树：植株较高大（株高6～10米），基部主干明显	
		灌木型茶树：植株较矮小（株高5米以下），无明显主干	
枝条分类	根据着生位置和作用可分为主干和侧枝。主干和枝条构成树冠的骨架	主干：由胚轴生育而成，指根茎至第一级侧枝的部位	区分茶树类型的主要依据
		侧枝：主干上分生的枝条，依分枝级数命名。从主干上分生出的侧枝称为一级侧枝，从一级侧枝上分生出的侧枝称为二级侧枝，以此类推。是衡量分枝密度的重要指标。按粗细和作用不同，可分为骨干枝和细枝（亦称生产枝）	骨干枝：主要由一、二级分枝组成，其粗度是影响茶树骨架健壮的重要指标之一。 细枝：树冠面上生长营养芽的枝条，与形成新梢的数量和质量有密切关系 
茎的颜色变化	幼茎（枝梢）：表皮青绿色，着生有茸毛	随着幼茎逐渐木质化，皮色由青绿、浅黄、红棕（半木质化程度），即生长为枝条	
	枝条	1年生枝的茎上出现皮孔，形成裂纹，俗称麻梗。2～3年生枝条呈浅褐色，之后，逐渐变为浅褐色、褐色、褐棕色、暗灰色、灰白色	

续表

内容	说明	定义	图示 / 说明
分枝方式	单轴分枝	从幼苗形成开始，主茎的顶芽不断向上生长，形成直立而明显的主干，主茎上的腋芽形成侧枝，侧枝再形成各级分枝，但它们的生长均不超过主茎，主茎的顶芽活动始终占优势。自然生长的茶树，一般在1 ~ 3龄以内为单轴分枝（徒长枝为单轴分枝）	
	合轴分枝	指主干的顶芽生长到一定高度后停止生长或生长缓慢，由近顶端下的腋芽取代顶芽的位置，形成侧枝。新的侧枝生长一段时间后，顶芽萎缩又由腋芽生长，生长一段时间后生长优势又转向下一级侧枝，如此反复形成一个“之”字形弯曲的主轴。其树冠呈开展状，扩大了光合作用的面积。自然生长的茶树，一般到4龄以后转为合轴分枝	
树冠类型	根据分支角度不同，茶树树冠可分为直立形、半开展形和开展形（又称披张形）	直立形：一级分枝与地面垂直线角度＜ 35°	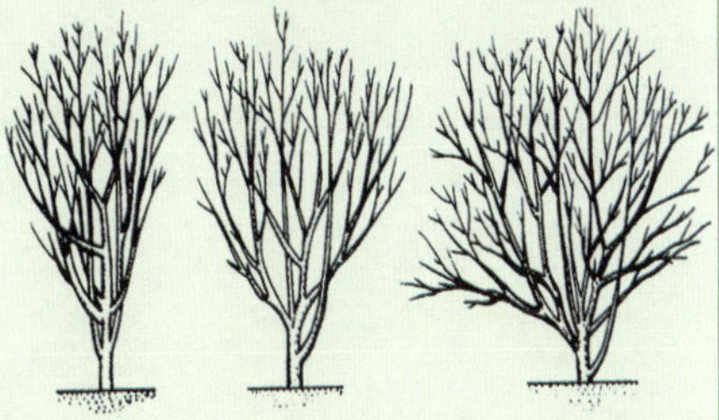 直立形　半开展形　开展形
		半开展形：35° ≤一级分枝与地面垂直线角度＜ 45°	
		开展形：一级分枝与地面垂直线角度≥ 45°	

（三）茶树的芽

茶树的芽是枝叶的雏形，其组织结构包括茎尖分生组织及其外围的叶原基、腋芽原基、幼叶等。不同品种，因芽的发生时间、着生部位不同，其形态结构有所不同。

茶树芽的植物学特征特性

内容	项目	说明	图示
芽的分类	按功能分为叶芽和花芽	叶芽：也称为营养芽，发育为枝条的芽	
		花芽：发育成花的芽。由当年生新梢上叶芽基部两侧数个花原基分化形成。外形比叶芽肥大，有一个较长的细柄，生长锥圆平茶树无专门结果枝，花芽、叶芽同时着生于叶腋处，居于叶芽两侧，有单生、对生、丛生和总状四种类型	
	依据着生部位不同，分为定芽、不定芽	不定芽（潜伏芽）：在茶树茎及根茎处非叶腋处长出的芽	

续表

内容	项目	说明	图示
芽的分类	依据着生部位不同，分为定芽、不定芽	定芽：分为顶芽、腋芽 顶芽：生长在枝条顶端的芽 腋芽：生长在叶腋的芽	
	按生长状态分	休眠芽（休止芽）：驻芽及尚未活动的芽 驻芽：当新梢成熟后或因水分、养分不足时，顶芽停止生长形成的芽 活动芽：正在膨大或展叶的芽	
	按茶芽形成季节分：冬芽、夏芽	冬芽：秋冬形成，春夏发育，芽较肥壮 冬芽外部包裹鳞片 3 ~ 5 片，表面富含蜡质并着生茸毛，能减少水分散失，具有一定的御寒作用	
		夏芽：春夏形成，夏秋发育，芽细小	

（四）茶树的叶

茶树的叶是茶叶生产的收获对象，更是茶树生长进行光合作用的重要器官，品种间叶片差异很大。

茶树叶的植物学特征特性

项目	说明	定义	图示说明
叶片分类	根据形态分：鳞片、鱼叶、真叶	鳞片：无叶柄，质地较硬，呈黄绿或棕褐色，表面有茸毛与蜡质，随着茶芽萌发开展逐渐脱落	
		鱼叶：发育不完全的叶片，色较淡，叶柄宽而扁平，叶缘一般无锯齿，或前端略有锯齿，侧脉不明显，叶形多呈倒卵形，叶尖圆钝 每轮新梢基部一般有鱼叶1片，多则2～3片。部分夏秋梢没有鱼叶	
		真叶：发育完全的叶片。形态一般为椭圆形或长椭圆形，少数为卵圆形或披针形	
真叶形态	叶片形态以叶形指数区分 叶形指数：平均叶长/叶宽，测定叶片基部至叶尖长度、叶片最大宽度	圆形：≤2.0 椭圆形：2.1～2.5 长椭圆形：2.6～2.9 卵圆形：1.5～2 披针形：≥3	

续表

项目	说明	定义	图示说明
真叶叶色	茶树叶片色泽与茶类适制性有关	淡绿色、浓绿、黄绿、紫绿、白化……	 
真叶叶尖形态	叶尖凹尖是茶树分类依据之一	急尖、渐尖、钝尖、圆尖	
真叶叶面形态	叶面隆起是优良品种特征	平滑、隆起、微隆起	

续表

项目	说明	定义	图示说明
叶片锯齿	茶树叶片边缘有锯齿	锯齿呈鹰嘴状，一般 16 ~ 32 对，随着叶片老化，锯齿腺细胞脱落，并留有褐色疤痕。叶片锯齿是茶树叶片特征之一	
叶缘形态	叶缘形状有的平展，有的呈波浪状	平展状	
		波浪状	
叶片着生状态	叶片着生状态有上斜、稍上斜、水平、下垂之分	上斜：叶片与枝条着生角度小于 45°	

续表

项目	说明	定义	图示说明
叶片着生状态	叶片着生状态有上斜、稍上斜、水平、下垂之分	稍上斜：叶片与枝条着生角度为 45° ~ 80°	
		水平：叶片与枝条着生角度为 81° ~ 90°	
		下垂：叶片与枝条着生角度角度大于 90°	
叶片叶脉	网状脉：主脉明显，主脉再分出细脉，连成网状	侧脉呈≥ 45° 伸展至叶缘约 2/3 的部位，向上弯曲与上方侧脉相连接 侧脉对数因品种而异，多的 10 ~ 15 对，少的 5 ~ 7 对，一般 7 ~ 9 对	

续表

项目	说明	定义	图示说明
叶片大小	以定型叶的叶面积来区分 叶面积 = 叶长 × 叶宽 ×0.7	特大叶：叶面积 >50cm^2 大叶：叶面积在 28 ~ 50cm^2 中叶：叶面积在 14 ~ 28cm^2 小叶：叶面积 <14cm^2	

素质拓展

我国具有丰富多样的茶树品种、茶叶品类和地方特色茶文化。茶有各色、人有千面，唯有允许每一片叶都有自己的色彩、形状、大小、姿态，茶园才能多彩。当代大学生，一方面应该主动脱离手机，多去看看外面真实的多彩世界，增长个人见识，发现世界的美好；另一方面应该对自己、他人都报以宽容心态，放弃完美主义，放弃个人主义，给自己也给别人容错空间，自己会越来越自信，朋友也会越来越多，生活会更美好。

（五）茶树的花

茶树花芽、叶芽同时着生于叶腋处，有 1 ~ 5 个或更多。茶花为两性花，由花柄、花萼、花冠、雄蕊和雌蕊等五部分组成，花轴短而粗，呈单生、对生、丛生或总状花序。茶树花器的特征是茶树分类的重要依据。

茶花

茶花分解

（1）花萼。位于花的最外层，由 5 ~ 7 个萼片组成，萼片近圆形，绿色或绿褐色，起保护作用；受精后，萼片向内闭合，保护子房直到果实成熟也不脱落。

（2）花冠。多为白色，少数为粉红色。由 5 ~ 9 片发育不一致的花瓣组成，分 2 层排列。花冠上部分离，下部联合，与雄蕊外轮合生。花谢时，花冠与雄蕊一起脱落。花冠大小因品种而不同，大花直径 4.0 ~ 5.0cm，中花直径 3.0 ~ 4.0cm，小花直径 2.5cm 左右。

（3）雄蕊。一般每朵花 200 ~ 300 枚雄蕊。

（4）雌蕊。由子房、花柱和柱头组成。雌蕊基部膨大部分为子房，子房表面大都着生茸毛，少数无毛。子房有无茸毛是茶树分类的重要依据之一。

茶花的形态

（六）茶树的果实和种子

（1）茶果。为蒴果，成熟时果实开裂，种子落地。果皮未成熟时为绿色，成熟后变为棕绿色或绿褐色。果皮光滑，厚度不一，薄的成熟早，厚的成熟晚。

（2）茶果形状和大小。与茶果内种子数量有关。着生 1 粒种子时，果为球形；着生 2 粒种子时，果为肾形；着生 3 粒种子时，果呈三角形；着生 4 粒种子时，果为正方形；着生 5 粒种子时，果是梅花形。

（3）茶籽。即茶树的种子，由种皮和种胚两部分构成，种皮分外种皮和内种皮，外种皮坚硬，大多数为棕褐色或黑褐色。种胚由胚根、胚茎、胚芽和子叶四部分组成，子叶部分最大，占据整个种子腔。

（4）茶籽形状。有近球形、半球形和肾形三种，以近球形居多，半球形次之，肾形茶籽较少。

（5）茶籽大小。因品种而异。大茶籽直径 15mm 左右；中粒茶籽直径 12mm 左右；小粒茶籽直径 10mm 左右。

（6）茶籽重量。大粒 2g 左右，中粒 1g 左右，小粒 0.5g 左右。

茶果和茶籽的形态

茶树结茶果

茶果

开裂茶果

素质拓展

学生讨论：油茶茶籽能榨油，但茶籽榨油困难，是不是说明茶籽经济价值低？

通过学生讨论，提出不同的观点，一方面鼓励学生积极参与课堂讨论，提升课堂主体意识；另一方面引导学生正确看待事物，学会抓根本问题、多角度思考；最后，引导学生“扬长避短”，不要总拿别人的长处和自己的短处比较。应牢记“三人行，必有我师”，学会取人之长补己之短。

◉ 任务内容

技能实训一：茶树植物学特征观察

一、实训目的

通过实地对比观察茶树各器官的植物学特征特性，比较各器官形态，分析其与茶树品种、树龄、环境等因素的关系，从而对茶树树型、树姿、叶片等形态特征形成系统认识，并能根据其特征进行品种鉴定。

二、实训内容

（一）茶树叶片特征特性的观察、测定

1. 叶片的种类

茶树的叶片根据分化程度不同，分为鳞片、鱼叶、真叶。

（1）鳞片。包裹在芽的外面，形状特小，色褐，多茸毛，叶面内折。叶脉、锯齿、叶柄不明显，随芽萌展而逐渐脱落。

（2）鱼叶。发育不完全，形同鱼鳞，色较淡，叶柄宽短扁平，叶脉不明显，叶缘一般无锯齿，或前端略有锯齿，叶尖圆钝。每个新梢一般有 1 ~ 3 片鱼叶，少数没有。

（3）真叶。发育完全的叶片，具叶的基本特征。

2. 叶型

茶树叶片按叶面积 (S) 大小分为特大叶型 ($S>50cm^2$)、大叶型 ($28cm^2<S<50cm^2$)、中叶型 ($14cm^2<S<28cm^2$)、小叶型 ($S<14cm^2$)。

叶面积计算公式：叶面积 = 叶长 (cm)× 叶宽 (cm) ×0.7(系数)。

3. 叶形

茶树叶形是按叶形指数 [叶形指数 (L)= 叶长 (cm)/ 叶宽 (cm)] 来确定，一般可分为圆形 ($L \leq 2.0$)，椭圆形 ($2.1<L<2.5$)，长椭圆形 ($2.6 \leq L \leq 2.9$)，卵圆形 ($1.5 \leq L \leq 2$) 和披针形 ($L \geq 3.0$)。

4. 叶脉

叶脉有主脉与侧脉之分。主脉自叶基部伸至叶尖，侧脉自主脉发出，向叶缘伸展，约伸至叶缘 2/3 处向上弯曲与上方侧脉相接。侧脉对数是分类上的主要依据之一。

以定型叶片为观察对象，观察其叶型、叶形、叶色、叶缘、叶尖、叶片着生状态、叶质、叶脉对数、叶齿。

（二）茶树外形特征特性的观察、测定

1. 树型

根据主干主轴是否明显，分枝部位高低及植株高矮来区分。

（1）乔木型。主干、主轴明显，分枝部位较高，植株高大，如云南大叶种（云抗 10、14 号等）。

（2）半乔木型（小乔木型）。主干、主轴均较明显、分枝部位较高，植株较乔木型矮小，如云南紫鹃茶。

（3）灌木型。无明显主干，主轴、分枝部位较低，植株矮小，如紫阳种。

2. 树姿

树姿根据分枝角度及伸展姿态不同来区分。

（1）直立形。分枝角度（$a \leqslant 35°$），枝条向上伸展，近似直立，树冠较紧凑。

（2）披张形（开展形）。分枝角度（$a \geqslant 45°$），枝条向侧伸展，树冠松散。

（3）半披张形（半开展形）。分枝角度（$35° < a < 45°$），树冠形状呈椭圆形。

三、材料与设备

（一）材料

标本照片或幻灯片（茶树的鳞片、鱼叶、真叶、不同树型茶树等），每组观察两个茶树品种或 5 株茶树。

（二）设备

皮尺、直尺、量角器。

四、步骤及方法

（1）每二人一组，调查两个品种或 5 株茶树，依次观察其树型、树姿。

（2）观察两个品种或 5 株茶树的叶片性状，每个品种或每一株随机取 10 片真叶测定其面积、叶形、叶型等相关内容，将结果填入记载表中。

①叶长的测定：利用直尺，量取叶片基部到叶尖的长度。

②叶宽的测定：利用直尺，量取叶片最宽处两边叶缘相距的宽度。

③芽叶茸毛的观察：以新梢芽叶为观察对象，观察其茸毛着生情况。

④叶面积的计算：叶面积 = 叶长 × 叶宽 ×0.7。

五、作业

（1）将调查结果填入茶树主要植物学特征调查表，并上交。

（2）根据调查结果，撰写茶树树体及茶树叶片的形态特征调查报告。

茶树主要植物学特征调查表

调查时间：　　　　调查人：

调查项目	品种 1	品种 2	品种 3	品种 4
品种名				
树龄 / 年				
树型				
树姿				
树高 /cm				
树幅 /cm				
一级骨干枝数量				
一级骨干枝直径 /cm				
二级骨干枝数量				
二级骨干枝直径 /cm				
叶长 /cm				
叶宽 /cm				
叶面积 /cm^2				
叶形				
叶缘				
叶色				
叶尖				
叶片着生状态				
叶质				
芽叶茸毛				
叶脉对数 / 对				
叶齿锐度				
叶齿密度				
叶齿深度				

◎ 任务评价

根据《课堂学习任务评价表》进行任务评价。

课堂学习任务评价表

班级：　　　　姓名：　　　　日期：

序号	评分要点	分值	评价方式		
			自评	互评	师评
1	出勤、上课纪律	20			
2	任务完成情况	40			
3	团队合作情况	20			
4	师生互动	10			
5	表达能力	10			
总分		100			
课堂评价总结及建议					

课后思考

模块一·项目二·任务一

参考答案

任务拓展训练

（1）建立调查小组独立调查或小组调查身边植物的植物学特性，并制作该植物的植物学特征调查表；查阅相关植物的植物学特征资料，对比强化个人对植物学特征的观察、表述能力。

（2）建立兴趣小组，尝试制作茶树不同器官的植物标本。

任务二　茶树的总发育特点

知识储备

茶树生长发育具有一定的规律性，包括总发育周期和年发育周期。茶树的总发育周期是指茶树一生的生长发育进程。茶树从受精卵（合子）开始到发育成一颗茶籽，经过播种发芽长成一株茶苗，茶苗不断经历生长、开花、结实、繁育出新的后代，而后逐渐趋于衰老，最终死亡的全过程，即为茶树生长发育的总发育周期。

茶树在自然条件下生长发育的时间为茶树的生物学年龄。根据茶树生长发育的特点和规律，结合茶树栽培、生产实际需求，可以将茶树生长发育过程划分为 4 个生物学年龄时期，即幼苗期、幼年期、成年期和衰老期。

掌握茶树在不同生物学年龄阶段的生长特性，才能制定和采取针对性的生产管理措施，使茶园达到增产、高产、优质、高效、长效的生产效益。

不同生物学年龄茶树的生长特性及栽培要求

生物学年龄时期	定义	生长特点	栽培要求	示例图片
幼苗期	种苗期：从茶籽萌发、出土，到第一次生长休止的阶段	茶苗出土之前： 1. 种子播种后，胚根先伸长并向下伸展，而后胚芽生长；胚芽出土时，胚根长度为胚芽的 2 ~ 3 倍 2. 该阶段茶苗生长发育所需营养主要来自茶籽内贮藏物质的降解	在茶籽适播期，通过浸种后播种、适当浅播，为茶籽萌发提供适宜的水分、温度、空气	
		茶苗出土之后： 1. 叶片形成叶绿素，根系从土壤当中吸收矿质营养和水分，从子叶异养到双重营养（子叶的异养和根系吸收营养）并过渡到自养（根系吸收营养和光合作用） 2. 地上部分生长速度加快，但根系生长仍然强于地上部分，为直根系，侧根较少 3. 当茶苗出土长出 3 ~ 5 片真叶时，顶芽开始形成驻芽，出现第一次生长休止 4. 抗逆性差	提供适宜的水分、温度、空气，土壤需要提供丰富的养分，适度遮阴、注意排水良好，及时杀菌、防治病虫草害	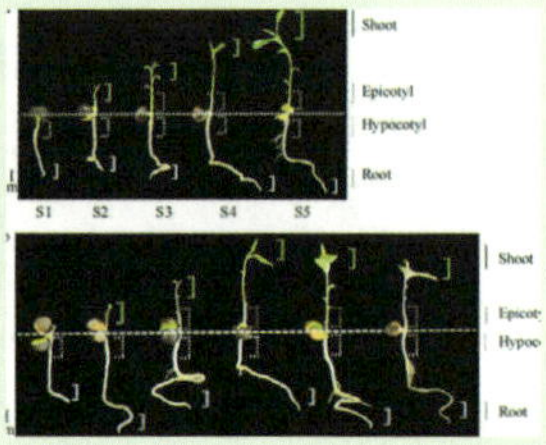
	无性繁殖苗：从营养体再生到生长发育成完整独立植株的阶段	生根之前：主要依靠自身茎、叶组织中贮藏的营养物质，通过输导组织从土壤中吸收水分。发根过程经历愈合阶段、愈伤阶段和发根阶段	要求繁殖体健康、壮实，具有丰富的营养储备；提供充足的土壤水分和适宜的空气温度、湿度和氧气	

续表

生物学年龄时期	定义	生长特点	栽培要求	示例图片
幼苗期	无性繁殖苗：从营养体再生到生长发育成完整独立植株的阶段	生根之后： 1. 通过根系从土壤中吸收营养和水分，叶片光合作用产能，顶芽不断生长 2. 根系吸收能力较弱，抗逆性差	要求：提供充足的水分和适宜的温度、湿度和空气；土壤中有足够的水肥供应；适度遮阴、排水，及时杀菌、防治病虫草害	
幼年期	从茶苗第一次生长休止到茶树正式投产的阶段，约3～4年	分枝类型：单轴分枝，侧枝较少，具有明显的主干 生长特点： 1. 营养生长为主，种子苗3龄左右开始开花结实，扦插苗当年即会开花 2. 树冠可塑性强，定型修剪能够抑制顶芽优势，促进侧枝生长，培养健壮骨干枝，形成丰产型浓密分枝树型 3. 树势较弱，抗逆性较差	1. 及时、科学开展定型修剪，不能乱采、强采，注意控制“以采代剪” 2. 做好水肥、遮阴、病虫草害管理，促进生长	

续表

生物学年龄时期	定义	生长特点	栽培要求	示例图片
成年期	从茶树正式投产到第一次进行树冠改造的阶段，约20～30年	分枝类型：合轴分枝，分枝变多，树冠冠幅变宽、枝叶变密 生长特点： 1. 前期，茶树新陈代谢最旺盛，根系离心生长明显，产量、品质高 2. 中期，茶树营养生长和生殖生长均达到旺盛时期，树冠面分枝愈分愈细，树冠顶部出现结节枝（鸡爪枝）并增多，萌芽能力减弱，对夹叶增多，根茎部开始萌发徒长枝（地蘖枝），恢复为单轴分枝，出现自然更新现象 3. 后期，树冠面上细弱枯枝多，骨干枝呈棕褐色甚至灰白色；开花结实现象增多，营养生长减弱，产量、品质下降；根系分布范围缩小	1. 加强水肥管理，保持旺盛树势 2. 交替采取轻修剪、深修剪、重修剪，培养并保持高产型树冠，确保茶园通风透光 3. 做好病虫草害防治工作，及时清除病虫枝、枯枝、细弱枝条	
衰老期	从第一次树冠更新改造开始到树体死亡的阶段，约数十年至百年以上。经济年限一般40～60年	生长类型：往复进入衰老—更新复壮状态 生长特点： 1. 前期：更新复壮后维持时间较长，生产能力增强 2. 后期，更新复壮后维持时间缩短，更新后枝条细弱，育芽能力弱，芽叶细弱，根系呈向心性生长，逐步衰老死亡	1. 采取适宜的修剪方式，加强水肥、病虫草害管理，延缓树势衰老，拉长更新间隔时间 2. 必要时台刈，产量无法提高时，换种改植	

素质拓展

学生讨论：茶树具有不同的生物学年龄特征和生长规律，尤其是在幼年期和衰老期，一定要做好田间管理，才能确保茶树高产、稳产。人有生老病死，我们应当采取怎样的态度和措施来面对和解决老年人的晚年照护问题？

通过问题的过渡，引导学生关注老年群体生活质量这一关乎国家可持续发展的重大战略问题，帮助学生树立正确的人生价值观，强化尊老、爱老、护老精神，并明晰自己在帮助老年人改善生活质量方面可以做出的具体努力，在生活中予以落实。

课后思考

模块一·项目二·任务二

参考答案

任务拓展训练

联系身边的茶叶合作社或茶农，开展茶园生产情况实地调研，理论结合实际，了解不同茶树生物学年龄阶段的生长特点和栽培要求，并完成调研，填写《茶园生产情况调查表》。

茶园生产情况调查表

调查人员：　　调查时间：　　调查方式：　　实地调查 / 电话调查

序号	调查项目	茶园 1	茶园 2	茶园 3
1	地点			
2	品种			
3	树龄			
4	海拔			
5	土质			
6	面积 / 亩			
7	行距 /cm			
8	株距 /cm			
9	树高 /cm			
10	树幅 /cm			
11	分枝级数			

续表

序号	调查项目	茶园 1	茶园 2	茶园 3
12	骨干枝粗度 /cm			
13	亩产量 /kg			
14	采摘轮次			
15	春茶干茶产量 /kg（单芽 / 一芽一叶 / 一芽二叶）			
16	夏茶干茶产量 /kg（单芽 / 一芽一叶 / 一芽二叶）			
17	秋茶干茶产量 /kg（单芽 / 一芽一叶 / 一芽二叶）			
18	修剪时间			
19	修剪次数			
20	修剪方式			
21	施肥时间			
22	施肥次数			
23	施肥方式			
24	施肥量			
25	病虫害发生情况			
26	病虫害防治措施			
27	其他			

任务三　茶树的年发育特点

知识储备

茶树年发育周期是指茶树在一年中的生长、发育进程。受自身基因调控和环境因素的影响，茶树生长表现出一定的年发育规律，在不同的时节，茶树根、茎、叶、花、果实、种子具有特定的生长表现。其具有以下特性：

（1）年生育阶段的顺序性。在年生育周期内，茶树的营养生长和生殖生长、地上部和地下部生长之间具有一定的顺序性。年初气候寒冷，当地上部生长休止时，根系生长却处于活跃状态；而当平均气温达到10℃左右时，茶芽开始萌动，此时根系活性却相对减弱。地上部生长，每年也是先从营养生长开始，当营养生长发展到一定程度后，才出现叶腋生长点分生组织的质变，形成花芽，开花结实，使茶树生殖生长得到发展。此顺序是不可逆的。

（2）营养物质运转的方向性。在严寒的冬天，当茶树地上部生长休止后，茶树叶片的光合产物主要向下运输，以供根系生长的需要，并将部分养料贮存于茎干和粗根中；至春天开始，气温逐步回升，茶芽开始萌动，茶树叶片的光合产物主要运向腋芽部位，同时根茎中的贮藏物质也迅速向地上部芽梢运转，以供新梢生长需要；秋季，当地上部花蕾生长之时，树体内的养料表现为部分运向芽梢，部分运向花蕾，以促进营养生长和生殖生长发展的需要。在一年中的不同时期，养分运转的方向是不同的，而运转的重点都是茶树各时期中生长最活跃的器官。

（3）生长的周期性。茶树的生长有一定的周期性变化，即从生长开始到生长停止，总是初期生长缓慢，随后生长加快，而后又渐渐减弱，生长到一定水平时即相对停止，这种规律性称为生长的周期性。周期现象主要表现为：昼夜生长周期性和季节生长周期性。昼夜生长周期性主要是温度和光照影响的结果。春季光照较弱，雨水充沛，白天生长量大于夜晚，夏季气温高，日照强，呼吸和蒸腾作用增强，故白天生长量低于夜晚。季节生长周期性即茶树在一年中随季节变化而发生的生长变化规律。主要表现在随着季节更替带来的水热、光照变化，茶树新梢随之发生的明显的轮性生长特点，茶花、茶果、根系发生的明显的季节生长节律。

一、茶树枝梢的年生长发育规律

新梢：茶芽萌发伸展，展开叶片，节间伸长，形成新梢。新梢不断伸长、增粗、木质化而形成枝条。

茶树枝梢的年生长发育规律

季节	来源	生长形态	生长特点
冬季 	越冬芽：由于冬季低温或日照时数低于某一数值后，茶树处于被迫休眠的芽 越冬芽肥大而饱满，内含物质丰富	树冠上部大量的营养芽呈休眠状态，芽外包被鳞片，确保安全越冬	茶树处于休眠状态，新陈代谢减缓，芽处于不活动状态

续表

季节	来源	生长形态	生长特点
春季 	春梢：越冬芽萌发至第一次生长休止的新梢，也称为“头轮梢”。 春梢内含有效成分丰富，持嫩性强	芽体生长膨胀，促使鳞片展开逐渐脱落；然后鱼叶展开，顶芽生长，展开第一片真叶；真叶首先与芽体包裹，呈向内翻卷，然后逐渐展开	1. 温度达到茶树生物学零度即10℃时，茶芽开始萌发；14 ~ 16℃，芽叶开始伸展；17 ~ 25℃时，新梢生长旺盛；30℃以上时，新梢生长受到抑制 2. 新梢萌发初期，若温度降到10℃以下，芽叶会减缓生长速度或停止生长；若温度降到0℃左右，新梢芽叶会受冻，出现死细胞斑点，即“麻头” 3. 真叶全部展开后，顶芽生长休止，形成驻芽。驻芽休止一定时间后，继续向上生长展叶 4. 每一轮新梢的发育状态与环境条件有关，尤其是氮肥施用情况。环境条件不适宜，新梢不能萌发或生长瘦弱。我国大多数茶区一年可以萌发4 ~ 5轮新梢，北方茶区少则3轮，海南茶区多则8轮。采取合理的栽培措施可以增加采摘轮次，缩短采摘间隔期，实现高产 5. 春季气温较低，新梢叶片从萌发到展开需要5 ~ 6天

续表

季节	来源	生长形态	生长特点
夏季 	夏梢：多为春茶采摘后的遗留小桩的侧芽萌发而来，少数由未萌发的越冬芽萌发而来，也称为“二轮梢” 夏梢多酚类物质含量高，氨基酸含量低，滋味苦涩	夏季气温高，新梢生长嫩叶展开、增大、增厚加快，芽叶硬度增加，促进新梢茎的木质部发育	1. 夏季气温高，新梢叶片从萌发到展开需要 3 ~ 6 天，快的 1 ~ 4 天 2. 夏季气温高、雨水条件好，新梢发育快，同一茶季可能同时出现第二、三或四轮新梢 3. 夏季树体贮存的营养没有春季丰富，同时处于花芽分化、幼果成熟时期，茶树新梢生长势、生长量较小，持嫩性、整齐度不如春梢
秋季 	秋梢：在生长休止的夏梢上萌发的新梢，即第三次生长的新梢，也称为“三轮梢” 秋梢生长势较差，易形成对夹叶	同夏梢	因为秋季光照强、气温高，水分、养分供应不理想，秋梢隐蔽发育期最长，生长活跃发育期短，生产上应及时采摘，以防芽叶粗老
共性	轮性：一年中茶树生长、休止交替进行的现象 大部分茶区，茶树新梢的生长和休止一年有三次：越冬芽萌发→第一次生长（春梢）→休止→第二次生长（夏梢）→休止→第三次生长（秋梢）→冬季休眠。除头轮新梢后，其他各轮都有前后轮次间交替的现象 1. 在头轮新梢残桩上萌发的新梢称为第二轮新梢。在第二轮新梢残桩上萌发的新梢称为第三轮新梢 同一株茶树上同一轮新梢的着生部位、营养条件不同，同一轮新梢萌发展叶的时间有早有晚，故可以采摘茶叶的延续时间比较长，即形成茶季 2. 成熟新梢：已形成驻芽的，停止生长的正常新梢 未成熟新梢：未形成驻芽，正在伸长、展叶的新梢 对夹叶：只展开 2 ~ 3 片真叶便生长休止，顶端 2 片叶类似对生状态，且节间很短的新梢，又称为摊片。是不正常的成熟新梢 3. 新梢随展叶数增多枝梢变长，产量增高		

二、茶树叶片的年发育规律

叶片：茶树进行光合作用合成有机物质，为树体生长发育提供能量的重要器官，也是茶园生产的采收对象。

茶树叶片的年生育规律

重要参数	生育特性
叶片数量：自然条件下，一枝新梢一年可展叶 20 片左右，少则 10 片，多则 30 片。具体因品种、环境条件、水分管理而不同	幼叶形态：幼嫩芽叶叶背多有茸毫，茸毫随着生长发育定型而逐渐脱落
光合能力：叶片光合作用在 20 ~ 35℃较强；超过 35℃，净光合作用急剧下降；39 ~ 42℃，没有净光合产物的积累	新梢生育：新梢是茶树生育的活动中心，春茶萌芽所需要的营养物质主要从茶树茎、根、老叶运转而来
叶面积：新梢叶片展开后 20 天内，叶面积增长最快；在 30 天左右，叶面积基本定型，即为成熟叶。 茶树产量和品质与叶面积呈正相关	营养供给：春梢生长所需光合产物主要来自秋季茶树叶片的积累；夏梢生长所需营养主要由当季叶片光合作用供给
叶面积指数：茶树叶面积总和 / 茶园面积 我国中小叶种投产茶园，叶面积指数宜控制在 3 ~ 4	气孔特点：气孔密度和开度影响茶树保水能力，改变蒸腾强度和抗旱能力。幼嫩叶片气孔密度是老叶的 2 倍，老叶气孔大小是幼嫩叶的 2 倍
叶片寿命：茶树叶片寿命与着生部位、环境、品种有关。多数叶片寿命不到 1 年，一般不超过 2 年	叶片脱落：茶园落叶全年发生，在环境条件恶劣、管理水平差、病虫危害的情况下，会发生不正常落叶。在冻害严重的情况下，会全株落叶

三、茶树根系的年发育规律

根系：茶树生长于地下部的营养器官，对茶树生长发育起着支撑、固定、吸收、贮藏、合成的作用。

茶树根系的营养吸收特性与年生育规律

茶树根系营养吸收特性		茶树年生育规律	
生长特性	栽培启发	重要参数	相应栽培要求
营养吸收特性：主要吸收土壤中的矿质盐类和部分有机物质，可从土壤空气和土壤碳酸盐溶液中吸收二氧化碳供叶片光合作用，但不能吸收不溶于水的高分子有机化合物	为提升根系吸收利用率，可施速效肥	根系的更新：茶树根系死亡更新主要在12月至翌年2月，茶树吸收根通过死亡更新以保持旺盛的吸收能力	在根系更新季节，降低茶园土壤耕作频次，减少对根系的损伤
氮素代谢的特点：根系是某些有机物质合成的场所，如茶氨酸都在根系合成。茶园施肥多，根系贮存的养分增多，反之则贮藏量下降。茶树以茶氨酸的形态将氮素营养贮存于根部	为提升叶片茶氨酸含量，应注意提升根系总量和生活力	根系活力：茶树根系活力在2～3月为高峰期，4～5月显著降低，6～8月呈现第二次高峰，9月到翌年1月维持中等水平，即在地上部新梢生长前1～2个月活力增强。茶树根系生长活跃阶段，吸收能力最强。在根系活力增强之前进行茶园耕作、施肥能够大大提升茶园产量和品质。氮、磷、钾肥配施能够显著提升根系活力	在根系活力强的季节进行施肥，即在2～3月、6～8月，9～10月开展田间施肥，可促进根系对肥料的吸收利用效率。茶园施肥应施用多元复合肥或有机肥，以提升根系活力
氮素吸收特点：茶树根系对铵态氮的吸收利用率高于硝态氮	茶园施用速效肥首选铵态氮肥	吸收根分布：茶树吸收根主要分布在土壤表层10～30cm处。茶树根系活力随土层深度增加而降低，在0～20cm土层活力最强，20～40cm变弱，40cm以下更低	施肥深度宜控制在30cm以内，提升根系对肥料的吸收利用率
氮肥施用时间：茶树进入休眠之前施用铵态氮肥，可被茶树吸收转化为茶氨酸、精氨酸、谷氨酸贮存于根系中，来年春茶萌发供给新梢生长所需	在11月前施入适量铵态氮肥，提升翌年春茶氨基酸含量	生长特点：在质地疏松的土壤中，茶树主根可深达2m以下，侧根冠幅约为树冠冠幅的1.5倍	前期，选择适宜的地块种茶，有助于茶树根系深扎。后期，在生产季节之后科学翻耕土壤，可促进根系生长

续表

茶树根系营养吸收特性		茶树年生育规律	
生长特性	栽培启发	重要参数	相应栽培要求
菌根共生：茶树根系与菌根共生，菌根可以分解土壤中茶树根系无法吸收利用的物质，促进根系对相关营养物质的吸收利用，土壤微生物丰富有利于菌根的生长发育	合理勤翻耕、多施有机肥，促进茶园土质疏松、富含有机质，促进菌根生长	生长温度：茶树根系生长最适宜地温为 20 ~ 30℃，10℃以下不发根	扦插苗床宜选择向阳、干燥、土质疏松的田块；生产性茶园宜避免选择冷性土田块，如水田
与地上部的关系：茶树根系生育活动与地上部生物活动密切联系，根系生长与地上部枝梢生长呈现交替生长的现象	在茶树新梢发育前开展施肥工作，确保根系活力和营养贮藏，在新梢萌发后及时向地上部输送营养物质	土壤物理条件：茶树根系在土壤孔隙度为 30% ~ 50%，含氧量 10% 以上，含水量 60% ~ 75% 时生长发育最适宜	适时、适当进行茶园翻耕，确保茶园土壤一定的孔隙度，固：液：气三相比适宜，以促进根系生长
根系特点：实生苗根系为明显的直根系，主根比较发达，扦插苗没有明显的主根；成龄茶树由直根系转变为分枝根系，呈放射状扩展；衰老茶树根系呈向心性生长，根系更新能力较弱	利用根茎部主轴生发的细根或侧根，提升衰老茶树根系的活力	土壤酸碱度：茶树根系适宜生长在 pH 值为 4.5 ~ 6.5 的酸性土壤中；在中性或微碱性土壤中根系发育不良，幼苗根系甚至萎缩死亡	扦插苗床、生产性茶园一定要选择酸性土壤
趋肥性：茶树根系趋肥性较强	茶园开垦时进行开沟撩壕压绿，疏松茶园土层深处土壤，促进根系下扎；投产茶园，适度开沟深施肥料，引导根系下扎	生产影响：茶树根系生长发育受种植方式的影响。茶树株行距小，根量减少	合理控制株行距，株行距不能过小，影响根系生长；也不能过大，降低土地利用率

四、茶树花、果实的年发育规律

茶花、茶籽：茶树有性繁殖后代的器官。通过借助茶花异花授粉的特性，可通过杂交育种的原理培育新品种，获得新的优良变异性状。

不稔性：茶树只开花不结实或结实率极低的现象。

茶花、茶籽的年发育规律

茶花生长特性	茶籽生长特性
环境影响：环境优良，幼树营养生长旺盛，开花结实少；环境不良，幼树会早衰而提前开花结实 	寿命：常温条件下贮藏，茶籽寿命不足1年，采收后应及时去除果壳播种暂缺 
发育时间：花芽分化到花蕾形成需20～30天；花蕾膨大现白到初开，需5～28天，平均约15天；花芽分化到开花需100～110天 	播种期：自11月至翌年3月，有冬旱的地区不宜冬季播种。最迟不超过3月，避免出苗迟，遭受旱热害，出现缺丛断行，茶苗长势差 
花芽分化特点：茶花由当年生新梢上叶芽基部两侧的数个花原基分化而成，外形一般比叶芽肥大，有一个较长的细柄  花芽从6月到翌年春季均会发生分化，夏季、初秋发育的花蕾开花率、结实率较高；越靠后，开花、结实率越低	预冷处理：对茶籽进行预冷（5～10℃）处理，可以缩短茶籽萌发时间，提高发芽率 
始花期：9月到10月下旬 盛花期：10月上旬到11月中旬 终花期：11月下旬到12月 其中，小叶种开花早，大叶种开花迟。 不同品种茶树，开花时长、盛花期时长差异较大；花蕾着生部位不同，花芽分化温度不同，开花期不同	发芽条件：发芽茶籽含水量应在50%～60%。茶籽萌发需要充足的氧气，播种前浸种时需要经常换水，播种茶园土壤应保持疏松 

续表

茶花生长特性		茶籽生长特性	
开花温度：开花平均温度16～25 ℃，最适温度18～20 ℃，相对湿度60%～70%。温度—2 ℃以下，茶花不能开放；—5～4℃，大部分茶花会受冻死亡		萌芽温度：茶籽一般在10 ℃左右开始萌动，发芽最适宜温度为25～28℃	
开花时间：茶花从上午6～7时开花增多，11～13时为开花高峰期，午后逐渐减少。茶花从乳白色花蕾到花瓣完全开放，需2～5小时不等，从花瓣张开到凋落可维持约50小时		营养供给时长：茶籽萌发，子叶营养物质供应胚的发育可持续6个月	
开花顺序：茶花开放有一定的次序，主枝上着生的花先开，侧枝上的花后开；先开放的花生活力较强、结实率较高；品种不同，花粉活力差异很大		胚芽形状：茶树胚芽在土壤中呈鱼钩状，可避免生长点被土壤碰伤	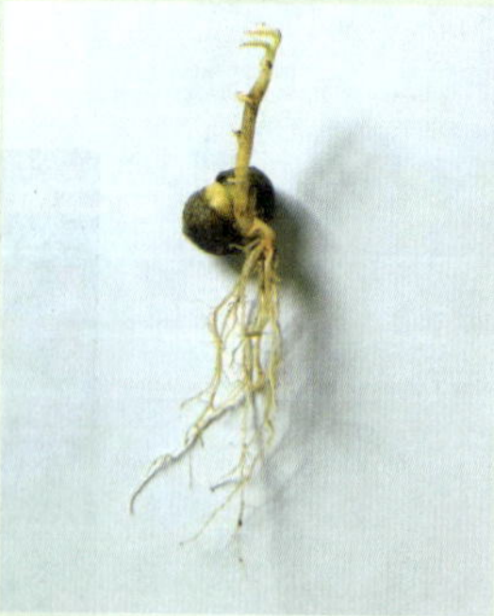

续表

茶花生长特性	茶籽生长特性
授粉特性：茶花具有异花授粉特性，主要借助昆虫传播授粉，风媒授粉受限。茶树开花数量多，但结实率仅 2% ～ 4%，主要在于自花授粉不育、花粉有缺陷、所处环境条件不良 	展叶特性：胚芽生长过程中，首先展开 2 ～ 4 片鳞片，鳞片叶腋处有胚芽作为后备生长点。然后生出鱼叶，鱼叶展开后，后续新芽发育为真叶 
茶果生长节律：授粉后的茶花第二年 4 ～ 5 月分化出子叶，胚乳逐渐被胚吸收；6 ～ 7 月，果实继续生长，子叶迅速增大；8 ～ 9 月，子叶吸收了所有胚乳，茶籽外种皮变为黄褐色，种子达到黄熟期；10 月，茶籽果皮呈棕色或紫褐色，外种皮变为黑褐色，从果背裂开，种子达到蜡熟期，可以采收。从花芽形成到种子成熟，约需 1 年半的时间 	休止特性：当真叶展开 3 ～ 7 片叶时，顶芽形成驻芽，即为第一次生长休止，约休止 2 ～ 3 周，然后开始第二次生长。在第一次生长休止时，地下部分的长度是地上部分的 1 ～ 2 倍 
养分需求：每年 6 ～ 12 月，当年茶花孕蕾开花，上一年的受精茶果发育形成种子并成熟，花、果同时生长发育，会消耗大量的养分，生殖生长对营养生长产生抑制作用，新梢生长较慢，该阶段茶树对养分需求很高 	茶籽出苗节律：长江中下游茶区，茶籽播种后，4 月中下旬胚根开始生长；5 月上中旬大部分茶籽胚根萌动，胚芽可见；5 月中下旬，少数胚芽出土；6 月上中旬茶苗大部分出土，逐渐展开真叶；6 月下旬至 7 月上旬，第一次生长休止 

素质拓展

（1）茶树生长过程中，无法控制环境变化，只能不断去适应四季变化，形成特有的年生长规律。年轻人在成长的过程中，也会遇到各种各样不可控的局面或事件，只能积极调整自己的心态，并不断学习，采取有效的应对措施，才能更好地自我成长和实现个人价值。消极面对、过激反应只能让自己困于现实的不利境地，既浪费了宝贵的青春时间，也将错过可能的快速成长机会。

（2）不同的茶树品种有不同的开花期、发芽期，人也如此。每个人都有自己独特的成长节奏、价值观念和行为能力，不必完全参考所谓优秀学生、超级学霸的学习节奏、行为习惯、成绩优势来要求、约束自己。我们可以学习他们认真、踏实、坚韧的精神品质，但是在目标设定、达成方式、结果评价上应该根据个人的具体情况进行合理设置，让自己在个人独有的成长轨道上运行，成为一束照亮自己人生的光，避免陷入精神内耗和自我否定。

课后思考

模块一·项目二·任务三

参考答案

任务拓展训练

（1）小组队员协作绘制一份茶树生长发育月历。

（2）小组队员实地拍照，形成一份茶树生长发育的实物年历挂图。

项目三

选种 育种

思维导图

- 项目三 选种 育种
  - 任务一 茶树种质资源的收集、保存与利用
  - 任务二 茶树种苗繁育

学习目标

知识目标：

· 了解茶树种质资源收集的方法与原则；

· 了解茶树种质资源的保存技术；

· 了解茶树有性繁殖和无性繁殖的技术要点。

能力目标：

· 掌握开展种质资源的收集、保存工作的技术要点；

· 能够独立开展茶树短穗扦插、营养钵繁育工作。

素养目标：

· 树立严谨的科学态度，遵守职业道德规范，尊重知识产权；

· 养成保护生态环境、对种植资源保护工作的高度责任心与使命感。

项目说明

掌握茶树种质资源的收集、保存及利用方法，认识茶树品种，掌握茶树常规育种方法，如扦插、杂交授粉，对茶树品种审定、良种繁育推广等进行较深入了解，为今后在茶叶生产实践中，开展茶树品种选择和良种选育工作奠定扎实基础。

任务一　茶树种质资源的收集、保存与利用

知识储备

一、茶树种质资源

（一）茶树种质资源

茶种质资源主要包括野生资源、地方品种、选育品种、株系、品系、遗传材料、近缘种。

茶树种质资源类型

资源类型	类型说明	备注
野生资源	主要指各种近缘野生种和有价值的野生茶树，在特定自然条件下经长期适应进化和自然选择形成。近年来，广义上指树龄大于60年的散落或呈现一定区域聚集性的长期处于无人为干扰管理的茶组植物	种质资源考察和收集时应至少选取10～50株
地方品种	指具有一定区域优势和适应性、早期由茶籽直播或在生长地经过长期栽培的茶树品种，一般具有广泛的遗传基础和基因的多样性	种质资源考察和收集时应至少选取10～50株
选育品种	即育成品种、改良品种，多为采用系统选种或杂交的方法育成的无性系品种。是指由育种学家根据特定的育种目标，采用相关技术手段，对遗传材料进行改良和选择，使其形成形态和生物学一致、遗传相对稳定、具有特定优良性状的品种	
株系	起源于共同祖先，经育种学家多年选育，遗传上稳定一致，但未进行品系比较试验的一群个体	
品系	指尚未形成品种，尚未在生产上推广、遗传性状稳定一致的群体	

续表

资源类型	类型说明	备注
遗传材料	指在遗传学或其他研究上有特殊功能或利用价值的材料	如单体、三体、端体、缺体
近缘种	茶种外的其他茶组植物	

（二）种质资源保护

保护好各个地方群体种，是优良品种选育的物质基础和基因基础，是保护种质资源最重要的内容。茶树种质资源的保护方式主要有两种：原生境保护和非原生境保护。

1. 原生境保护

原生境保护是指在其原生存环境中保护茶树的群体及其所处的生态系统，即在茶树群体发生或发展独特性的地方种植保存。

2. 非原生境保护

非原生境保护是指把茶树从原生存环境转移到具有不同条件的设施中保存，即通过种质圃、试管苗库、超低温库等途径进行的种质资源保存，以使种质繁殖体的生命力得到延长和遗传完整性得到维持的过程。

种质保存工作需要有足够大的群体样本，以降低繁殖过程中遗传漂移的概率，使群体繁殖体得以与原种质资源保持最大遗传相似性，确保种质研究和利用的潜能和价值。

二、茶树种质资源的考察和收集

（一）考察前的准备工作

种质资源考察一般在春季新梢生长期、秋季开花和果实成熟期进行，在考察前要制订详细、周密的工作计划，内容包括：考察目的和任务、考察地区和时间、考察队人员组成、考察地点和路线、考察和采集技术方法、样（标）本的整理和保存、运输和检疫、考察资料建档，以及物资准备、经费预算等。收集时期一般为种质繁殖的适宜时间。

茶树种质资源考察工作计划

<table>
<tr><td>考察目的</td><td colspan="4"></td></tr>
<tr><td>考察时间</td><td colspan="2"></td><td>考察地点</td><td></td></tr>
<tr><td>考察人员</td><td colspan="4"></td></tr>
<tr><td>采集方法</td><td colspan="4"></td></tr>
<tr><td>样本编号</td><td>位置</td><td>海拔坐标（经纬度）</td><td>采集时间</td><td>采集部位</td></tr>
<tr><td></td><td></td><td></td><td></td><td></td></tr>
</table>

（1）在起源中心，主要收集地方品种、野生茶树和野生近缘种，优先考虑尚未进行考察、损失威胁最大、具有珍稀濒危种质资源的地区。

（2）在栽培中心，自然条件适宜茶树的生长发育，形成了丰富的种质资源，主要搜集各类地方品种和具有独特性状的类型，了解品种的演变历史，以及品种的经济性状和抗不良环境的特性。

（3）在遗传育种中心，有较丰富的种质材料，主要搜集育成的优良品种、品系及特殊的遗传材料，了解品种的系谱和特征。

（二）考察和采集技术方法

访问当地富有经验的科技人员和茶农，了解当地茶树类型、品种和近缘野生植物栽培、饮用历史及利用方法、分布地区，以及产地的气候、地理等生态条件，观测调查植株及其营养器官和生殖器官表型特征、生物学和农艺性状及栽培要点，搜集枝条或种子繁殖材料，并进行摄影。

1. 样本采集

种质样本要包含群体内所有的遗传变异类型。地方品种、野生种、近缘野生种是比较混杂的群体，搜集的各种种质材料可多一点，每一个品种或群体应至少选取10 ~ 50 株。可采用随机取样、倾向取样、系统取样、分层取样等方法选取不同个体，采集的对象主要采集果实（种子）、穗条、幼苗等。

样本采集

采集对象	说明	备注
果实（种子）	在果实成熟期，采收 1kg 发育正常的果实，于室内阴凉处，待果皮自然开裂种子脱落后，取出成熟饱满种子。考察结束后立即播种在苗圃，亦可沙藏到翌年早春播种	
穗条	选择当年生木质化（茎红色）或半木质化（黄绿色）的带叶健壮枝条 11 ~ 15个，用枝剪剪下，用于扦插繁殖	将穗条进行编号，成束放于采集箱或尼龙袋中，内填湿苔藓、蛭石或湿纱布保湿
幼苗	挖取考察树下由该树种子长成的幼苗，尽量保持根系的完整，挖前要比较对照幼苗叶部形态等与母树是否相同	放在尼龙袋中，根部周围填以湿苔藓或蛭石，也可将洗净的根部蘸上黄泥浆，上部枝叶露在袋外，做好编号挂签

2. 样本和采集点的摄影和录像

对采集的样本、采集点全景应尽可能多地摄影和录像，对与植物学分类有关的特征和特异、珍贵类型，应拍特写照片。有些样本只是植株的一部分，这时应拍摄全株照片。茶树芽叶是主要性状观察对象，应详细记录；拍摄或录制采集点全景，以显示采集点的生境、伴生植物等。每张照片和录像文件都要记录种质样本的采集号、拍摄时间、地点、画面内容和拍摄人等信息。

湖南省常德市桃源县野生茶树种质资源信息采集

（三）样本的整理和鉴定评价

1. 材料整理

对采集的种质样本和标本进行整理，并对考察数据采集表、各种信息、资料进行整理、分类、统计，以便育种和其他研究的检索、利用，在取得完整资料基础上建立种质资源档案和性状数据库，编写种质资源目录。

种质资源基本描述

项目	内容	备注
①护照	种质名称	国内种质的原始名称和国外引进种质的中文译名
	种质外文名	国内种质的汉语拼音名和国外引进种质的外文名
	科名	*Theaceae*（山茶科）
	属名	*Camellia*（山茶属）
	学名	种质资源在植物分类学上的学名，由拉丁名加括号内的中文名组成 *Camellia sinensis (L.)O.Kuntze*（茶）
	原产地	国内种质资源的原产县、乡、村名称
	原产国	种质资源原产国家名称、地区名称或国际组织名称
	来源地	国内种质的来源省、县名称；国外引进种质资源的来源国家名称、地区名称或国际组织名称
②种质类型	种质类型是野生资源、地方品种、选育品种、株系和品系、遗传材料、近缘种或优异资源	

续表

项目	内容	备注
③特征特性	形态性状	是指种质资源的表型特征，如根、茎、枝、叶、花、果实、种子等器官的大小、长（宽）度、形状、颜色、有无茸毛等特征，是植物学分类和栽培品种划分的重要标志。形态性状描述内容和观测方法见模块一项目二的任务一茶树的植物学特征特性
	农艺性状	生物学、产量、品质和抗性
	生化指标	细胞学和生理生化指标
	野生或优异资源的特殊性状	野生资源要根据其特殊性状增加描述项目。优异资源要描述其优异性状，如高产、优质、抗病和抗虫性、抗寒和抗旱性，一芽一叶期、芽叶颜色，特征性生化成分含量（氨基酸、茶氨酸、茶多酚、儿茶素、咖啡碱）等信息

2. 鉴定和评价

对收集的种质材料通过试种观测，以便鉴定其主要形态特征和农艺性状，进行数据处理与分析，淘汰重复材料。试种地区的环境条件要能满足茶树正常生长，基本特征特性能得到正常表达。栽培品种一般在原产地区或与原产地区生态条件相似地区，引进种质资源可选择与原产地区生态条件近似的地区种植。种植规格一般为单株种植，行株距 150cm × 50cm，或者采用更大的行株距。

三、茶树种质资源的保存

收集到种质资源，经整理归类后，必须妥善保存。保存种质资源的方式可分为种植保存、种子保存、离体保存和基因文库。茶树种子对低温和脱水敏感，属顽拗型种子，尚不能用种子长期保存种质资源。种质圃是指通过植株种植方式保存种质资源，是目前常用于茶种质资源长期保存的方法。

四、茶树种质资源的利用

（一）新的种质资源来源

一是育种过程中产生的新品种、新品系和新的种质材料；二是由于不断产生的天然变异，包括自然突变和天然杂交产生的新类型和新物种；三是通过远缘杂交、基因工程、染色体工程、细胞工程、组织培养手段有目标地扩大遗传基础，综合不同种属间优良性状。种质资源的创新为育种工作提供了特殊性状的基因源，从而使育成的品种在某些重要性状上有所突破，在育种工作中有重要意义。

（二）种质资源利用方式

1. 直接利用

对适应当地生态环境、具有开发潜力、可取得经济效益的种质资源，可直接在生产上应用。

2. 间接利用

对在当地表现不很理想或不能直接应用于生产，但具有明显优良性状的种质材料，可作为育种的原始材料。在野生大茶树中，发现了一批特异资源，如高茶多酚、高氨基酸、高咖啡碱、低咖啡碱和无咖啡碱的野生资源，这些都可以作为单株选种、杂交亲本、诱变或克隆有用基因的原始材料。

3. 潜在利用

一些暂时不能直接利用或间接利用的材料，也不可忽视，其潜在的基因资源有待于人们进一步研究认识、利用。

◉ 任务内容

技能实训二：茶树品种性状调查与识别

一、目的要求

高产、优质、抗逆性强是茶树育种的基本目标，是鉴定茶树品种好坏的重要标准。为了缩短育种年限，需要在育种初期对育种材料的主要性状进行鉴定。通过本次实训，学习和掌握品种性状调查项目及测量标准，初步了解如何在生产实践中发现优良品种，结合品种性状观察做好品种选育的初步筛查。

二、方法原理

在生产茶园、苗圃、品种园中，根据育种目标观测，如发芽早晚、发芽密度、生长速度、休止期等，选择符合要求的单株。

三、仪器用具

卷尺、卡尺、比色卡、台秤、镊子、精度为0.01g的分析天平，小型蒸汽杀青机、烘干箱、检测茶叶内含物质成分的设备仪器（检测方法参照国标）。

四、操作步骤

（一）优良单株的选择

1. 选择单株

在田间选择芽叶绿或浓绿显毫、叶面稍隆起、叶质较软、叶片平整或稍内折、氨基酸、简单儿茶素含量高的株系，可作为绿茶品种；也可选择具有一定外形优势的单株。

2.挂牌

选定后即挂牌说明保护情况，也可留穗供以后扦插扩繁。

（二）数据记录与分析

1.记载基本情况

要记载地理位置、气候条件、土壤性状、茶园种植情况（茶园开垦时间、耕作深度、种植方式和时间、施肥种类等），当地主产茶类和主栽品种。

2.观察单株性状

采用五点取样法确定观测对象后，根据表格说明观察选育出来的优良单株，及其在不同时期的性状表现并做好记录，形成完整的单株选育前期观察试验，填写《茶树优良单株性状观察记录表》及《茶树优良单株性状观察花果种子形态鉴定记录表》。

茶树优良单株性状观察记录表

编号：　　　　　　　　地点地块：　　　　　　　　日期：

项目序号		调查项目	不同株系情况					调查标准	说明
			1	2	3	4	5		
	1	树龄						茶树生长的年龄	从定植到调查日的时间
植株	2	树型						乔木、小乔木、灌木	
	3	树姿						直立、半开展、开展	
	4	树高（cm）						自地面至树冠顶端高	
	5	树幅（cm）						树冠面的宽度	皮尺测定
	6	主干直径						地面上部至一级分枝间的主干的直径	皮尺测定
	7	最低分枝高度（cm）						最低一级分枝距茶树根茎处的高度	皮尺测定
	8	分枝密度						密、中、稀	目测

续表

项目序号		调查项目	不同株系情况					调查标准	说明
			1	2	3	4	5		
成熟新梢	9	成熟新梢长度(cm)						新梢基部至其顶芽基部的长度	在生长相对休止期用直尺测定
	10	节间长(cm)						测量新梢中部的最大节间长度	
	11	着叶数(片)						计算新梢上的叶片数目	
	12	叶片着生状态						上斜、稍上斜、水平、下垂	
	13	新梢生长势						强、中、弱	
嫩梢	14	一芽三叶长(cm)						芽基部至嫩梢基部长度	新梢生长季节，当一芽三叶达 30% 左右，用天平测定。每株于相同着生部位选取 5 ~ 10 个嫩梢进行调查
	15	一芽三叶重(g)						50 ~ 100 个嫩梢的重量平均	
	16	嫩叶开张状态						背卷、平展、内折	
	17	嫩叶颜色						黄绿、绿、浓绿、白、紫、黄等	
	18	芽叶茸毫						多、中、少	
	19	持嫩性						强、中、弱	芽下第三叶叶片的嫩度
	20	发芽密度和整齐度						测定 $0.09m^2$ 内芽数、生育状态	于每个茶季开采前进行
定型叶	21	叶长(cm)						叶片基部至叶尖长度	选取树冠上部叶片观测，每株取 10 片定型叶，用直尺完成测定
	22	叶宽(cm)						叶片最宽处的宽度	
	23	叶形指数						叶长 / 叶宽的比值	
	24	叶片大小(cm^2)						特大叶、大叶、中叶、小叶	

续表

项目序号		调查项目	不同株系情况					调查标准	说明
			1	2	3	4	5		
定型叶	25	叶形						长椭圆、椭圆、卵圆等	
	26	叶色						黄绿、绿、深绿等	目测
	27	叶面隆起性						隆起、半隆起、平整	目测
	28	光泽性						强、中、暗	目测
	29	叶缘						平直、微波、波状	目测
	30	锯齿						深、浅、疏、密	目测或以锯齿数表示
	31	叶片形态						内折、平展、背卷	目测
	32	叶质						柔软、中、脆硬	触摸感受
	33	叶脉						粗细及对数	测定
	34	叶尖						圆尖、钝状尖、渐尖、急尖	目测
营养芽物候期	35	春芽萌芽期						有20%左右的越冬芽鳞片开展	定点、定株挂上标签，每3～5天观察一次。品种物候期以整个观察品种的植株半数通过物候期而定。需记录各物候期的活动积温
	36	春芽真叶开展期						有20%左右的茶芽第一片真叶开展	
	37	春茶开采期						有20%左右的茶芽一芽三叶开展	
	38	冬季休眠期						秋后有80%～90%的茶芽形成驻芽	
繁殖	39	扦插成活率（%）						扦插成活数分高、中、低	测定
	40	成苗率（%）						种植后正常成苗的数量	测定
	41	轮产量（kg/轮）						全年中各轮新梢产量	采一芽二、三叶及同等嫩度对夹叶，用台秤进行产量测定

续表

项目序号		调查项目	不同株系情况					调查标准	说明
			1	2	3	4	5		
产量	42	单株产量（kg/株）						以单株为单位计算产量	于春、夏、秋三个茶季开始时采集一芽二叶的鲜叶蒸青烘干样品进行测定
	43	单位面积产量（kg/亩）						计算	
	44	化学成分（%）						茶多酚、儿茶素、氨基酸、咖啡碱	
品质	45	适制性						采摘同等嫩度的鲜叶进行制茶效果对比	采摘同一季节的同一批鲜叶制茶后进行内质评审
抗性	46	抗寒性						强、中、弱	测算冻害或旱害指数%
	47	抗旱性						强、中、弱	
	48	抗病性						强、中、弱	测算病情指数、病害种类
	49	抗虫性						强、中、弱	调查害虫种类和虫口密度

茶树优良单株性状观察花果种子形态鉴定记录表

编号： 地点地块： 日期：

季节：

序号	调查项目	不同株系情况					调查标准	说明
		1	2	3	4	5		
1	始花期						0 ~ 20% 的茶花花蕾开放的时段	
2	盛花始期						20% ~ 80% 的茶花花蕾开放的时段	

续表

序号	调查项目	不同株系情况					调查标准	说明
		1	2	3	4	5		
3	花瓣数目						一般5～9片，分两层排列	记录数目
4	花瓣颜色						一般为白色或粉色	
5	花萼数目						一般5～7片	
6	花萼颜色						一般为绿色	
7	花冠大小（mm）						花冠即所有花瓣排列成圆形，花冠大小为整个圆形最宽处	用直尺测量
8	雌蕊（柱头长度）						茶花雌蕊一般为一根，将花的各部分分解后，测量雌蕊的长度	直尺测量
9	雌蕊（开裂数）						雌蕊柱头开裂即为复雌蕊，考察其开裂数	用镊子拨取测量
10	雌蕊柱头分裂部位						分叉部位	目测
11	雌雄蕊比高						雌蕊高、等、低于雄蕊	目测
12	花萼茸毛						分有、无两种	目测
13	子房茸毛						子房有无茸毛	目测
14	果室数							目测
15	种子成熟期						80%茶树种子达到蜡熟期的日期	观测
16	种子形状						有近球形、半球形和肾形	目测
17	种子色泽						一般为棕褐色、黑褐色	目测
18	种子大小—纵径						一般直径在10～15mm	直尺测量
19	种子大小—横径							测量记录
20	百粒重						一般100颗茶籽重量在0.5～2g	用天平称重

技能实训三：茶花授粉

一、目的要求

有性杂交是一种有效的常用育种方法，通过本次实训，要求初步掌握茶树有性杂交的技术。

茶花授粉技术

二、方法原理

通过两个或两个以上遗传性不同的亲本植株进行人工有性杂交，可使基因重组，从而有可能产生具有双亲（或两个以上亲本）优良性状甚至超过双亲优良性状的后代，为选育新品种提供有利条件。有性杂交有多种方式，通常可分为简单杂交、复合杂交、多次杂交、回交、聚合杂交和自由授粉等数种。在茶树杂交育种中，应根据育种目标及具体条件，灵活运用。本实训采用杂交育种中最简便、最常用的简单杂交方法，即两个亲本材料的成对杂交。

三、材料与设备

（一）材料

不同品种的茶树，作为选配杂交组合的亲本。

（二）设备

杂交箱、玻璃纸袋、棕色花粉收集瓶、培养皿、毛笔、解剖针、回形针（或大头针）、镊子、标签牌、铅笔、记录本、医用胶布（长 0.5cm，宽 0.8cm）。

四、步骤及方法

以 2 人为一组，完成下述各项操作。

（一）常规授粉法

1. 选择母本植株

从母本品种中选择生长健壮的成龄茶树作母本，选定后挂好标签牌作标志。

2. 采集花粉

在授粉前一天，在选定的父本品种植株上采集含苞待放的花蕾若干朵装入纸袋或培养皿，注明品种名称与采集日期，带回放在阴凉干燥的地方。次日晨，将成熟花粉收集于棕色小瓶内备用。

3. 套袋与去雄

为了防止天然杂交，准备授粉的母本花朵必须在未开放之前套袋，选短枝上发育正常的花朵，以利提高杂交结实率。套袋与去雄需同时进行，先用镊子或剪刀轻轻将全部花药去掉，然后套上隔离袋。

4. 授粉

在去雄后 1 ~ 2 天内进行授粉，选择晴朗无风的天气，于上午 7 ~ 10 时内授粉完毕。授粉前，先去袋，再用毛笔粘上一定数量的花粉轻轻地涂在柱头上，然后迅速套上原纸袋，挂上纸牌，并在标签牌上注明杂交组合、授粉日期等。

5. 授粉后的处理

授粉一周后，去袋检查，如柱头呈褐色干枯状，则不再套纸袋，以利受精后的子房在自然条件下充分发育；如整个花朵已凋谢者，其标签牌应收回保存，做好授粉失败信息登记，便于后期追溯核查。由于授粉工作一般是在母本盛花期内逐日进行，因此去袋检查也须逐日进行。对于已受孕花朵，须继续观察其落果情况与结实率等。当果实成熟时，不同杂交组合的茶果，应分别采收、贮藏，并及时进行选种。

（二）剥花授粉法

由于常规授粉法需采取套袋和去雄的方法防止串粉或自交，需要花费大量的材料和时间。为了提高工作效率，可根据茶树雌蕊比雄蕊先成熟的特性，采取剥花授粉法。

1. 花期掌握

在茶花自然开放前 2 ~ 3 天，花瓣色白质软，花蕾还未绽开花粉囊未开裂，花粉未能散出时选择合适的母本，做好标记利于后期迅速定位进行剖花授粉。

2. 花药标准

按常规方法，在授粉前一天将采集的父本花粉贮藏于棕色花粉收集瓶中。

3. 授粉方法

授粉时，轻轻将做好标签的选定母本花瓣剥开，露出花柱（低位柱头可将花丝拿开），用毛笔蘸上一定数量的花粉轻轻地涂在柱头上，随即将花瓣按原来序位复原，然后用长 0.5cm、宽 0.8cm 的医用胶布将花瓣封粘（不可粘着花萼），挂上标签牌。在标签牌上写明杂交组合、授粉日期、授粉方法等。

其他事项与常规法同。

五、注意事项

（1）去雄与授粉工作必须认真细致，否则容易损伤花朵，影响受精率。

（2）由于同一母本植株的花朵开放时间不同，授粉工作必须逐日进行，所以应每天采收父本花粉，使之保持较高的生活力。

（3）当授粉工作结束后，应将母本植株上未经杂交处理的花朵和花蕾全部摘除干净，以利杂交幼果的发育，便于调查结实率。

六、作业

（1）各组按规定的杂交组合，每组按两种方法各授粉 50 朵左右，按月调查各杂交组合的受精率和结实率，并将授粉日期及每月调查结果按时填入《茶花授粉情况调查表》。

（2）根据授粉情况及调查结果完成实验报告。

茶花授粉情况调查表

项目、方法	常规方法	剥花授粉法
去雄日期		
授粉日期		
杂交朵数		
受精朵数		
受精率（%）		
结实个数		
结实率（%）		

素质拓展

学生讨论：中国的茶树品种目前大约有多少种？茶树种质资源的保护具有何种重要意义？

了解不同品种的茶叶间的风味区别，理解生产中做好品种选择的重要性。引导学生从茶叶消费终端市场了解茶树品种对茶类、加工方式、价格、风味的影响。

课后思考

模块一·项目三·任务一

参考答案

任务拓展训练

联系身边的茶行业从业者，开展1次当地古茶树资源实地调研，观察当地最早种植茶树的生长环境、气候、文化历史沿革等，形成自己对当地茶树种质资源的真实认知和感受。

任务二　茶树种苗繁育

知识储备

一、茶树繁殖的种类和特点

茶树繁殖技术包括有性繁殖和无性繁殖。

有性繁殖，也称为种子繁殖，是指通过茶树的种子进行繁殖的方式。在这种方式下，两性细胞结合后产生种子，新植株具有较强的生命力和遗传变异性。

无性繁殖也称为营养繁殖，是指利用茶树营养体的一部分（如根、茎、芽、叶）进行育苗的方式，后代一般不发生遗传重组，在遗传组成上与亲本保持一致。主要方法包括分生、压条、扦插、嫁接等，其中短穗扦插是茶树无性繁殖的一种主要手段。

茶树不同繁殖方式的特点

繁殖方式	优点	缺点
有性繁殖	1. 遗传性复杂：后代具有丰富的遗传特性，有利于引种驯化 2. 适应环境能力强：后代根系有明显发达的主根及各级侧根组成，入土深，因此后代生活力、适应性、抗逆能力强。根系较深，吸收营养能力强，抗旱、抗寒能力强 3. 繁殖技术简单：苗期管理方便，在大面积建园中经济易行，有利于良种推广。繁殖方法简便、成本低，便于包装和运输，有利于优良品种推广	1. 经济性状杂：后代生长差异大，生育期不一，不利于管理。后代出现不同程度的性状分离 2. 品种内植株间基因型有差异，鲜叶原料不均：鲜叶原料粗细不匀，嫩度不一，变异性大，不适应建立标准化机采茶园 3. 种子寿命短：属顽拗型种子，不能进行长期储藏 4. 种子特性观察难：需要经过 3 ~ 4 年的幼年期才能开花结实，有些品种不结实或结实率低，难以满足生产的需要
无性繁殖	1. 保持良种特征：能保持亲本的优良特征特性，后代性状一致，便于后期管理和机采，干茶外形较为一致 2. 繁殖系数大：有利于迅速扩大良种的数量，能克服某些不结实良种在繁殖上的困难 3. 成活率高：如扦插繁殖，只要技术得当，成活率通常较高	1. 技术要求高：劳动力、基础设施、管理成本较高 2. 抗逆性较差：后代抗逆性相对较弱，如根系较浅，吸收营养能力可能不如有性繁殖的植株，苗期需加强水肥管理 3. 寿命较短：相对于有性繁殖的植株，无性繁殖的植株可能出现寿命较短、品种退化现象

二、茶树有性繁殖

（一）采种园的管理

要获得质优、量大的茶籽，必须抓好采种茶园的管理。根据各地经验，主要管理措施如下。

1. 采养结合

每年 6 ~ 7 月，茶树的花芽开始出现在当年生的新梢枝条上。因此，春茶留叶采，夏茶不采，能增加茶树花芽分化的场所。同时可以加强茶树光合作用能力，增加养分的制造和积累，这对于保花、保果和提高茶籽质量有重要意义。秋梢的叶芽也能孕育花果，但有寒流侵袭可能，多不能达到开花结实，建议采摘秋茶，不必留叶养花。凡树势旺盛、分枝稠密的，可适当多采春茶和秋茶；树势不旺或树冠低矮、分枝稀疏的，应以养树为主，少采多留，或全年不采。特别要留养好春末茶和夏茶，采摘时保护好花果，是保证茶叶、茶籽都能获得较高产量的关键。

采种园留叶养花

2. 加强培肥管理

采种园每年开花结果要消耗很多养分，施肥是补充和增加营养的主要方法。施肥量应根据采种园的土壤肥力、茶丛数目和茶树生长情况而定，可采取有机肥和矿物质肥料相结合。肥料三要素中，除氮肥外，还需增施较多的磷、钾肥料，氮、磷、钾的比例以接近 1 ∶ 1 ∶ 1 为宜。增施磷、钾肥可提高 30% 的种子产量，种子质量也较高。每年最好分别在早春 3 ~ 4 月和 6 月孕蕾期分两次施用氮肥，7 月以后不宜追施速效氮素肥料；秋冬季节，结合茶园耕锄增施有机无机复混肥等，以提高茶树抗寒能力。

合理施肥是为充分采叶和采种打好营养物质基础。根据茶树开花结果的习性，春梢是茶树花芽分化的场所，故促进春梢健壮生长发育对提高茶叶和花果数量与质量具有极重要意义。每年 3 ~ 10 月是芽叶生长期，也是茶果发育期，尤其是 6 ~ 10 月，当年花芽大量形成和发育，上年受精幼果旺盛发育迅速膨大形成种子，因此，茶树需大量的养分供应。如果不适时追施肥料，将造成养分脱节，引起大量落花落果。

3. 适当采摘

花芽多在 6 月形成，兼用采种园，不采夏茶可以保护花芽并保证养分集中供应，如采夏茶要注意留养，采摘以不超过一芽二叶为宜。专用采种园，留养更为重要。

4. 适当修剪

结合茶树结果的习性进行疏枝修剪，使树体通风透光，减少落花落果。在茶树幼龄期，采种和采茶茶树都要进行定型修剪，以促进骨干枝的形成。为了防止幼果脱落，便于昆虫活动，增加授粉机会，在茶树休眠期应剪去枯枝、病虫枝及部分由根茎处抽出的细弱枝、徒长枝，并剪去树冠面较突出的枝条。茶树 85% 左右的茶果着生在短枝上，修剪时应注意保留短枝。

5. 抗旱和防冻

茶树从花芽分化到茶果成熟的过程中，尤其是夏、秋季，这时正是花芽大量分化和形成的时期，又因上年所结的茶果处于旺盛生长发育阶段，需要充足的水分供应。在旱季来临之前，留种茶园应加强中耕除草；旱季及时进行灌溉。如果水源不足不能进行灌溉，需铺草防旱。

茶树枝叶受冻树势转弱会影响新梢的萌发，茶果发育受阻，易引起脱落。冬季采种园应注意防寒防冻。

6. 促进授粉

茶树是虫媒花，属异花授粉植物。虫媒少，授粉不足，是茶树结实率不高的主要原因。有条件的地区，可进行人工辅助授粉，增加结实率。人工辅助授粉应在晴朗无风的盛花期进行。蜜蜂是传粉采粉的天然媒介，在留种茶园放养蜂群有利于传粉，提高结实率。

（二）茶籽采收

茶树果实一般在霜降前后成熟，因品种，气候、栽培措施、树龄等不同而有差异。即使同一地块、同一品种、同一植株的果实成熟有早有迟，应按成熟标志及时分批采收。果实成熟的标志是：果皮呈绿褐或棕褐色，部分裂开。种皮呈褐色、有光泽，子叶饱满、质硬，呈乳白色。果实须在成熟期采摘，成熟种子的胚发育完全，播种后幼苗成活率高。

果实采收后，在阴凉处薄摊 5 ~ 10cm，每天翻动 1 ~ 2 次。随着水分挥发，3 ~ 7 天大部分果实可自行开裂，稍加搓揉，便可使种子出壳。脱粒的种子应尽早播种，如果不能在短期内播种，须妥善储藏，以免丧失发芽能力。

（三）茶籽储藏

传统储藏种子的方法是沙藏法，即保存在具有一定湿度、温度和通气良好的环境中，储存时间一般不超过 6 个月。随着沙藏时间的延长，当种子含水量降低 12% ~ 31%，生活力即下降，发芽率也受极大影响。沙藏方法有以下几种。

茶籽沙藏技术

保藏类型	保藏方法
堆藏	1. 种子量少时使用。在阴凉干燥的室内用缸或木箱堆藏 2. 先在地面（底层）铺 3cm 厚的细沙，然后在上面分层铺放种子和细沙，每层种子和细沙厚 3cm，堆高 30cm 为宜 3. 隔 15d 或面沙发白时适量淋水
沟藏	1. 种子量大时采用 2. 选择室外缓坡地，挖宽 100cm、深 25 ~ 30cm 的沟。先在沟底铺 5 ~ 10cm 厚的干草或细沙，然后铺 20cm 厚种子，再盖 5 ~ 10cm 厚的干草，做成中高 70cm 的屋脊形土堆 3. 每隔 200cm 安置 1 个通气竹筒 4. 沟四周开挖深约 30cm、沟底宽约 40cm 的排水沟
畦藏（又称假播）	1. 在室外干燥处做一畦，畦上铺 3cm 厚的沙，再铺 2 ~ 3cm 种子，上面交替覆盖相应厚度的沙和种子，连续铺 2 ~ 3 层沙和种子，然后覆盖黄泥 3 ~ 5cm，稍加压实 2. 播种时用筛子把种子筛出即可

（四）播种前处理

茶籽经浸种后播种，可促进茶籽提早出苗和提高出苗率。浸种后的优质茶籽，经过催芽后播种，一般可以提早 1 个月左右出土。

茶籽催芽技术

处理方式	处理技术
浸种	将茶籽倒入容器中，用清水浸泡 2 ~ 3 天，每日换水 1 次，除去浮在水面的种子，取沉于水底的种子作为播种材料。经过清水选种和浸种，茶籽出苗期可以提早 10 天左右，发芽率提高 12% ~ 13%
催芽	首先把细沙洗净，用 0.1% 的高锰酸钾消毒，再将浸过的茶籽盛于沙盘中，厚度为 6 ~ 10cm，置于温室或塑料薄膜棚内，加温保持在 20 ~ 30℃，每日用温水淋洒 1 ~ 2 次。春播茶籽，宜催芽 15 ~ 20 天；冬播茶籽，宜催芽 20 ~ 25 天。当有 40% ~ 50% 茶籽露出胚根时，即可播种

（五）播种

由于茶籽脂肪含量高，且上胚轴顶土能力弱，故茶籽播种深度和播籽粒数对出苗率影响较大。同时，播种方法对幼苗的生长势和抗逆性以及成活率也有影响。为保证育苗质量，播种时必须掌握下列关键技术。

1. 适时播种

关于茶籽的适播期，大多数茶区为 11 月至翌年 3 月。结合各地的播种表现，冬播（11 月至 12 月中旬）相比春播（2 月至 3 月）茶苗可提早 10 ~ 20 天出土。若延迟到 4 月以后播种，不仅出苗率低，而且幼苗易遭受旱、热危害，故在冬季不发生严重冻害的地区，宜采用冬播。对于冬季冻害较严重或播种地未整理的情况，可将播种时期移至第二年早春进行，可通过浸种、催芽等方法促使其早出苗。

2. 适当浅播和密播

茶籽脂肪含量较多，当种子萌发时，脂肪水解转化为糖类需要充足的氧气；同时茶籽子叶大，萌发时胚芽顶土能力弱，播种时盖土不宜太厚，最适宜的播种深度为 3 ~ 5cm。具体播种深度随季节、气候、土壤的变化而异，冬播应比春播稍深，沙土茶园比黏土深，旱季宜适当深播。

茶籽播种可分为茶园直播和苗圃地育苗两种。茶园直播简便易行，但苗期管理工作量大。苗圃地育苗播种的苗期管理较集中，易于全苗、齐苗和壮苗。苗圃地育苗可采取穴播、撒播、单株条播、窄幅条播及阔度条播等，生产上多采用穴播和窄幅条播。

（1）茶园直播。按照茶园规划的株行距直接播种。每穴播种量因品种而异，如大叶种为 2 ~ 3 粒 / 穴，中小叶种为 3 ~ 5 粒 / 穴。

（2）穴播。行距为 15 ~ 20cm，穴距为 10cm 左右。每穴播 5 粒种子，播种量为 1200 ~ 1500kg/hm^2。

（3）窄幅条播。行距为 25cm，穴距为 5cm 左右，播种量为 1500 ~ 1800kg/hm^2。

播种前，先根据播种深度、行距、穴距挖好播种沟、穴。做苗畦时未施基肥的，可在开挖沟穴时施入基肥，沟深 10cm，施肥后覆土至播种深度，然后播下茶籽，及时覆土，并适当镇压。

3. 幼苗培育

为壮苗、齐苗和全苗，无论是采用茶园直播，还是苗圃地育苗，播种后的幼苗培育都需要做好以下几项工作。

（1）及时除草，减少杂草与茶苗争夺水分。

（2）注意病虫害防治，确保茶树正常生长，减少茶饼病、小绿叶蝉、蓟马等病虫的危害。

（3）少量多次追肥。一般在茶籽胚芽出土至第一次生长休止时施用追肥，一般在 6 月至 9 月追施 4 ~ 6 次，常施用稀薄人粪尿或畜液肥（加水 5 ~ 10 倍），或用 0.5% 浓度的硫酸铵。浇施人粪尿后能使土壤“返潮”，有吸收空气中湿气的作用，具有一定的抗旱保苗效果。

三、茶树无性繁殖

茶树无性繁殖的方法很多，其原理是利用茶树营养体的一部分，通过扦插、嫁接、压条、分株和组织培养等技术，使之成为完整独立的茶苗，生产上多采用短穗扦插。

短穗扦插是利用茶树的再生作用和极性现象，将离开母体的短枝（穗）进行扦插，使其在合适的环境条件下生根、萌芽，进而形成完整、独立的苗木。茶树短穗扦插成苗的关键在于插穗能否迅速发根成苗。影响短穗扦插发根的因素很多，主要影响因素为插穗本身条件和外界环境条件。

（一）影响插穗发根的原因

1. 影响插穗发根的原因

（1）品种特性。插穗发根力是品种遗传性的一种表现。品种不同，发根力不同。

（2）枝条的年龄和发育状况。同一品种的插穗，其发根和成活状况与所取枝条的年龄、发育状况密切相关。枝条的年龄包含两种含义：一是指剪取枝条的老嫩；二是指枝条母树年龄。不同龄的枝条，以当年生成熟的枝条扦插成活率最高，多年生的枝条扦插成活率最低。当年生枝条以棕红色木质化初期或半木质化为最好，此时细胞分裂能力强，组织代谢旺盛，营养物质积累丰富，有利于发根、发芽，提高成活率。母树年龄一般以生长势好、管理水平高的青壮年茶树为好，剪取的插穗发根快，成活率高。

（3）枝条的大小、长短和留叶量。同样条件老嫩适宜的枝条，粗壮的枝条所含营养物质较丰富，比细的枝条发根快，成活率高；短的插穗（长 3 ~ 4cm）下端入土较浅，通气条件好，有利于发根和成活。插穗上的叶片贮藏营养物质，并进行光合作用，对发根成活影响很大。凡没有叶片的插穗或扦插后没有发根而母叶脱落的插穗均难以生根成活，因此，一般短穗扦插插穗需保留有 1 ~ 2 片叶。

2. 影响插穗发根的外因

（1）湿度。由于插穗体内需维持水分平衡和正常代谢，水分成为影响插穗发根和成活的关键。插穗失水，便会凋萎枯死。在插穗大量发根之前，保持插穗吸水与失水平衡是扦插成功的关键。若土壤水分过多，会引起土壤空气缺乏，插穗呼吸困难，致使插穗叶脱落，插穗死亡。扦插苗床土壤含水量以 60% ~ 70% 为宜；空气相对湿度越大越好，空气相对湿度大，叶片吸水容易，可减少叶面蒸腾失水，降低地面蒸发，保持土壤湿度，促进发根。

（2）温度。插穗发根在一定范围内随着温度的升高而加快，插穗发根最适宜的气温是 20 ~ 30℃，最适宜的地温为 20 ~ 35℃，以 25℃最理想。这时地上部和地下部长势一致。

（3）光照。光照是插穗进行光合作用的必要条件，缺少阳光叶片光合作用不能顺利进行，不能产生足够的有机营养供给插穗伤口愈合、生根的需要。光照还可提高土温，有利于细胞分裂。但光照太强会造成温度过高，蒸腾作用加强、插穗失水过多、叶片灼伤、插穗干枯死亡。扦插苗床需适度遮阴，遮光度以 50% ~ 70% 为宜。

（4）土壤。影响扦插发根效果的土壤因素包括土壤水分、空气、地温、酸碱度、营养元素及微生物等。为了减少扦插苗病害和土壤杂草生长，提高土壤中氧气的含量，防止插穗茎部发生霉烂，促进插穗发根，提高扦插成活率，一般在苗床上铺 4 ~ 5cm 专供插穗发根用的扦插土。扦插土要求 pH 值为 4.0 ~ 5.5，以腐殖质含量少的红黄壤心土为好。

（二）母株培育

用于剪取插穗的茶树称为养穗母株，其生长状况直接影响剪取插穗的数量、质量、成活率和苗木的长势。具体要做好以下几方面工作。

1. 加强培肥管理

采穗母本园在按采摘茶园培肥的基础上，应增加磷、钾肥施用比例，使其产生具有分生能力的枝梢。一般在养穗前一年的秋冬季，用饼肥 3000 ~ 3750kg/hm^2，硫酸钾 300 ~ 450kg/hm^2，过磷酸钙 450 ~ 600kg/hm^2，拌匀后开沟施下并覆土。养穗当年应于春茶前、剪穗后分别追施纯氮 200 ~ 225kg/hm^2。

2. 合理修剪

修剪具有刺激潜伏芽萌发和促进新梢旺盛生长的作用。由生产茶园留养插穗，冠面枝条往往较细弱，必须经过一定程度的修剪，以保持抽穗的茎杆粗壮以培养健壮的插穗。养穗母树的修剪程度应根据树龄、树势确定。一般青、壮年母树的修剪高度为 40cm，且每次剪口部位均要比上一次剪口略低。夏插的宜在早春留养；秋冬扦插的宜在春茶采摘后及时轻修剪；对于树龄大、树势衰弱的茶树应进行重修剪，保证树冠面能抽生出健壮的枝条。

3. 及时防治病虫害

采穗母树应加强病虫害测报和检查，及时防治病虫害。在插穗新梢发育过程中，要特别注意控制小绿叶蝉、蓟马类、茶尺蠖、茶叶象甲等的危害，防止带病虫害的枝条通过繁殖传播到异地。

4. 分期打顶

母树在加强修剪、水肥管理后，新梢顶端优势十分突出。在肥力好的条件下，新梢的长量可达 40cm 以上。用作扦插穗条的新梢需要一定程度的木质化。为促进新梢木质化和高穗条的有效利用率，一般在剪穗前 10 ~ 15 天进行打顶，即将新梢顶端的一芽一叶或对夹叶摘除，以促进新梢增粗，上部柔软枝条老化，叶腋间的芽体膨大。由于新梢萌发的迟早、生长速度快慢的差异，摘除顶芽时应分批进行。新梢茎部已开始红变的先摘顶，短小、细嫩新梢宜留养一段时间再摘顶。先打顶的先剪穗，后打顶的后修剪。分批打顶，分批剪穗，既有利于提高穗条的产量和质量，也便于劳动力的安排。

（三）茶树短穗扦插技术

茶树短穗扦插技术主要包括：建立苗圃、搭设遮阴棚、采穗、扦插和苗圃管理等。

1. 建立苗圃

苗圃用地应注意选择水源好、交通便利、便于管理的地块。苗圃应避免积水涝洼，旱田需能排能灌、防止漏水。苗圃土壤需呈酸性，pH 值在 4.5 ~ 5.5。以红、黄壤的沙壤土或轻黏壤土为好，要求土壤结构疏松、通气性能好，保水、蓄水、保肥能力强，土温变化不大，降雨及淋水时渗透均匀。

整地时先去除杂草、树根、石块等杂物，把土块整碎、整平；进行两次耕作，第一次进行全面翻耕，深度在 30cm；第二次翻耕是在做畦时，畦面宽 120cm，深度在 20cm 左右。苗床四周建立排水沟，沟深 50cm，宽 30cm，畦与畦之间开沟宽 30cm，畦面可以不铺心土。

（1）不铺心土扦插：实际生产中较多为不铺心土扦插，可节约成本，管理得当，其成活率与铺心土大致相同。

（2）营养钵扦插：营养钵直径 10cm，高 20cm，用营养土填充于营养钵，按需排列于托盘中，钵间空隙用土填满，完成扦插后，将托盘放置于苗床上开展后期培管。

2. 搭棚

按照高度分为高棚（180cm）、中棚（70 ~ 80cm）、矮棚（40 ~ 50cm），棚架上覆盖塑料薄膜，薄膜上覆盖遮光率 65% ~ 75% 的遮阳网，以控制温度、湿度、光照强度。高棚便于操作管理，在高温天气苗床温度要比矮棚低 4℃左右，可节省通风管理费用。

目前在生产上应用较多的是高棚 + 拱形矮棚，即在拱形矮棚的棚架上再搭一拱形棚成双层棚，几个拱形矮棚组成一个较大的高棚。

为便于操作和避免扦插时插穗被晒影响成活率，一般先搭高棚，用直径 8 ~ 10cm 的木柱或 13cm × 13cm 的水泥柱作立柱，柱高 180 ~ 200cm，柱间距 300 ~ 400cm，立柱之间用 8 号铁丝纵横拉紧，立柱中间再用 10 号或 12 号铁丝构成网架，网架上覆盖薄膜和遮阳网。

在高棚内，扦插后，马上用竹片搭建拱形矮棚，用长 2m 左右的竹片，每隔 1m 左右，将竹片两端插入苗畦两侧，形成中间高 50cm 左右的弧形棚架，棚架上覆盖薄膜和遮阳网，将覆盖的薄膜和遮阳网四周边缘埋入土中形成封闭状。

高棚遮阴

高棚 + 矮棚遮阴

3. 采穗

（1）剪枝。剪枝前须先进行病虫防治，保证无病虫携入苗圃。采剪枝条宜在空气湿度大、枝叶含水量高、易于保持新鲜状态的早上进行，剪下的枝条放在阴凉潮湿处，宜当天剪穗当天扦插，不能超过 3d。后续储藏、运输要注意保湿。

（2）剪穗。根据插穗留叶数，短穗扦插分为半叶插、一叶插和二叶插；根据穗条的长短分为长穗扦插和短穗扦插。留一叶短穗扦插（大叶品种短穗可剪去 1/2 叶片）具有母穗用量省、成活率高、繁殖系数大等特点，是目前广泛使用的繁殖方式。

短穗扦插插穗选用标准：茎干木质化或半木质化，大叶品种长度为 3.5 ～ 5.0cm，中小叶品种长度为 2.5 ～ 3.5cm，具 1 片完整叶片和 1 个健壮饱满腋芽（1 芽 1 叶 1 寸长）。没有腋芽、腋芽有病虫害或人为损伤的插穗不能使用，没有叶片或有病虫叶片的插穗也不能使用。插穗剪口要求平滑，上下稍斜，上剪口靠近腋芽的内侧、高于外侧，留桩以 0.2 ～ 0.3cm 为宜，过短易损伤腋芽，过长将延迟发芽。节间小于 2.5cm 的，可留两叶剪成 1 个插穗，并剪去下端叶片和腋芽。

剪取带有二片叶和两个腋芽的插穗进行扦插为二叶插。二叶插虽较一叶插费材料，但二叶插具有根系发育旺盛、新梢生长迅速、成苗快等特点，在枝条丰富的情况下，宜采取二叶插。剪穗不宜超过 2 天。

剪穗和扦插

素质拓展

在我国大部分茶区，插穗的剪取和扦插工作主要还是依靠农村六七旬左右的老年人完成。当这一代老年人退出历史舞台之后，谁来种地、谁来种茶，成为新一代茶人需要思考的问题。在茶苗繁育上，我们还有很多工作可以做，有很多技术有待更新，同学们需要努力的地方还有很多。

4. 扦插

一般而言，只要有插穗，茶树一年四季都可以扦插。秋插和夏插成活率高，被多数茶区采用。

生产上常用的扦插规格为：行距 7 ~ 10cm，株距依茶树品种叶片宽度而定，以叶片稍有遮叠为宜，中小叶种的穗间距 1 ~ 2cm，每亩可插 30 万株。春插、秋插生长周期短可适当密些，夏插因生长周期长，生长量大，为防止部分小苗生长受压制，扦插密度宜稀些。

大田苗扦插后的状态

穴盘苗扦插后的状态

扦插前将苗畦充分洒水，水分经 2 ~ 3h 下渗后，以土壤呈湿而不黏的松软状态时扦插为宜，防止土壤过干造成扦插过程插穗受损伤，避免扦插时土壤过湿黏手影响扦插质量和工效。

扦插时，沿畦面划行，留下准备扦插的行距印痕，按株距要求把插穗直插或稍倾斜插入土中，深度以插入插穗的 2/3 长度至叶柄与畦面平齐为宜。边插边将插穗附近的土稍压实，使插穗与土壤密接，以利于发根。插完一定面积后及时浇水、盖上遮阳物。高温烈日天气扦插要边浇水边遮阳，以防热害。扦插完毕后浇水一定要浇足浇透。

扦插时间的选择，由于各地的气候、土壤和品种特性不同，扦插的效果存在一定的差异。对于时间的选择，应充分发挥各地气候、季节及品种的最大优势。

茶苗扦插时间优劣分析

扦插时间	优点	缺点
春插（2～4月）	苗木可当年出圃，园地利用周转快，管理较方便和省工	①由于地温较低，扦插发根慢，要70～90天才能发根 ②往往先发芽后发根，造成养分消耗过多，如得不到及时的补充，穗条本身的营养物质贮藏不够，春插的成活率低 ③插穗来源不足 ④影响春茶收益
夏插（6月中旬至8月上旬）	扦插发根快，成活率高，苗木生长健壮	①由于夏季光照强、气温高，光照和水分的管理要求严格 ②育苗时间需要一年半左右，土地利用率低，成本相对较高
秋插（8月中旬至10月上旬）	①不影响春茶采摘收入 ②秋季气温虽然逐渐下降，但地温稳定在15℃以上，且秋季叶片光合能力较强，所以秋插的发根速度仍较快，秋插的成活率与夏插接近 ③秋插管理上比夏插方便、省工，苗圃培育时间较夏插短，成本较低	晚秋插的苗木较夏梢略小，所以加强苗木后期水肥管理是提高秋插苗木质量的关键 秋插选择在这一时间段的早期进行为宜，使苗木在冬季来临时已有根系发生，第二年春能快速生长
冬插（10月中旬至12月）		在气温较低的茶区采用冬插时，须采用塑料薄膜和遮阳网双重覆盖，效果较好，但成本有所增加

总之，从扦插苗木质量来看，以夏插为优；从综合经济效益来看，选择早秋扦插为理想，既可保证茶苗质量，又可降低成本，增加茶园经济收入。

5. 苗圃管理

扦插后苗圃管理的好坏对扦插成活率、苗木质量和出圃早迟均有决定性的影响。

（1）水分管理。扦插育苗对于水分的管理要特别予以重视。短穗扦插时，由于插穗短小、入土浅，刚插入土时，上端伤口及母叶蒸发量大，下端又未发根，吸水能力弱，故在发根前要特别注意保持土壤和空气湿润。在扦插发根前，晴天早晚各浇水1次，阴天1天1次，雨天不浇，注意及时排水。发根后（插后40天）应每天浇1次水，天气过于干旱时，也可每月沟灌2～3次，灌至畦高的3/4，经3h后及时排干。2个月后，视天气和苗畦土壤状况灵活掌握，以保持土壤湿润、土色不泛白为度。

生产上为了省工，采用塑料薄膜封闭育苗，不必每天浇水。扦插完成后浇足水，中拱棚盖上薄膜，四周封闭，上盖遮阳网，经 40 ~ 50 天插穗发根即可揭膜炼苗，入冬前再盖膜越冬。其间，注意防病除草；在塑料膜内放置温度计，及时监测膜内温度变化，若膜内温度高至30℃以上，要注意采取降温措施，以免温度进一步升高灼伤插穗。扦插后，喷一次波尔多液（每 100L 水加 0.3 ~ 0.35kg 生石灰和 0.6 ~ 0.7 kg 硫酸铜），降低病害感染概率。后期若发现病害及时采取防治措施。

（2）光照管理。阳光是插穗发根和幼苗生长的必需条件。但光照过强，叶片失水，会造成插穗枯萎甚至死亡；光照不足，叶片光合作用较弱，影响发根和茶苗生长。遮阳时须控制好遮阳度，以 60% ~ 70% 为好。实际生产中应结合品种特性和不同生育阶段灵活掌握。大叶种叶片大，耐光、热性较中小叶种差，遮阳度宜高。扦插初期遮阳度应高些，随着根系的形成和生长，遮阳度应逐渐下降。根据各地经验，夏秋扦插的苗木应遮阳至翌年 4 月份，秋冬扦插的苗木以翌年的 6 月前全部揭除遮盖物为好。

（3）培肥管理。应根据扦插期、苗圃土壤肥力、品种以及幼苗生长状况，做好培肥管理工作。生长势较强的品种和土壤肥沃的苗圃，应少施追肥；反之，则应多施肥。就不同扦插期而言，对于春插、晚秋及冬插的苗木，为了保证翌年出圃，必须增施肥料，以弥补生长时间的不足，一般在发根后开始追肥；秋插的幼苗在翌年 4 月开始追肥，可结合洒水防旱进行，以后每隔 20 天左右施一次。夏插和早秋插的苗木从插到出圃，生长周期达 15 个月，为防止大苗对小苗的生长抑制，出苗率降低，一般扦插当年不施肥，待第二年春芽萌发后再开始追肥。扦插苗幼嫩柔弱，不耐浓肥。在施追肥时，注意先淡后浓，少量多次。初期追肥最好施用加 10 倍水左右的稀薄人粪尿或腐熟的厩肥，或用尿素 0.2%、硫酸铵 0.5% 的水溶液浇灌。茶苗长至 10 cm 左右，浓度可提高 1 倍。每次追肥后，需喷浇清水洗苗，以防肥液灼伤茶苗。

（4）中耕除草与病虫害防治。扦插苗床因水温适宜杂草容易发生，苗圃杂草需及时用手拔除，做到“拔早、拔小、拔了”，避免杂草根太长在拔草时损伤茶苗幼根。扦插苗圃环境阴湿，容易发生病害，随着茶苗长大，虫害逐渐增加，应根据各地病虫害发生情况及时防治。

（5）防寒保苗。较冷茶区及高山苗圃当年冬天前未出圃的茶苗要注意防冻保苗。冬前摘心，抑制新梢继续生长，促进成熟，增强茶苗本身的抗寒能力。目前生产上采用的塑料薄膜加遮阳网双层覆盖，可以控制微域生态条件，有效提高苗床气温和土温，既可促进发根，又可防寒保苗，是秋冬扦插中值得推广的一项有力措施。

苗圃管理除了做好以上工作外，还需及时摘除花蕾。插穗上着生花蕾会大量消耗体内的养分，也会抑制腋芽的营养生长。

6. 茶苗出圃

移栽最适宜时期是在茶苗地上部处于休眠或雨季来临之前，移栽易成活。扦插苗在传统苗圃或智能化温室中经过半年至一年时间生长，一般于当年秋末、冬初或翌年早春、秋季出圃。秋末、冬初是茶苗地上部休眠期，而早春是我国大部分茶区雨季来临之前。最好在阴天或早晚起苗，苗圃土壤应湿润疏松，尽量减少起苗至移栽的时间。生产实践证明，移栽时间过早过迟，都不利于茶苗的成活与生长。如过早移栽，因雨水少，栽后不易成活；过迟移栽，因当年生长期短，茶苗还未很好成长就进入冬春干旱季节，易受冻害和旱害而死亡，造成茶园缺株断行。

在挖取茶苗的前 1 ~ 2 天，要把苗圃土壤浇透水，起苗要求全根带土，保护根系。先挖畦边缘之外 20 ~ 30cm 深，再将茶苗根系以下的土挖空，使茶苗所占据的圃土悬空，用移植铲将茶苗带土挑出、分离，轻放入盛苗器皿。如土质疏松，根系带土较少，要用黄泥浆蘸根以保护根系。若在晴天起苗，茎叶上略浇清凉水，存放于阴凉处待运。起苗要有计划，最好做到当天起苗当天栽完，当天栽不完的苗要在荫蔽、土壤潮湿的地方假植起来。

茶苗运输与保存：装卸车时轻搬轻放，不得重叠挤压；慢速行车，以减少对茶苗的机械损伤。运至定植场地后，卸于阴凉处，晴天应浇清凉水，若在空旷无遮阴处或遇大雨，应用新鲜树叶遮盖。

◉ 任务内容

技能实训四：茶籽的播种

一、目的要求

茶籽育苗省工省力、所育幼苗生命力强。茶籽播种技术直接影响着实生苗的出苗率和后期生长势，通过课堂实训，掌握茶籽的浸种催芽技术、播种时期和播种深度，了解茶籽发芽情况。

轻基质穴盘折插育苗技术

二、用具与材料

材料：茶籽、清水、河沙、适宜播种茶籽的地块

用具：发芽盘、恒温箱、锄头

三、操作步骤

准备适宜当地生长的优良茶树品种种子。

第一步：浸种催芽。

将经过筛选和水选的种子用清水浸泡 2 ~ 3 天，每天换水一次，除去浮在水面的种子。取出浸过的种子，置于铺有 3 ~ 4cm 厚湿沙的发芽盘内，铺放茶籽 7 ~ 10cm

厚，再在茶籽上盖 3cm 厚的沙，喷水后放入发芽箱中，箱中温度保持在 25 ~ 30℃，每日淋水一次，当 50% 以上茶籽露出胚根时即可播种。

第二步：播种时期。

在无严寒和冬季干旱地区，茶籽从采收后到第二年 3 月都可播种。通常秋播在 10 月下旬至 11 月底进行，春播在 2 月下旬至 3 月上旬进行。

第三步：播种技术。

利用锄头挖穴 5cm 深采用穴播，穴播行距为 15 ~ 20cm，穴距 10cm。每穴播 3 ~ 5 粒，让其自由散落在穴中，茶籽间互不重叠、距离均匀。种子播下后覆以 3cm 左右泥土，覆土的深度应严格控制：过浅，茶籽裸露地面，经日晒、雨淋影响发芽；过深，则胚芽不易出土。一般掌握为种子直径的 2 ~ 3 倍的覆土深度。

第四步：计算茶籽发芽率。

茶籽发芽率 = 发芽粒数 / 播种总粒数 ×100%

四、实训任务

将班级学生分成 5 ~ 6 组，每个小组根据要求按质按量完成单条 10 米茶行的播种任务。

◎ 任务评价

根据《课堂学习任务评价表》进行任务评价。

课堂学习任务评价表

班级：　　　　姓名：　　　　日期：

序号	评分要点	分值	评价方式		
			自评	互评	师评
1	出勤、上课纪律	20			
2	任务完成情况： 1. 浸种催芽技术是否过关（15 分） 2. 播种时期的判断是否正确（5 分） 3. 播种技术是否科学（15 分） 4. 发芽率计算是否正确（5 分）	40			
3	团队合作情况	20			
4	师生互动	10			
5	表达能力	10			
总分		100			
课堂评价总结及建议					

技能实训五：茶苗短穗扦插

一、目的要求

茶苗扦插能够完全保持母本的优良遗传特性，繁殖系数大，利于快速、大面积推广优良品种。但扦插技术直接影响着茶苗扦插成活率及后期茶苗的质量。通过课堂实训，掌握扦插苗圃地选择、整理、插穗的选择与剪取、扦插及插后管理等一整套技术，为后期从事茶园苗木生产打下坚实基础。

二、方法原理

利用茶树的再生作用和极性现象，将离开母体的短枝（穗）进行扦插，使其在合适的环境条件下生根、萌芽，进而形成完整、独立的苗木。茶树的短穗经扦插成为一新的完整植株，关键在于插穗能迅速发根成苗。

三、实训器具及材料

实训材料：合适的地块、遮阳网、竹条、多菌灵、穗条、肥料。

实训器具：枝剪、卷尺、锄头、洒水壶、铁锹。

四、实训步骤

（一）苗地选择

要求土地疏松、微带酸性、保水力强、通气性好、水源充足、地势平坦、交通方便、不受风害。

（二）苗圃的整理

将选好的土地进行深耕，开设排灌系统，整地做畦，镇压划行。

1. 田间规划

地块要尽可能满足茶苗生长的需要，同时兼顾充分利用土地和便于田间管理。

2. 深耕

一般分二次进行，第一次可在冬季进行，深度为 25cm；第二次在做畦时进行，深翻 15 cm 左右。

3. 开设排灌系统

在苗圃四周开设排灌水沟，一般比畦沟低 5 ~ 6cm。

4. 整地做畦

深耕后再将土块整碎疏松，再整成畦，畦宽 1.2 ~ 1.5m，畦高视土壤排水性而定，一般为 10 ~ 15 cm，畦向以夏朝东西（长的方向）、春秋朝南北为宜。

5. 镇压划行

新垦红壤土做扦插苗圃，用敲打法或滚压法镇压床面，使床面平整，泥层紧结，以利插穗和泥土密接。镇压之后即在床面划出插穗行距的痕迹，以便扦插时整齐等距，中小叶种行距以 8cm 为宜。

（三）插条选取

剪取插穗的母树应是良种，枝条要求生长旺盛，茎秆粗壮，呈半木质化，胚芽饱满，节间长，叶片大。剪穗前 10 ~ 15 天最好打顶，促进枝条成熟。

（四）剪取插穗

短穗扦插的插穗应带一片叶和一个饱满的腋芽，穗长 3 ~ 4cm，注意保持芽、叶完整无伤剪口断面略斜，光滑而无撕裂，一般一穗一节，节间过短时也可两节一穗，但只保留最上片叶。

（五）扦插方法

扦插前先将苗床洒水湿润，待稍干不粘手时即可开始。扦插时，用拇指和食指夹住插穗上端的腋芽和叶柄处，按划好的行株距痕迹插入土中，要求把插穗直插或稍倾斜插入土中，深度以插入插穗的 2/3，至叶柄与畦面平齐为宜。边插边将插穗附近的土稍压实使插穗与土壤密接，以利于发根。

（六）后期管理

扦插完成后及时浇透水，然后搭建遮阳网进行遮阴处理。后期及时进行苗床管理，如浇水、施肥、杀菌、揭网、人工除草等。

（七）观察记载

待插穗生长 50 天之后，调查插穗的根部愈合和发根情况。

五、实训任务

将班级学生分成 5 ~ 6 组，每个小组根据要求按质按量完成单畦 5m 苗床的扦插任务。

◎ 任务评价

根据《课堂学习任务评价表》进行任务评价。

课堂学习任务评价表

班级： 姓名： 日期：

序号	评分要点	分值	评价方式		
			自评	互评	师评
1	出勤、上课纪律	20			
2	任务完成情况： 1. 苗圃整理是否科学（10 分） 2. 插穗的选取是否合适（5 分） 3. 插穗剪取是否科学（10 分） 4. 扦插方法是否科学（10 分） 5. 后期管理是否及时（5 分）	40			

续表

序号	评分要点	分值	评价方式		
			自评	互评	师评
3	团队合作情况	20			
4	师生互动	10			
5	表达能力	10			
总分		100			
课堂评价总结及建议					

课后思考

模块一・项目三・任务二

参考答案

任务拓展训练

成立苗木兴趣小组，联系周边的苗木生产基地，深入生产一线去了解不同品种苗木的繁育技术。仔细对比茶树苗木繁育技术和其他苗木繁育技术的不同，看看是否能够在茶树苗木繁育技术上有所创新或突破。

项目四

新建茶园

思维导图

项目四　新建茶园	
	任务一　园地选择与规划
	任务二　新茶园建设
	任务三　观光茶园建设

学习目标

知识目标：

- 了解新建茶园园地选择的基本要求和规划原则；
- 了解新茶园建设的基本内容、要求和方法；
- 了解观光茶园的概念、设计要求和建设思路。

能力目标：

- 能够根据项目建设要求，制订新茶园建设可行性计划书；
- 能够根据既定茶园建设方案，科学推进、指导、完成新茶园建设任务；
- 掌握茶苗移栽和苗期管理方法；
- 能够根据地方建设需求设计观光茶园建设方案或完成现有观光茶园的转型改造升级方案设计。

素养目标：

- 培养脚踏实地、实事求是的工作习惯和工作作风，拒绝虚无空洞的规划；
- 建立对大自然的敬畏和感恩之情，养成爱护自然的终身信仰；
- 培养跨领域结合的创新发展思维。

项目说明

茶树作为山区和半山区的主要经济作物之一，在我国有上千年的人工栽培史。随着社会的发展，新建的茶园不仅需要关注茶树的经济产量，同时还需要关注茶园对生态环境、社会发展等的综合影响。本项目从新建茶园的前期选址与规划、茶园建设操作流程以及特色观光茶园三个维度介绍现行新建茶园要点和注意事项。

任务一　园地选择与规划

知识储备

茶园选址和规划首先要考虑有利于保护茶园的土壤和茶树优良生态环境的形成，同时也要有利于茶园生产的管理和机械化作业。所以，园地选择和对园地进行科学规划十分重要。

一、园地选择

新建茶园必须建立在生态条件良好的地区。综合而言，在园地选择时应着重考虑以下几个因素：土壤、气温、降水、地形地势、生态环境等。本书模块二项目一详细地介绍了茶树的适生环境，在新建茶园选址时可对照参考。

茶园选址除以环境条件作为重要依据外，还应充分考虑地形地势可能对茶园产生的影响。一般地势不高，坡度在 25° 以下的山坡或丘陵地都可以种茶，尤其以 10º~20º 坡地，因地势起伏较小，最为理想。

除气候条件、土壤条件及地形地势条件作为选择园地时的主要依据外，有机茶园、绿色食品茶园还需满足特定的环境要求，具体参照本书模块二项目五任务三、任务五相关内容。

此外，选择茶园园地还应充分考虑水源、交通、劳动力、制茶用燃料、可开辟的有机肥源以及畜禽的饲养等因素。

二、园地规划

目前的茶场大多数以专业化茶场为主，为了保持良好的生态环境，适应生产发展的要求，茶场还应该有绿化区、茶叶加工区和生活区；在有机茶园建设中，为了保证良好的有机肥来源，可以规划一定面积的种养殖区。不同功能区块都应在茶园规划时加以考虑。

（一）功能区块用地规划

$10hm^2$ 以上规模的茶场，在整体规划时可参考以下用地方案：①茶园用地70%~80%；②茶场（厂）生活用房及畜牧点用地3%~6%；③蔬菜、饲料、果树等经济作物用地5%~10%；④道路、水利设施用地4%~5%；⑤绿化及其他用地6%~10%。

（二）建筑物的布局

规模较大的茶场，要设置场部。它是全场行政和生产管理的指挥部。茶厂和仓库运输量大，与场内外交往频繁，应布局、建设在交通便利的区域；生活区关系职工和家属的生产和生活，在建设时应考虑便捷性，以及良好的水源和建筑条件，并且尽量与生产车间保持一定距离；茶场内部各建筑物之间要避免相互干扰。

（三）园地规划

首先根据地形大致划分地块，坡度在25°以上的可作为林地，或作为蓄水池、无机肥无害化处理池等设施用地；土地贫瘠的荒地、碱性地等不适宜种茶的地块，可划分为绿肥基地；低洼地可用于建设水塘等。适宜种茶的地块，可按照地形划分成大小不等的地块，一般面积在 $0.3\sim1.3hm^2$ 为宜，以正方形或矩形为好。山地茶园的地块可用水沟来划分，平地和缓坡地块则可用道路进行区划。

在规划好种茶地块后，就可以进行道路系统、排灌系统以及防护林和行道树的设置。

（四）道路系统

为了便于物资及鲜叶的运输和机械作业，要在茶园设立主干道和支道，并相互连接成网，主干道直接与茶厂或公路相连，支道主要用于连接基地内部地块，每地块内还须设置步道，方便机械操作，同时也兼具地块划分的作用。一般面积小于 $30hm^2$ 的茶园无须修建主道，只须设置支道和步道。

茶园主干道

茶园道路区划

项目	内容	要求 / 说明
道路系统	主干道	1. 总面积＜ 50hm² 的茶园，在园地四周设置主道，茶园内部一般不设置，避免浪费耕地；总面积＞ 60hm² 的大型茶园，在园地中间设置主道，要求连接各作业区，并与场部、生产车间及附近公路的交通要道相连接 2. 宽度 6~8m，坡度＜ 6°，转弯处的曲率半径应＞ 15m 3. 坡度＞ 16° 的坡地茶园，主干道应呈 S 形修建
	支道（次干道）	1. 一般与主道垂直，与人行步道连接，是主干道的辅助道路，主要用于机械进入园地及小型车辆运输肥料、鲜叶等 2. 一般每隔 300~400m 设置一条，宽度约 3m，坡度＜ 8°，转弯处的曲率半径＜ 10m
	步道（操作道）	1. 茶园中供工作人员和操作机械通行使用 2. 通常每隔 50~80m 设置一条，宽 1.5~2.0m，垂直于茶行 3. 坡度＞ 20° 的茶园应设“之”字形步道

（五）排灌系统

在规划新茶园时必须结合当地情况，认真设计排灌系统。排灌系统要求有保水、供水、排水的水利设施，整体要求：蓄排结合、多雨能蓄、涝时能排；平地茶园不渍水；坡地茶园“小雨、中雨雨水不出园；大雨、暴雨积沙走水不冲园”，各项设施应有利于茶园机械化作业。

茶园排蓄水系统包括防洪沟、主沟、支沟和蓄水设施。

茶园排灌系统设置

项目	内容	要求 / 说明
排灌系统	防洪沟（隔离沟）	1. 在茶园与上方森林、荒郊地交界处需设置防洪沟，其目的是拦截雨水冲入茶园，并把沟内水流引入塘、池或水库内；一般沟深 50~100cm，宽 40~60cm，沟壁为 60° 倾斜 2. 在茶园下方与农田交界的环园路内侧也要开设防洪沟，深 30~40cm，宽 50~60cm
	主沟（纵沟）	1. 主沟是茶园内连接防洪沟和支沟的纵沟，其主要作用，在雨量大时，汇集支沟雨水流入塘、池、库内，平地茶园还能起到降低地下水位的作用 2. 坡地茶园中主沟顺坡向，沿茶园步道两侧设置，用以排除茶园中多余的地面水，要求迂回曲折，避免直上直下，防止径流冲毁茶园梯坎和道路，坡度较大的地方可开成梯级纵沟以减缓水势，沟内应有缓冲和拦水设施 3. 主沟的大小视地形和排水量而定，以大雨时排水畅通为原则 4. 沟壁可蓄留草皮或种植蓄根性绿肥，以防水沟塌垮 5. 主沟两端需连接防洪沟，在主沟的适当部位修建蓄水池（可容纳 5~10m³ 水），以便蓄水

续表

项目	内容	要求 / 说明
排灌系统	支沟（横沟）	1. 与茶行平行设置，与纵沟相连，其作用主要是蓄积雨水，排除多余的水入主沟 2. 坡地茶园每隔 10 行设置一条支沟，梯级茶园在每台梯地的内侧开一条横沟，沟深 20cm，宽 30cm，在较长的支沟内每隔 3~4m，筑一小土埂或挖一个小坑，以便拦蓄部分雨水（俗称“竹节沟”），使之渗入土中供茶树吸收利用，并可减少表土流失，做到“小雨不出园，大雨保泥沙”
	水库、塘、池	1. 坡地茶园在低洼易积水处，保留或改成水库或蓄水池（塘） 2. 在主沟与支沟交汇处，每 2~3hm^2 茶园因地制宜开挖一个 20m^3 的人工蓄水池
	沉沙凼	1. 设置在园内沟道交界处，每间隔 5~10m 开挖一个 1 ~ 2m^3 的沉沙凼，用于沉积泥沙，防止泥沙堵塞沟渠 2. 注意及时清理沉沙凼的泥沙，确保流水畅通

新建茶园将低洼地改建为水塘

（六）茶园林木

1. 防护林

建立新茶园时，应保留原有林木，或结合绿化造林建立防护林带。防护林的位置应设在茶园北面或西北面的山脊或茶园迎风口，林带的宽度以 8~10m 为宜。建园时要注意挡风面与风向垂直，或成一定角度（< 45°）建立主林带，阻挡寒流袭击，并扩大背风面。在茶园内的沟渠，道路两侧种植副林带，以改善茶园小气候，形成防风网。在冻害和风害不严重的茶区，可在园内道路和沟渠两旁栽树，园外迎风口

种植经济林、水土保持林或风景林。

防护林的防护效果，一般为林带高度的15~20倍，有的可达25倍，如树高可维持20m，就可按400~500m距离安排一条主林带，栽种乔木型树种2~3行，行距2~3m，株距1~1.5m，前后交错，两旁栽灌木树种。

可根据各地的自然条件选择林带树种。目前茶区常用的有杉树、黑松、白杨、油茶、樟树、竹类等。

2. 行道树

建立新茶园时，在茶场的道路、沟渠两旁以及住宅四周，可设置栽种乔木，灌木相间的树种，可选种果树、经济速生木、多年生绿肥等，既美化环境，又增加经济效益，还能改善茶园土壤结构。若道路与茶园之间有沟渠相隔，可以在沟渠两旁栽种苦楝等根系发达的树种，有利于茶园水土保持。

行道树可沿茶园的干道和支道两旁呈品字形排列种植，一般每隔10m左右种植一株，以分枝较高的乔木型树种为宜。

新建茶园保留原有植被作为防护林

茶园的行道树

3. 遮阴树

据研究证明，茶树只需全光照的70%，其遮阳覆盖度以控制在30%左右为宜。我国华南部分茶区由于夏季炎热，光照强烈，叶温达30℃以上，茶树容易遭受热害和旱害。在新茶园建立时，通过合理种植遮阴树，有利于降低夏季茶园树冠及土壤的温度和光照度，增加相对空气湿度，提高土壤含水率，调节茶园小气候，有效减轻旱害和热害。茶园合理种植遮

茶园种植桂花树作为遮阴树

阴树，还有减少水土流失、保持土壤肥力的效果。在夏季叶温不会达到 30℃的地区，也可不必栽种遮阴树。

▶ 拓展阅读

人工复合茶园生态系统

素质提升

茶树喜光怕晒，在茶园建设过程中需要注意搭配种植遮阴树。尽管遮阴树具有抢夺水肥和光照、滋生病虫害的潜在风险，但合理地种植遮阴树能够有效减轻旱害和热害，减少水土流失、保持土壤肥力，同时还有助于提高茶树新梢的持嫩性。日常生活中，我们不能够简单地将一切潜在风险、压力都视为“可怕的事物”，避而远之，甚至“谈虎色变”。我们应该客观、积极地看待万事万物，并培养好自己化解风险、转化压力、利用危机的能力，才能立于不败之地，具有抵抗更大风险的潜力。

课后思考

模块一·项目四·任务一

参考答案

任务拓展训练

成立 3 ~ 5 人小组，选择当地县、市某个茶区，开展茶园建设和生产调研工作，绘制一份茶园布局图，针对现有茶园建设和存在的问题展开讨论，结合本任务内容，提出该茶园建设过程中存在的问题及其解决办法，最终形成一份具有参考价值的茶园改建可行性方案。

任务二　新茶园建设

知识储备

茶树的经济采收年限达几十年至上百年，茶园前期规划和建设对后期茶园管理、茶叶产量与品质有着至关重要的作用。茶园建设实现茶区园林化、茶树良种化、茶园水利化、生产机械化、栽培科学化，因地制宜、科学合理地应用生态学原理，充分利用园地光、热、水、气、养分，能够大大提高茶园对太阳能和生物能的利用，促进茶园生态系统的内部物质循环和能量流动，进而提高茶园生产力，达到优质、高产、高效、无污染的目的，实现茶园绿色、生态、可持续发展。

一、园地开垦与施底肥

（一）地面清理

新建茶园的园地前期性质各有差异，常见的有荒山、次生林、旱地等。茶园新建时首先需清除园地范围内的各种障碍物，如乱石、暗石、杂草、杂树、竹鞭等。根据各园地规模和障碍物情况，可采用人工、机械或两者相结合的方式进行，大规模的新茶园建设主要以机械为主。清理地面时应结合实践经验和国家相关政策，注意以下事项。

（1）清理地面时严禁放火烧山，避免引发火灾和破坏生态环境。

（2）禁止焚烧清理出来的杂草、树枝等植物残渣，可粉碎后集中堆放发酵腐烂，后期作为底肥或者地面覆盖物。

（3）适当保留高大树木（直径大于 10cm），每亩可保留 2 ~ 5 棵不等；需要砍伐的树木，开垦时需将树桩挖出，清理出园。

（4）对于前期规划不适宜种植茶树的区域，如土层太薄的岩石区域、积水低洼地、防护林带，不需清理，保留原生植被。

（二）地面开垦与筑梯

园地开垦是标准茶园建设的基础，良好的土层方能保证茶树根深叶茂、高产优质。园地的开垦分为初垦和复垦，并遵循“大弯随势、小弯取直”“保水、保土、保肥”的基本原则。

复垦后的梯田园地

不同坡度园地开垦方式和注意事项

坡度	初垦方式	复垦方式	注意事项
小于 15°	原则：全面开挖，“削高填低”改成平缓坡地，力求深度一致并≥ 80cm 方法：大型挖掘机挖掘	原则：整平整细表面，清除初垦留下树桩、竹鞭、乱石；深度 40cm 左右 方法：中小型挖掘机 + 人工	1. 开垦时间上虽一年四季均可，其中以冬季最好，少雨低温，利于土壤风化且水土不易流失，夏季高温也利于土壤风化，但暴雨较多，水土易流失 2. 结合前期规划设计，主干道、支干道不必深挖，只需适度整平，便于人员和车辆出行 3. 初垦时，需配合修筑基本水利系统，截洪沟、横水沟、纵水沟、蓄水池等，避免塌方和大面积水土流失
15° ~25°	原则：先标注等高线，结合坡度修筑梯田，内挖外填，内松外实，内低外高，坡坎内部松土层≥ 60cm，坡坎边缘保留 1m 土层并压实 方法：中小型挖机 + 人工挖掘	原则：先筑梯，后整细地表，清除杂物；梯内开挖竹节沟，开挖深度 40cm 左右 方法：人工 + 中小型挖机	
大于 25°	为不适宜种茶区域，保留原生植被		

修筑梯田的基本原则

原则	内容
1	梯面宽度：（1.5±0.5）m，适宜茶行种植和日常作业
2	梯田外高内低，外埂内沟，每梯内侧开 10cm 深的竹节沟，沟与纵水沟相通
3	施工开梯期间，尽量保存表土，回沟植茶
4	梯坎的植被特别是草皮要尽可能保留；坡坎高于 1.5m 的，宜建立石坎，提高种植面积，避免水土流失

（三）茶行设置

茶行设置的标准化程度是日后茶园管理机械化、科学化的基础。首先要设置基线，基线是一个区块内确定的第一条茶行，基线设置是茶行规划的基础，不同园地情况，基线的设置方法各有不同。基线确定后，结合整个地块的面积、计划种植茶树品种等信息，调整茶行长度和间距，确保茶行美观、整齐且便于操作。

不同地形茶园种植茶行设置方法

地形	方法
平地茶园	与主干道垂直，与支干道平行，距离支干道 0.8 ~ 1.0m 设置基线，间隔 1.5 ~ 1.8m 平行设置茶行，每间隔 30 行左右，设置 1 条 2m 左右的操作行；单一茶行长度 50m 左右为宜，端头留 2m 左右的操作行

续表

地形	方法
缓坡茶园	地块中间标注一条等高线，以等高线作基线，间隔 1.5 ~ 1.8m 平行设置茶行，间隔 25 行左右预留约 2.5m 的操作行，操作行内侧开挖横水沟，两端与纵水沟相连；茶行间隔长度 50m 左右留出约 2m 的操作行，操作行顺坡而下，垂直等高线，坡度较大的茶园可以将操作行设置成“Z”字形，减缓水土流失
梯田茶园	沿梯田边缘 1m 左右设置第一条茶行作基线，间隔 1.5 ~ 1.8m 平行设置茶行，梯田内侧开 10cm 深的竹节沟，沟与纵水沟相通；单一茶行长度 50m 左右为宜，端头留约 2m 的操作行

茶行设置与开挖种植沟

（四）开挖种植沟和施底肥

实践表明，茶树种植后能否快速成园和持续高产与种植前是否深垦和施足底肥密切相关。茶行设置完成后，可采用人工或机器开挖种植沟，沟深 40 ~ 50cm，宽 30 ~ 50cm（单行种植 30cm，双行种植 50cm）。施入足量底肥，底肥每亩一般施用腐熟的堆、厩肥等农家肥 2000 ~ 4000kg 或菜籽饼 300 ~ 500kg（其他饼肥可按菜籽饼肥料要素含量计算），同时施入一定数量的过磷酸钙或钙镁磷肥 65 ~ 75kg，土肥混合填入种植沟，再覆一层心土至离地面 10 ~ 15cm，覆土厚度保持在 15 ~ 20cm，避免新种茶苗根系过早接触底肥，出现肥害现象。完成底肥施用后，需等待一段时间方可进行茶苗种植。

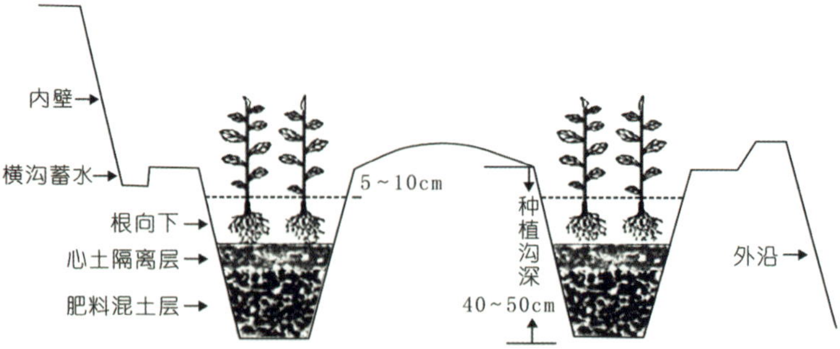

梯田茶园种植沟底肥示意图

二、茶苗种植

（一）茶苗的选择与搭配

茶苗质量的好坏与移栽后的成活率和长势密切相关。健壮的茶苗，根系发达，主干粗壮，成活率较高；反之则较低。扦插苗的质量要求至少达到Ⅱ级以上才算合格，无性系大、中、小叶茶树苗木质量具体指标见下表。

无性系茶树品种质量标准（GB 11767—2003 茶树种苗）

品种	级别	苗高（cm）	茎粗（mm）	侧根数（根）	品种纯度（%）
中小叶种	一级	≥ 30	≥ 3.0	≥ 3	100
	二级	≥ 20	≥ 2.0	≥ 2	100
大叶种	一级	≥ 30	≥ 4.0	≥ 3	100
	二级	≥ 25	≥ 2.5	≥ 2	100

茶树品种搭配首先要根据新建园区的气候条件，选出适宜于该区域种植的茶树品种。再结合家庭、企业、地区产品定位及茶树品种的适制性，筛选出满足前述两个条件的茶树良种。在此前提下，按下表的原则进行搭配。

茶树品种的搭配原则

原则	说明
生育特性的搭配	1. 萌芽期：一般按早、中、晚生品种的比例 6 ∶ 3 ∶ 1 的原则进行配置 2. 芽叶色泽：选用芽叶色泽一致或相近的品种搭配 3. 百芽重：选用一芽三叶百芽重相近的品种搭配
品种特性的搭配	1. 生化成分：绿茶产区应选用氨基酸含量相对较高的品种合理搭配；红茶地区宜选用茶多酚、咖啡因含量相对较高的品种合理搭配 2. 成茶品质：大叶品种制红茶浓强度较高，中小叶种制红茶香气较好，红茶区从提高品质考虑，应注意合理搭配

（二）茶苗的种植

1. 种植时间

确定茶苗移栽适宜期的依据，一看茶树的生长动态，二看当地的气候条件。当茶树进入休眠阶段，选择空气湿度大、土壤含水量高、光照相对柔和的时期进行移栽最适合。这样有利于根系迅速恢复，提高移栽成活率。因此，秋、冬季节是移栽茶苗的适宜季节，但不同地区的最适宜移栽季节也有所差异。

不同区域适宜茶苗移栽时间

区域	移栽时间	说明
云南茶区	芒种至小暑（6 月初至 7 月中）	云南干湿季明显，移栽宜选择雨季前期进行

续表

区域	移栽时间	说明
长江中下游茶区	晚秋或早春（11 月或翌年 2 月）	茶树地上部分休眠期，温度、光照适宜
海南茶区	7 ~ 9 月移栽	茶树无休眠期，宜选择雨量充沛时期
山东茶区	早春 3 ~ 4 月	冬季干燥且温度过低，宜选择春季气温转暖、雨水增多时期

2. 种植规格

种植规格是指茶园中茶树行距、株距（丛距）及每丛苗数。中小叶种常为双行单株和单行双株；大叶种、小乔木、乔木型常采用单行单株。具体的种植布局模式包括以下几种。

（1）单行条植法。设定行距为 150cm，丛距控制在 33cm，每丛植入 2 株茶苗，每亩茶园大约种植 2600 株茶苗。

（2）双行交错条植法。采用大行距 150cm，每大行内分两小行种植，小行距调整至 30cm，丛距在 30 ~ 40cm，每丛同样栽植 2 株茶苗，双行茶苗“品”字形交错排列，每亩茶园大约种植 4300 株茶苗。

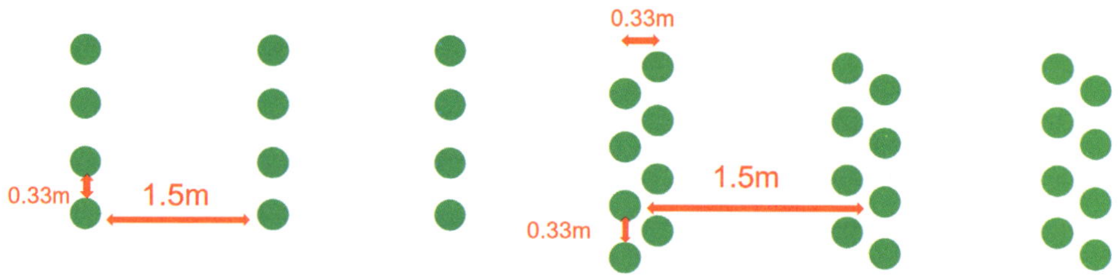

茶树单行 / 双行种植示意图

3. 种植技术

为提高茶苗的成活率，应完成茶行设置、开挖种植沟、施足底肥、茶树品种选择、确定移栽时间等准备工作。茶苗移栽需掌握以下技术要领。

（1）苗木尽可能保持根系的完整性与健康，宜就近购买且多带土，做到现移现栽。

（2）远距离外购茶苗，应要求茶苗供应商起苗后用黄泥浆蘸根，每 100 株扎为一束，根部包裹塑料袋，避免茶苗根系失水，同时做好控温控湿，避免“烧苗”。苗木到场后做好验收、存放工作，剔除不合格苗木，并尽快组织人力定植。

（3）每丛茶苗大小应均匀，不能同丛搭配大小苗。

（4）定植时做到直、匀、实，一手扶直茶苗，一手将土填入穴中，土覆至不露根时，将茶苗轻轻往上一提，使根系自然舒展，再填土压实；或将茶苗放入沟内，使根系尽量舒展，保持自然状态，再边覆土边扶直踩紧，使根与土紧密结合，不能上紧下松。

（5）茶苗定植后，及时浇足“定根水”，浇水至茶苗根部土壤完全湿润。

（6）每间隔 10 行左右种植 10%~15% 的备用苗，便于翌年补种。

检验栽植质量的关键在于轻提茶苗茎干，若感受到足够阻力，则说明种植稳固；反之，则需重新加固土壤，确保茶苗稳固扎根。紧接着，无论天气如何，均需充分淋洒定根水，确保根部土壤全面湿润，促进根系与土壤的有效接触与水分吸收。

4. 定型修剪

茶苗定植后，应及时完成第一次定型修剪。修剪技术：在茶苗离地高度 15 ~ 20cm 处，用整枝剪剪去主枝，不剪侧枝。后期栽培管理技术详见幼龄茶园管理相关内容。

第一次定型修剪示意图

5. 覆盖与间作

新建茶园茶苗较小，叶面积指数小，茶园覆盖度低，茶园土壤大面积裸露，防止杂草蔓延和水土流失是茶园管理的重要内容之一，应及时开展行间铺草覆盖和绿肥间作、套种等工作。

茶园覆盖与间作、套种技术

方式	优缺点	说明
植物覆盖	优点：保温、保水、保土、增肥、抑草 缺点：原料少、费劳力	原料：山草、稻草、豆秆、绿肥等 铺草厚度：要求 5 ~ 8cm 且铺草后不露土 用草量：1500 ~ 2000kg 以上 注意事项：需及时补草，确保厚度达标才能达到防草效果
间作、套种	优点：提升土壤利用率、以园养园、增肥、增收 缺点：费劳力	作物：豇豆、花生、绿豆、油菜等 注意事项：及时清除杂草、割青、收割、埋压或作为覆盖物铺于茶树根颈周围

续表

方式	优缺点	说明
防草布覆盖	优点：保土、抑草、操作简单、时效长 缺点：成本高	原料：商用防草布 铺设方式：全面覆盖或部分覆盖，以茶行为中心两边铺设
地膜覆盖	优点：保温、保水、保土、抑草 缺点：地膜腐烂污染土壤	原料：商用塑料地膜 操作方式：与防草布类似 注意事项：关注天气，气温太高需及时撤掉，避免烧苗，腐烂地膜清出园地，避免污染

茶园铺草覆盖

三、生态林木种植

新建茶园因前期清园和开垦，虽尽量保留茶园四周和不宜种植区域等原生植被，但整个茶园的茶园植被丰富度还是相对较低。茶树定植后需抓紧时间种植生态林木，增加茶园的生物多样性。生态林木品种选择的原则：①不与茶树争水、争肥；②无共同病虫害；③适应当地环境气候。按照种植位置不同茶园常见的生态林木可分为行道树、防风林、遮阴树和隔离带等。

茶园生态林木类型与作用

类型	种植方式
行道树	位置：茶园主干道、支干道两旁 树种：直立型乔木，如桂花树、玉兰树、杉树、松树等 种植方法：每 4 ~ 6m 种植 1 株
防风林	位置：茶园上风口 树种：高大乔木 + 低矮灌木，如桂花树、松树、杉树 + 珊瑚树、南天竹等 种植方式：乔木每 2 ~ 4m 种植 1 株，中间密植灌木

续表

类型	种植方式
遮阴树	位置：操作行两侧或茶行中间 树种：落叶乔木为宜，如樱花、银杏等 种植方式：每亩 3 ~ 5 株
隔离带	位置：茶园与水系或其他作物相邻处 树种：灌木为主，如珊瑚树、南天竹等 种植方式：成条密植

茶园生态林木

茶苗移栽技术

素质拓展

学生讨论：茶园建设从前期勘察、规划到后期开垦、种植和生态恢复，整个过程需要 2 年以上，其中任何一个环节工作不到位，都将给今后茶园管理埋下重大隐患。万事开头难，新茶园建设既需要制定详细的规划，也需要严格按照既定方案协调推进。时光飞逝，人生匆匆，人生是否也应该养成制订相应计划的思维与习惯？

◉ 任务内容

技能实训六：茶行设置与种植沟开挖

一、实训目的

茶行的设置需要遵循便于操作管理、保水保肥、充分利用土地等基本原则；开挖种植沟与施足底肥是茶树高产优质的土壤基础。了解茶行设置的方法和种植沟开挖类型与规格，才能为茶园高产、高效打好坚实基础。

二、实训材料与场地

材料：水平仪、锄头、铲子、100m 皮卷尺、2mm 棉绳（长度 ≥ 50m）10 条以上、40cm 小木棍若干等。

场地：已经完成开垦的待种植园地（平地或坡地或梯田）1 亩左右，划分为 3 ~ 5 个小区块。

三、实训步骤与方法

根据小区块的数量，学生分成 3 ~ 5 个小组，每一个小组按照下列步骤完成茶行设置并开挖种植沟。

（一）设置基线

根据园地的情况，结合本章内容，确定第一行茶树种植位置为基线。

（二）设置茶行

以基线为起点，结合整个地块面积，调整规划茶行间距为 1.5 ~ 1.8m，每一个茶行两端用小木棍标记定位。

（三）设置种植沟

以种植行为中心线，根据种植方式（单行 30cm/ 双行 50cm）分别向中心线两侧移动 15cm 或 25cm，用小木棍标记并牵拉棉线确定种植沟两侧位置，如果是山地弧形，则中间穿插小木棍定位，确保种植沟两侧边缘弧度圆滑，水平一致。

（四）开挖种植沟

学生动手用锄头开挖种植沟，沟深度 40 ~ 50cm，沟宽 30 ~ 50cm，两侧尽量垂直形成梯形横切面，而不是三角形。撩壕时先将表层土沿壕沟一侧堆积，再将沟底土翻至另一侧沟面，便于后期将肥力较高的表土回填到壕沟底部，然后再回填表土。开挖完成后，确保种植沟整洁、美观，深度、宽度一致。

四、结果分析

根据实践结果，每组测量并完成《茶行与种植沟完成情况记录表》。

茶行与种植沟完成情况记录表

组名：　　　　　　　　日期：

茶行			种植沟			
组号	长度 /m	间距 /m	上宽 /cm	下宽 /cm	深度 /cm	是否水平

◎ 任务评价

根据《课堂学习任务评价表》进行任务评价。

课堂学习任务评价表

班级： 姓名： 日期：

<table>
<tr><th rowspan="2">序号</th><th colspan="2" rowspan="2">评分要点</th><th rowspan="2">配分</th><th rowspan="2">分值</th><th colspan="3">评价方式</th></tr>
<tr><th>自评</th><th>互评</th><th>师评</th></tr>
<tr><td>1</td><td colspan="3">出勤、上课纪律</td><td>20</td><td></td><td></td><td></td></tr>
<tr><td rowspan="5">2</td><td rowspan="5">任务完成情况</td><td>基线设置是否科学</td><td>10</td><td rowspan="5">40</td><td></td><td></td><td></td></tr>
<tr><td>茶行间距是否合适</td><td>10</td><td></td><td></td><td></td></tr>
<tr><td>种植沟开挖是否科学</td><td>10</td><td></td><td></td><td></td></tr>
<tr><td>回土方法是否科学</td><td>5</td><td></td><td></td><td></td></tr>
<tr><td>种植沟深度、宽度是否一致</td><td>5</td><td></td><td></td><td></td></tr>
<tr><td>3</td><td colspan="3">团队合作</td><td>20</td><td></td><td></td><td></td></tr>
<tr><td>4</td><td colspan="3">师生互动</td><td>10</td><td></td><td></td><td></td></tr>
<tr><td>5</td><td colspan="3">表达能力</td><td>10</td><td></td><td></td><td></td></tr>
<tr><td colspan="4">总分</td><td>100</td><td></td><td></td><td></td></tr>
<tr><td colspan="8">课堂评价总结及建议</td></tr>
</table>

技能实训七：茶苗移栽

一、任务目的

茶苗移栽是茶园管理的基本技术，也是茶园生产管理的基础；掌握科学的茶苗移栽技术，能有效提高茶苗成活率。

二、实训材料与场地

材料：铲子、锄头、卷尺、验收合格新鲜茶苗 2000 ~ 3000 株、2mm 棉绳（长度 ≥ 50m）10 条以上、40cm 小木棍若干等。

场地：已经完成茶行设置并开沟施足底肥的待定植茶苗园地 1 亩左右，划分为 3 ~ 5 个小区块。

三、实训步骤和方法

（1）分组按照要求对茶苗进行检验分级；

（2）根据已有茶行位置，确定种植行并挂棉线标记茶苗种植行（单行 / 双行）；

（3）开挖移植沟 / 穴、植苗、覆土、浇定根水等；

（4）完成首次定型修剪。

四、结果分析

对茶苗移栽过程进行考核，填写《茶苗移栽和定型修剪完成情况记录表》

茶苗移栽和定型修剪完成情况记录表

组名：　　　　　　　　　　日期：

组号	一组	二组	三组	四组
苗木合格度（合格/不合格）				
距离合格度（合格/不合格）				
移栽稳固度（稳固/松动）				
移栽深度（cm）				
浇水充足度（足够/欠缺）				
修剪高度（cm）				

备注：1. 按步骤及时检验记录；2. 距离包括大小行距、丛距离；3. 轻提茶苗阻力大小来确定稳固度；4. 随机拔出一株茶苗确定深度；5. 手握土壤确定浇水充足度。

课后思考

模块一·项目四·任务二

任务拓展训练

建立兴趣小组，调查并记录其他经济作物如柑橘、黄桃、荔枝等对种植园地的要求，以及种植技术和规格。通过拓展训练了解不同植物的生理特性和种植管理要求，养成因树制宜、因地制宜制定具体生产方案的农事生产思维和习惯。

任务三　观光茶园建设

知识储备

观光茶园作为一种农业与旅游业交叉融合的新型观光旅游模式，是开拓旅游发展道路、增加农民就业、振兴乡村经济的重要途径。观光茶园本质上是一种以乡村风光、文化资源进行开发，以文化为基础的茶园形式。主要是通过挖掘地方特色，对茶园景观设计进行研究，将“文化”与“旅游”有机结合，促进茶业与旅游之间的相互促进，提升茶园经济效益。

一、观光茶园概念、特点

我国现有观光茶园数量较多，其主题、类型、功能与景观等均其独特之处。我国观光茶园的建设最早见于1970年台湾观光茶园。1970年，台湾开放了第一个以“休闲”为主题的观光茶园——猫空山木栅观光茶园，是我国观光茶园发展的开端。21世纪后，观光茶园得到快速发展，国内规模较大、知名度较高的有福建武夷山茶园、四川夹江天福观光茶园、云南南涧无量山樱花谷茶园、浙江杭州龙坞茶村、重庆永川茶山竹海、贵州遵义湄潭茶海生态园、湖南湘丰飞跃有机茶基地、湖北天门市茶圣故里园、江西婺源考水茶园等。

江西婺源考水茶园

（一）观光茶园概念

观光茶园是一种新型的休闲农业发展形式，通过文化赋能，将茶和旅游结合起来，形成了新的休闲农业。与传统茶叶生产基地不同，该模式是以茶叶种植和生产为基础，把茶叶生产、观光游览、采摘体验、科技示范、茶文化展示、茶产品销售和休闲旅游度假融为一体的综合性生态农业观光园，注重和追求旅游价值的实现，是一种将农业、茶产业、旅游业等多种产业相融合的新型观光农业发展模式。

（二）观光茶园特点

在旅游观光的热潮中，观光茶园虽出现较晚，但发展迅速，大部分具有以下五个方面的特点。

观光茶园特点

特点	功能类型	体验内容	游客收获
具有生产体验性	基础功能	体验茶叶种植、采摘、制作等茶事活动	体验农耕劳作的乐趣
具有景观观赏性	重要功能	独特的茶园景观和艺术观赏性	亲近自然，回归自然
具有休闲娱乐性	重要功能	休闲、度假、观光、游乐、购物等的综合性旅游项目	身心放松，感受田园气息
具有文化教育性	重要功能	学习茶知识，了解茶艺，传播茶道，弘扬茶文化	感受茶文化的魅力，追求精神文明
具有生态可持续性	重要功能	以提高效益和观赏性的多样套种作业，发展绿色经济	维护生态平衡，增强水土保持

二、观光茶园基本类型

从当前观光茶园发展来看，主要有休闲度假型、科普型、生态型、综合型、市场开拓型五种类型。

观光茶园类型

茶园类型	内容	图示
休闲度假型观光茶园	依托茶园周边的生态资源，以体验自然、休闲养生、餐饮娱乐吸引消费者，使之成为周边城市市民休闲度假的首选之地。可进行采茶、摘果、摘菜、赏花、垂钓等活动	 福建安溪华祥苑茶庄园
科普型观光茶园	利用茶园先进的生产设施和优秀人才，开展传统茶文化知识、民族特色茶文化、茶具类型、茶叶加工技术等茶叶知识的科普宣传，或开展新品种、新技术的试验、示范、推广和种苗繁育的展示，加快推进科技成果的转化和应用	 江苏茶博园

续表

茶园类型	内容	图示
生态型观光茶园	茶园所在地具有丰富的原始植被资源及优美的山水环境，茶园规划、建设与当地自然环境融为一体，具有生产性与自然性和谐共存、可持续发展的生态平衡美	 福建安溪中闽魏氏茶园
综合型观光茶园	茶园建设具有多个功能区，集生产销售、休闲度假、科普教育和观光体验等多种元素于一体，占地面积大、体验环节丰富、周边经济带动效益强、发展目标多样的大型农商文旅复合体	 江西九江海庐茶博园
市场开拓型观光茶园	以合作社为主体，旨在打造山、水、茶、林、园“五位一体”的观光茶园特色景观，以发挥国家级农民合作社示范社的带动作用，拉动乡村旅游发展，带动合作社社员及周边茶农脱贫致富，快步推进乡村振兴的基层建设茶园	 福建安溪冠和观光茶庄园

三、观光茶园设计原则

观光茶园的设计理念和项目设施会直接影响游客在旅游时的体验感和获得感，因此，让观光茶园真正实现以茶产业带动旅游业，以旅游业促进茶产业发展，实现联合共赢的目的，是设计观光茶园要考虑的重要因素。

观光茶园设计原则

原则	内涵	要求
因地制宜原则	自然地形地貌和水系因地制宜 茶园选址因地制宜，不仅考虑茶园内部自然环境，还要考虑周边景观 历史文化与茶园风格相适应	应根据环境、气候等因素，选用适宜的树种，以达到适地适树 充分挖掘地方人文资源赋予茶园以深厚的文化底蕴
发展持续性原则	充分考虑顾客需求及环境承载力 因地制宜发展茶叶，不违背茶树的生长规律 做好近期和远期规划	因地制宜，适度开发，长期规划
生态保护性原则	考虑生态问题，避免人为破坏和污染 在配置植物时，应以当地的乡土树种为主，适当点缀外来树种，互相协调 应重视生态系统循环与再生功能的发挥，建立可持续的茶园景观格局，致力于提高茶园景观可持续性	体现人与自然和谐相处和可持续发展的原则，尽量减少景观建设对生态环境的破坏，让景观尽量呈现原生态的面貌
实用体验性原则	从消费者喜好的角度设计茶园建设内容，因地制宜做好设计	从单一的生产功能转化为多样化的功能，以满足游客的多样化需要，实现茶园高附加值利用
景观特色性原则	通过合理规划景观，体现出丰富的文化内涵与独特的审美观，使整个茶园具有鲜明的文化、地域特征	各处整体和谐，不突兀，要突出园区的整体性和茶特色，提升观光茶园识别性

江西婺源林生茶园

四、观光茶园建设

（一）观光茶园规划设计

要根据原则要素，因地制宜、科学合理规划观光茶园。根据茶园场地地形进行合理的空间布局和规划，强调整体性建设和茶园景观空间特色的展示。深挖茶园文化内涵，提高文化品位。以茶文化、民俗文化及特色自然资源为重点，创新思路，规划并举办多元化独特旅游与文化活动。对茶园场地历史文化遗迹进行重点保护，积极继承场地历史文脉并结合旅游需求，抽取地方文化设计元素纳入茶园设计中，增强茶文化内涵。

1. 茶园选址

（1）地形。利用自然地形地貌，沿山顺势修筑人工阶梯形平台或依据地形修建独具特色的几何图案。

（2）水体。选择有溪涧、河流、自然式瀑布、水库、鱼塘等自然水体，可改造成自然曲线的园林水景。

（3）建筑。建筑的造型和布局要结合地形，个体建筑、建筑群和大规模建筑群可依山傍水，层次错落进行布局，达到和谐统一。

（4）道路。宜选择道路交通相对便利的区域，并根据需要规划车道、步道。

福建三明大仙峰茶美人景区

2. 环境选择

山地茶园种植区的生长环境要求遵循“头戴帽、腰系带、脚穿鞋”的布局原则。以茶树为主要物种，通过实施立体复合栽培，人为创造多物种并存的良好生态环境，科学施肥、绿色防控，使茶树生长与茶园生态系统和谐统一，实现茶叶生产可持续发展。

山地生态茶园园地建设布局

项目	概念	目的	推荐树种
头戴帽	茶园高处、外围及风口种植防护林	调节园内温度、空气湿度，降低茶园遭受寒冻害的程度	合欢、马尾松、杉木、青钱柳、杨梅、塔松、香樟等
腰系带	茶园中套种遮阴树、行道树	调节园内光线，减少直射光，减少水土流失	香椿、银杏、杨梅、油茶树、凤凰木、桂花树、山茶花、紫玉兰等
脚穿鞋	茶园内套种绿肥作物	提升茶园生态系统生物多样性，提高土地利用率，防止水土流失，调节土壤营养	紫云英、黄花苜蓿、兰花草、肥田萝卜、鼠茅草、花生、大豆、扁豆、红豆、油菜等

观光茶园必须以良好的生态环境为基础，以茶树为主，可以考虑复合式栽培种植白化茶、黄化茶、紫叶茶等不同颜色的茶叶品种，同时，间作其他林木果树类。

最终形成旅游观光和茶叶采摘为一体的高度融合的新型茶园种植模式，推动绿色生态农业发展。

江西婺源考水茶园

3. 道路布局

（1）茶园主干道。主干道设计要宽敞，路面为沥青或水泥以便游客进入观光行走。道路硬化，宽度 4 ~ 6m 为宜，两侧绿篱、绿障种植以茶树为主。行道树种植以具有观赏性的乔木为主，间隔 6 ~ 8m，与茶园种植的绿篱、绿障形成复层绿化带。

（2）茶园漫步道。漫步道设计本着“以人为本，生态平衡，道路、人、环境相结合”的理念，按需造路，为景开路，使之成为自然气息浓郁的休闲绿道。宽度 1.6 ~ 2.0m，道路一侧设蓄排设施减少地表径流和冲刷力，另一侧栽植行道树，改善茶园生态环境。

（3）茶园生产道。茶园道路宜采用沥青或混凝土，路面宽 3m 左右，道路一侧设排水沟，采用浆砌石结构，梯形断面，道路中、下部设置大的蓄水池，方便在干旱期补充灌溉。道路单侧栽植行道树，种植规格 5 ~ 6m/ 株，树种同茶园绿化、美化树种一致。

江西九江海庐茶博园彩虹步道

4. 水景布局

可根据当地环境打造自然水景和人工水景两种类型。人工水景是借助人工载体如井台、茶壶、茶杯等来呈现流动水景。自然水景可将原有水体流线做成蜿蜒曲折的形态，或引水制造高度差形成动态的跌水、喷泉、瀑布等效果。布局上主次分明，自成系统，水岸溪流曲折有致，做到山水相连，相互掩映，创造出各种形式的水体。同时，根据水面大小设计水体景观，有条件的还可对水景园的形、色、光等进行特色设计。

江西婺源鄣山顶茶园（自然水景）

5. 建筑布局

观光茶园的建筑设计需要融合多种元素，结合地形地貌特征和地方建筑特色，将游览需要、生态环境和艺术美感融合，进行民宿、科普馆等建筑的建设。建筑布局应考虑因地制宜、生态优先、互动参与和艺术特色等原则。

江西婺源林生茶博馆

江西赣州上犹五指峰乡光姑山茶场民宿

6. 园林植物造景

（1）造景植物以茶树为主，将茶树修剪成条块状绿篱，按特定几何图形栽植造景。在构图方式上可根据不同地形、地貌灵活设计成条状、块状、茶（花）坛等。

（2）按不同茶树品种的生长习性、色彩特征进行微景观雕塑设计和构图造景。

（3）园林小品设计方面，可利用茶叶生产将茶叶多丛种植修剪成不同几何图案，地势相对平坦的地区，将茶叶生长的条块形状设计成迷宫，让游客身临其境，体验游玩的乐趣。

（二）观光茶园建设实施

茶园建设，包括基础设施、土壤改良、栽种管理等主要项目。

茶园建设要求

项目	内容	要求
基础设施	茶园道路	园内的道路应划分区域，确保交通畅通
	排水系统	避免积水影响茶树生长
	茶园围墙、门户	保护茶树免受野生动物破坏
	遮阴棚	为茶树提供遮阳和防风保护
土壤改良	施加有机肥	改善土壤结构，增加土壤肥力，满足茶树生长
	土壤酸碱度调节	确保土壤适生性
栽种管理	品种选择	选择适应当地气候、土壤条件的优质茶树和其他作物品种
	苗木栽种	栽种时需与其他树木间隔 2 米以上，避免争水、争肥、争阳光
	水肥管理	薄肥勤施，及时浇水，有条件的可根部覆盖秸秆、禾草以保持水分
	整形修剪	及时修剪徒长枝、病虫枝、枯枝。注意抑强扶弱，均衡生长，保持形态美观
	病虫害防治	综合防治，包括生物防治、物理防治和化学防治，减少病虫害对茶树的危害。注意：采茶季节严格禁止施药

硬件设施。包括游客中心、亭台楼阁、民宿酒店、餐饮、购物等休闲娱乐场所，医疗服务场所、停车场、公厕等的施工与建设，应按照规划与设计，组织施工队伍进行建设。

管理与维护。包括建立各项管理制度，明确管理人员的职责和任务，并定期对观光茶园各处设施进行管理和维护等工作。

监测与评估。定期对观光茶园的生长状况、产量品质、营业额等进行调查、监测和评估。根据监测和评估结果，及时调整管理措施，优化观光茶园管理方案。

推广与运营。应加大宣传力度，通过各种媒介渠道进行推广，吸引更多游客前来参观游览。同时应加强员工专业培训和服务意识，提升游客满意度。

总之，观光茶园的规划要遵循功能完善、设施齐全、层高适宜、空间适度、安全便捷、观感舒适的原则，体现“宜人怡人”及“满足需要”的双重功效，实现建筑与景观、休闲养生与文化、设施与功能的多元化组合，构建“一站式”服务区。除了人为构建多物种的生态环境外，还需配套相应的硬件设施设备和软件品牌服务。因此，在设计和实施时首先要因地制宜，确定总体思路；然后把握全局，系统合理规划；最后提升内涵，丰富游客体验。助力茶产业高质量发展，促进茶旅融合新业态发展，做好人与自然和谐相处，推动乡村振兴战略的实施。

素质拓展

学生讨论：习近平总书记指出，绿水青山就是金山银山。这一重要论述深刻揭示了人与自然、经济发展与环境保护之间的辩证关系和内在规律。建设生态文明和美丽中国、实现中华民族永续发展，必须以高度的思想自觉和行动自觉，牢固树立和自觉践行绿水青山就是金山银山的理念，坚定走绿色发展之路。如果开展观光茶园的规划与建设，你将如何践行“绿水青山就是金山银山”这一重要理念？

◉ 任务内容

技能实训八：观光茶园设计

一、背景介绍

随着国民经济和旅游业的快速发展，观光农业已成为当今农业发展的热点之一。茶叶作为中国传统的农产品之一，具有悠久的历史和深厚的文化底蕴，观光茶园的设计和建设具有重要的意义。

观光茶园选址要素及设计

二、观光茶园定位

观光茶园是指对传统的茶园进行改造，增加观光旅游元素，使游客可以在茶园中感受茶文化、了解茶叶生产过程、体验采茶乐趣。观光茶园应注重文化传承与创新发展相结合，打造具有地方特色的茶园景区，吸引游客前来参观游览和体验。因此在设计观光茶园时应先做好前期背景的调查分析。

三、观光茶园设计

针对茶园地理位置、地形地貌、气候特征、社会经济概况和当地文化习俗、地方政策是否支持等内容，设计出科学合理、有丰富体验感的观光茶园方案。

（1）基础设施建设。观光茶园应配备茶叶加工展示厅、茶文化博物馆、茶艺表演区、茶园休闲区等设施，为游客提供全方位的茶文化体验服务。

（2）产业链延伸。观光茶园还应延伸茶叶产业链，开发茶叶相关产品，如茶叶初精制品、茶点心、茶菜、新茶饮、茶日化用品等，丰富旅游产品。

（3）农业体验活动。为了让游客更好地了解茶叶的生产过程，观光茶园还应设置农业体验区，让游客亲自参与采摘、制茶等活动。

（4）文化知识科普。建设茶艺冲泡、茶诗词、茶故事、茶具、茶叶发展历史、茶叶分类、茶叶品质鉴赏等功能展厅，让游客在多样化体验中感受茶文化的魅力。

四、观光茶园运营

（1）加强宣传推广。观光茶园应加大宣传力度，通过各种媒介渠道进行推广，吸引更多游客前来参观。

（2）提升服务质量。观光茶园的服务质量直接关系到游客的满意度，因此应加强员工培训，提升服务水平和服务意识。

（3）实现合作共赢。观光茶园可与当地旅行社、酒店等进行合作，推出套票、特色餐饮等产品，实现互利共赢。

五、实训任务

（1）将调查内容填入《观光茶园项目基本概况 SWOT 分析表》和《观光茶园设计基本内容表》。

（2）根据调查结果，撰写一份完整的观光茶园设计方案。

观光茶园项目基本概况 SWOT 分析表

	内容	优势	劣势	机会	挑战
1	茶园地理位置				
2	地形地貌				
3	气候特征				
4	社会经济概况				
5	当地文化习俗				
6	地方政策				

观光茶园设计基本内容表

类别	项目	内容	评价指标
观光茶园设计内容	设计理念		
	设计目标		
	设计特色		
观光茶园必备项目	茶园管理		
	硬件设施		
	软件内容		
观光茶园预期目标	经济效益		
	社会效益		
	文化效益		

六、内容总结

观光茶园的实施是一个综合性的工程，需要政府、企业、农户等多方通力合作。

只有因地制宜，做好基础设施建设，注重特色亮点打造，挖掘多方潜力和资源，丰富体验活动，吸引更多游客，通过不断创新和改进，才能打造具有吸引力和竞争力的观光茶园，真正做到以茶兴旅，以旅促茶，为茶叶产业和乡村旅游带来新的发展机遇，振兴茶乡发展。

◎ 任务评价

根据《课堂学习任务评价表》进行任务评价。

课堂学习任务评价表

班级：　　　　姓名：　　　　日期：

序号	评分要点	分值	评价方式		
			自评	互评	师评
1	出勤、上课纪律	20			
2	任务完成情况： 1.观光茶园设计的定位是否准确（10分） 2.观光茶园规划的项目是否科学、完备（10分） 3.观光茶园的预期目标是否合理（10分） 4.观光茶园的设计效果图是否美观、合理（10分）	40			
3	团队合作情况	20			
4	师生互动	10			
5	表达能力	10			
总分		100			
课堂评价总结及建议					

课后思考

模块一·项目四·任务三

参考答案

任务拓展训练

查阅资料，在四大茶区中各选一个观光茶园的典型案例进行总结、比较和分析，并针对四个案例提出更合理或更有新意的建议，要求可操作性强，容易实现。

模块二

茶园管护

项目一

茶树生长环境要求

思维导图

项目一 茶树生长环境要求

- 任务一　茶树适宜的气象要素
- 任务二　茶树适宜的土壤条件
- 任务三　茶树适宜的地形、地势、海拔
- 任务四　茶树适宜的生物因子

学习目标

知识目标：

· 掌握气象要素、土壤条件、地形地貌和生物系统与茶树生育的关系；

· 了解茶树对环境条件的要求。

技能目标：

· 掌握茶园土壤的调查取样和含水量、pH 等重要理化指标的检测方法；

· 学会观测地形地貌和各项气象要素；

· 学会分析茶园生物因子对茶园管护的利与弊。

素质目标：

· 强化个人素质的全面发展，培养健全的人格和良好的心理素质；

· 通过系统知识的学习，开阔眼界，挖掘个人热爱科学、探求真理的本性。

项目说明

茶树在其系统发育过程中，适应了某些环境体条件，故对外界环境条件有自身的要求和喜好。茶树属亚热带植物，适生环境归纳起来有“四喜四怕”，即喜光怕晒、喜暖怕寒、喜酸怕碱、喜湿怕涝。这主要表现为茶树与环境中“生态因子”的关系。

任务一　茶树适宜的气象要素

知识储备

气象条件是茶树生长发育的最主要的条件之一，其中，光、热、水等气象因子，对茶树生育的影响尤其重要。了解气象因子与茶树生长发育的关系、茶树生长发育的最佳指标及极限，可保证茶园长效、可持续高质量发展。

一、茶树适宜的温度条件

温度是茶树生命活动、生长活动不可缺少的一个条件。温度对茶树生育的影响，主要表现在空气温度（气温）、土壤温度（地温）及活动积温几个方面。

（一）气温对茶树生育的影响

气温主要影响茶树地上部的生长，地温主要影响茶树根系的生长，但气温与地温是相互关联的，就气温而言，从热带到温带茶树都能广泛适应。对于茶树生育，有 3 个基点温度，即适合茶树生长的最低温度、最适温度和最高温度。

气温对茶园生产的影响

基点温度	含义	茶园生产重要参考值
最低温度	一是指生物学最低温度即茶树萌芽生长的最低温度，也称为茶树生长的起点温度 二是指生命最低温度也称为低限温度，低于低限温度，茶树都会不同程度地受到冻害	茶树品种差异： 灌木型品种：-12~-16℃ 小乔木型品种：-8~-10℃ 乔木型品种：-6℃左右 茶树经济生长最低气温： 中小叶种：-8~-10℃ 大叶种：-2~-3℃ 成熟叶片一般可耐 -8℃左右低温，根在 -5℃就可能受害；茶花在 -3 ~ -4℃便会死亡

续表

基点温度	含义	茶园生产重要参考值
最适温度	茶树生育最旺盛、最活跃时的温度	茶树生长最适温度为 20~30℃，在此范围之内，茶梢加速生长，每天平均可伸长 1~2cm 我国大部分茶区自清明（4月上旬）至霜降（10月下旬），日平均气温在 20~30℃，是茶树生长最适时期
最高温度	茶树生育能忍耐但不会产生热害的最高温度	茶树生物学最高温度：日平均气温 30℃或日最高气温 35℃ 一般而言，茶树能耐最高温度为 35 ~ 40℃，生存临界温度是 45℃ 日均气温高于 30℃：新梢生长缓慢或停止 气温持续几天超过 35℃：枝梢枯萎、落叶

此外，茶树生长还与昼夜温差有关。春季，气温回升，雨水较多，通常白天温度高于夜晚，新梢生长量白天大于夜晚。夏、秋季高温干旱天气居多，虽然日夜气温均能满足茶树生育的要求，但水分成为影响生育的主导因子，新梢夜晚的生长量往往大于白天的生长量。高山茶区和北方茶由于昼夜温差大，新梢生育较缓慢，但同化产物积累多，持嫩性强，故茶叶品质优良。

（二）地温对茶树生育的影响

地温，即土壤温度，与茶树生育关系密切。在一定地温范围内，茶树新梢随地温升高生长速度加快，高于或低于一定范围，则生长缓慢或停止。研究表明，地温在 14~20℃时，茶树新梢生育速度最快，其次是 21~28℃，低于 13℃或高于 28℃生长，茶树新梢生育较缓慢。不同土层地温影响略有差异，地表 5cm 土层受热辐射直接影响，日夜温差较大，地表以下 25cm 土层地温相对稳定。

生产上可以采取某些栽培措施调节地温，以利于茶树生育。如早春进行茶园中耕，能有效提高地温；夏、秋季在茶行间铺草，可以有效降低地温；冬季增施有机肥可以显著提高土壤温度；茶园四周种植防护林能有效改善地温、气温和空气湿度状况。

（三）积温对茶树生育的影响

积温是指累积温度的总和，包含温度的强度和持续时间，可分为活动积温和有效积温。活动积温指植物在某一生育时期或整个年生长期中高于生物学最低温度的温度总和。有效积温指植物在某一生育期或整个生长周期中有效温度之总和。有效温度是活动温度与生物学最低温度之差。

积温与茶树生长发育关系密切。我国各茶区≥ 10℃的活动积温在 5000℃左右。全年活动积温的多少，与全年茶叶的采摘时间及茶叶产量有密切关系。一般认为，在其他因子（如水分、养分）满足茶树生长发育、夏季温度不过高的情况下，全年

≥ 10℃的活动积温愈多，则茶园可采摘时间愈长，茶叶产量愈高。

有效积温能较为确切地反映茶树的生育状况和速度。茶树在某一生长期所要求的有效积温比较稳定，接近某个常数。据研究，从茶芽萌动到茶芽伸展为一芽三叶需要 10℃以上的有效积温 110~124℃；茶芽萌动到春茶开园需要有效积温度 104~180℃，平均约 130℃。由于有效积温能比较确切地反映茶树生长期间对热量的需求，因此，结合物候观测和当地气象部门的中长期预报可以进行采摘期的预测。

二、茶树适宜的水分环境

水分是制约茶树生长的重要因素，构成树体的水占 55% ~60%，芽叶含水量高达 70% ~80%。茶树生长所需的水分主要来自降雨、空气湿度和土壤水，它具有喜湿怕涝的习性。

水分不足和过多，都会影响茶树的生育。当水分不足时，茶叶不易生长或延迟发芽，降低发芽率，有时虽能发芽，但抽生的新梢短小，很快形成对夹叶。如果严重干旱，会引起茶树体内一系列破坏性的生理变化，首先是新梢的顶端生长停止，顶芽和幼叶向成熟叶子“夺水”，造成成熟叶萎蔫下垂，严重时焦枯脱落，甚至整株茶树枯萎死亡。

（一）降雨与茶树生育

一般认为，适宜茶树栽培的年降水量在 1500mm 左右，茶树生长期间的月降水量达 100mm 以上。如果连续几个月降水量小于 50mm，且未采取灌溉措施，茶叶单产将大幅下降。我国茶区年平均降水量因南北差异出现不均衡，年降水量最少的山东半岛只有 600mm，最高的四川峨眉山达 7600mm，但多数茶区年降水量为 1200 ~ 1800mm，生长季节的月降水量在 100 ~ 200mm，基本能满足茶树正常生长发育的需要。

（二）空气湿度与茶树生育

空气湿度影响茶树的蒸腾作用，也影响茶树的光合作用和呼吸作用。当空气湿度低于 60%，茶树的呼吸速率大于光合速率，茶树的蒸腾作用显著增加，在这种情况下，如果长时间无雨或不进行灌溉，就会发生旱害，影响茶树正常的生长发育，对产量和品质都有不良影响。当空气湿度达到 70%时，茶树光合作用、呼吸作用速率均较高，净同化率低；当空气湿度达 80% ~90%时，茶树光合速率大于呼吸速率，茶树净同化率高，表现为新梢叶片大，节间长，新梢持嫩性强，叶质柔软，内含物丰富，因此茶叶品质好。当空气湿度高于 90%时，空气中的水汽含量接近饱和状态，这对茶树新梢生长固然有利，但容易导致茶园病害的发生。

（三）土壤含水量与茶树生育

茶园土壤含水量直接影响着茶树根系的生长，进而影响茶树地上部的生长。一般土壤含水量 70% ~90%，有利于茶树根系的正常生长，也有利于茶树的增产增质；土壤含水量低于 60%，茶园处于水分亏缺状态，茶树生长受抑制；土壤含水量高于 90%，茶园水分处于过饱和状态，茶树根系不能正常生长。

三、茶树生长适宜的光照条件

光照是茶树生活的首要条件。茶树 90% ~ 95% 的生物产量是叶片通过光合作用利用 CO_2 和 H_2O 合成的碳水化合物转化而成。由于茶树具有喜光耐阴的特性，光对茶树生育影响，主要表现在光照强度、光照时间、光质（太阳光谱）三个方面，不仅影响茶树代谢状况，而且也会影响其他生理过程和发育。同时，还会引起大气和土壤的温、湿度变化，进而影响茶叶产量和品质。

光照对茶园生产的影响

影响因子	规律	生产影响	图示
光质	叶绿素吸收最多的为红、橙光，其次为蓝、紫光。茶树对蓝光和橙光的吸收占的比重大	红橙光：促进碳代谢、碳水化合物形成 蓝光：促进氮代谢，对蛋白质形成有重大意义 紫光：促进氮代谢，有利于蛋白质、氨基酸、维生素和很多香气成分的形成 直射辐射：光照强，蓝紫光比例较低，有利于碳代谢 散射辐射：蓝紫光比例增加，有利于蛋白质、氨基酸、维生素、芳香物质的合成	
光照强度	茶树的光合作用强弱在很大程度上取决于光照强度，在一定条件下，光合速率随着光照强度的增加而上升，但当达到光饱和点时，光合速率不再上升	1000lx ＜光强＜ 50000lx 范围内：光合作用强度随光照强度的增加而增强 光饱和点：幼年茶树的光饱和点大致为 $2.1 J/cm^2 \cdot min$ 左右；成年茶树达 $2.9 \sim 3.0\ J/cm^2 \cdot min$ 强光下：叶形小、叶片厚、节间短、叶质硬脆 林冠下：叶形大、叶片薄、节间长、叶质柔软	

续表

影响因子	规律	生产影响	图示
光照时间	茶树是短日照植物	对茶树产量的影响：日照时间长，光合产物积累量多，产量高 人工延长日照（13h），能打破茶树冬季休眠，抑制茶树开花	

素质拓展

学生讨论：茶树的生长对环境的要求相对较高，茶树生长的地方其生态环境一般较为优良。随着全球变暖、极端天气增多，给农业生产带来了很多的挑战和威胁，各茶区应如何应对这种变化？“一方水土养一方人”，茶树亦是如此。我国四大茶区环境各异，茶树各有特色、各有优势，大家具体知晓多少？

课后思考

模块二·项目一·任务一

参考答案

任务拓展训练

根据自己家乡气象要素特点，调查地方茶树长势与气象要素的关系，分析如何通过栽培措施促进茶树长势，并完成《地方茶树长势及气象要素情况调查表》。

地方茶树长势及气象要素情况调查表

调查时间：　　　　　　调查人员：

序号	茶园 1	茶园 2	茶园 3	茶园 4	茶园 5
调查区域					
年气温变化					
年地温变化					

续表

序号	茶园 1	茶园 2	茶园 3	茶园 4	茶园 5
年降水情况					
茶园光照情况					
茶树品种					
采收期					
茶园单产					
鲜叶品质特征					
茶园培管建议					

任务二　茶树适宜的土壤条件

知识储备

土壤作为茶树地下部分的主要生存环境，其质地的好坏、土层的厚薄、土壤酸碱度、养分含量的高低等都会对茶树生长产生深刻的影响。土壤是茶树赖以立足，从中摄取水分、养分的场所，它具有满足茶树对水、肥、气、热需求的能力，是茶树高产的重要资源。土壤条件主要包括土壤物理条件、化学条件。充分认识茶园土壤物理、化学条件对茶树生育的影响，根据茶树生育的基本要求，科学选择茶园土壤，针对性地开展茶园土壤管理，采用适宜的农业技术措施，保持地力常新，是培育茶园新质生产力的前提。

一、茶园适宜的土壤物理环境

土壤物理条件是土壤肥力的重要组成部分，茶树生长所需的水分、养分、空气、热量以及根系能否在土体中自由伸展等都受其直接或间接影响，最终对茶树生育、产量、品质产生影响。土壤的物理条件包括土层厚度，土壤质地、结构、容重和孔隙度，土壤空气，土壤水分和土壤温度等因素。

土壤物理环境对茶树生长的影响

影响因素	释义	生产影响
来源	土壤的成土母质，茶园土壤可能是砂岩、页岩、花岗岩、片麻岩或千枚岩等各类成土母质风化形成的土壤	砂岩、页岩、花岗岩、片麻岩和千枚岩风化物所形成的土壤物理性状（通气、透水）好 含硅多的石英砂岩与花岗岩等成土母质，能形成适合茶树生长的砂砾土壤，促进茶树根发生量多，所产茶叶品质好 千枚岩、页岩风化形成的土壤养分含量丰富 玄武岩、石灰岩与石灰质砂岩、钙质页岩等岩石发育的土壤，因游离碳酸钙或酸碱度偏高，对茶树生长不利
质地（土壤机械组成）	又称土壤的机械组成。指土壤中各粒径土粒的组合比例或各土粒所占的百分数，即土壤的砂粒程度 根据质地，可把土壤分为砂土、壤土、黏土三类	土壤疏松、土层深厚、排水良好的砾质、砂质壤土适宜茶树生长，以壤土最为理想。若种在砂土和黏土上，茶树生长比较差
土层厚度	土壤根据厚度的不同分为表土层、亚表土层、心土层和底土层 （1）茶园土的表土层或称为耕作层：厚度为 20~30cm，是直接受耕作、施肥和茶树枯枝落叶的影响而形成的。这层土壤中布满了茶树的吸收根，与茶树生长关系十分密切 （2）亚表土层或称为亚耕作层，在表土层下。这层土在种茶之前，经过土地深翻、施基肥和种植后的耕作施肥等农事活动，使原来较紧实的心土层变为疏松轻度熟化的亚表土层，厚度有 30~40cm，其上部吸收根分布较多，也是茶树主要的容根层 （3）心土层，位于亚表土层之下，是原来土壤的淀积层，受人为的影响较小，此层土中茶树吸收根较少，却是骨干根深扎地方，要求土层厚度达 50cm 以上 （4）底土层，在心土层之下，是岩石风化壳或母质层。茶树是多年生深根作物，根系分布可伸展到土表 2m 以下，要求在心土层以下无硬结层或黏盘层，并具有渗透性和保水性的底土层	茶园要求土层深厚，有效土层达 1m 以上，表土层 20 ~ 30cm，亚表土层（位于表土层下）30 ~ 40cm，心土层（位于亚表土层下）>50cm，底土层（心土层下）要求 50cm 内无硬结层

续表

影响因素	释义	生产影响
三相（固相、气相、液相）分布	土壤物理性状（容重、孔隙度、水分含量、空气容积）的综合反映	表层土中的固相:气相:液相以 50 ∶ 20 ∶ 30 左右为宜，心土层以 55 ∶ 30 ∶ 15 左右为宜
土壤结构	指土粒相互黏结而成各种自然团聚体的状况。按团聚体的形状可分为块状结构、片状结构、柱状结构、棱状结构、核状结构和微团粒、团粒结构	心土层为块状结构较好。精耕细作所形成的非水稳性团粒结构对改善土壤通透性、促进根系下扎、养分迅速分解等方面都有良好的作用 土壤结构不良，则土壤紧实，通透性差，土壤中微生物活动受到抑制，茶树根系生长和发育受阻，水、肥、气、热不协调，茶树得不到水肥的稳定供应。应采取混入客土、多施有机肥、合理耕作、种植豆科及绿肥作物等措施，改善其结构 茶树对土壤结构的要求：表土层微团粒、团粒结构，心土层为块状结构较好
土壤容重和土壤孔隙度	容重：指土壤在自然结构状况下，单位体积内土壤的烘干重量，是表示土壤黏紧度的一个指标。单位为 g/cm^3 孔隙度：指单位体积土壤中孔隙的数量及其大小分配	土壤的容重和孔隙度与土壤松紧度有直接关系。茶树对土壤松紧度要求：表土层 10 ~ 15cm 处容重 1.0~1.3g/cm^3，孔隙度 50% ~ 60%；心土层 35~40cm 处容重 1.3 ~ 1.5g/cm^3，孔隙度 45% ~ 50%
土壤水位	茶园土壤的地下水位要低于茶树根系分布的部位	土壤水分过多，尤其地下水位过高时，土壤孔隙就会被水分完全堵塞，而使根系不能深扎，根系正常呼吸就会受阻，妨碍茶树的正常生命过程。茶园土壤孔隙中水分和空气的比例是经常变动的

土壤中各种组成成分以及它们之间的相互关系，影响着土壤的性质和肥力，从

而影响到茶树的生长和发育，最终影响茶叶的产量。

二、茶园适宜的土壤化学环境

土壤化学条件对茶树生长的影响是多方面的，其中影响较大的是土壤酸碱度、土壤有机质和无机养分。

（一）土壤酸碱度

茶树喜酸、嫌钙，适宜茶树生长的土壤pH值大致在4.0 ~ 6.5，最适为5.0 ~ 5.5。高产茶园土壤酸碱度条件大致为pH值4.5~5.5。当pH值小于4.5或大于6.5时，茶树根系吸收能力显著降低。在pH值不适宜的土壤条件下栽培茶树，即使多施肥料，茶树也难以吸收利用。研究表明，茶苗对pH值的反应相当敏感，茶树在一定的pH值条件下，对N、P、K的吸收都较强。当pH值大于6.0时，茶苗生长不良，叶色发黄，有明显的缺绿症，叶龄缩短，新叶约长出1个月便枯焦脱落。严重情况下，茶树主茎顶芽枯死，根系发红变黑甚至败死，生理活动严重受阻；当pH值小于4.0时，茶苗发生氢离子中毒症，叶色由绿转暗再变红，根系变红、变黑，生理活动受阻，甚至死亡。当茶园土壤pH值过低，在3.5以下时，可考虑施用少量石灰或苦土（MgO），以调节茶园土壤pH值。茶树在过酸和偏碱的条件下生长，叶色较黄，光合能力较弱，但呼吸作用却极强，消耗大于合成，有机物的积累极少，生长不正常。

（二）土壤养分

有机质含量是反映茶园土壤熟化度和肥力的指标之一。高产优质的茶园土壤有机质含量要求达到2.0%以上。日本的土壤改良指标是3.0%以上。土壤有机质是土壤微生物生活和茶树合成多种营养元素的物质基础，如茶叶全氮含量与有机质含量密切正相关。

茶园土壤的有机质对茶树生育有较大影响。土壤有机质是土壤微生物生活和茶树多种营养元素的物质基础，茶园有机质含量反映了茶园土壤熟化度和肥力的指标。从我国现有生产力水平出发，有机质含量为2.0% ~3.5%的可为一等土壤；有机质含量为1.5% ~2.0%的为二等土壤；有机质含量1.5%以下的为三等土壤。高产优质的茶园土壤有机质含量要求达到2.0%以上。土壤腐殖质是土壤中有机质的主体，一般占土壤有机质总量的85% ~95%。

茶园土壤的有机质是土壤微生物分解有机质时，将分解物又重新合成的具有相对稳定性的多聚体化合物，呈黑色或棕色，主要是胡敏酸和富里酸与矿物胶体紧密结合，凝聚形成具有多孔性的水稳性团粒结构。土壤腐殖质对茶树营养有重要作用，腐殖质被分解后，可提供二氧化碳、铵态氮、硝态氮及磷、钾、硫、钙等养分，是作物所需要的各种矿质营养的重要来源。腐殖质具有巨大的表面积，并带有大量的负电荷，可以提高土壤吸附分子和离子态物质的能力，增强保水保肥能力。腐殖质中的胡敏酸类物质还是一种生理活性物质，可以促进根系生长，促进作物对矿质营养的吸收和增强作物的代谢活性等。

（三）茶园土壤矿质元素

茶园土壤除了有机质以外，还有大量的矿质元素，如 K、Na、Ca、Mg 等，这些元素大多呈束缚态存在于土壤矿物和有机质中，经过风化作用和有机质的分解而矿质化，缓慢地变成茶树可利用形态，或呈溶解态被吸附于土壤胶体或团粒上，这些元素含量的多少，直接或间接地影响茶树生育和茶叶品质。

素质拓展

学生讨论：茶树的生长与地上部分和地下部分都存在一定的相关性，地下部分主要与茶园土壤有关。若茶园施肥习惯不良，会导致土壤板结和酸化现象逐步加重。思考讨论如何通过生态保护、低碳施肥、现代信息技术等手段改善茶园土壤环境。

◉ 任务内容

技能实训九：土壤有机质含量的测定（重铬酸钾 – 硫酸氧化法）

一、目的要求

土壤有机质含量是衡量土壤肥力的重要指标，对了解土壤肥力状况进行培肥、改土有一定的指导意义。通过实验了解土壤有机质测定原理，初步掌握测定有机质含量的方法及注意事项，能够准确地测定土壤有机质含量。

二、方法原理

在外加热条件下，用过量的标准重铬酸钾 – 硫酸溶液，氧化土壤有机碳，剩余的重铬酸钾用标准硫酸亚铁滴定，由所消耗标准硫酸亚铁的量计算出有机碳量，从而推算出有机质的含量。用 Fe^{2+} 滴定剩余的 $Cr_2O_7^{2-}$ 时，以邻菲罗啉为氧化还原指示剂，在滴定过程中变色过程如下：由橙色转变为绿色 Cr^{3+}，至接近终点时变为灰绿色。当 Fe^{2+} 过量半滴时，溶液变成棕红色，即为终点。

三、仪器及试剂

（1）烘箱、消解炉、弯颈漏斗、消解管、分析天平、滴定管、150mL 锥形瓶。

（2）硫酸亚铁、重铬酸钾标准液、指示剂等，均为国产分析纯试剂。

四、操作步骤

（1）称样。准确称取 0.1000g 风干土（过 100 目筛，筛孔直径 0.149mm），放入消解管中加入 0.8000mol/L 标准重铬酸钾标准溶液 5mL，浓硫酸 5mL，小心摇匀。做 2 个重复土样。设空白对照 1 个，采用 0.1000g 粉状二氧化硅代替土样，其他与土样相同。

（2）消解。加弯颈漏斗，放在消解炉上加热（180℃），待液体开始沸腾产生气泡时开始计时，使溶液沸腾 5min，取出冷却。

（3）滴定。冷却后，将消解液倾入 1 个 150mL 锥形瓶中，用去离子水润洗消解管及漏斗（少量多次），将润洗液也移至锥形瓶中，使锥形瓶内的溶液总体积为 60~70mL。加邻菲罗啉指示剂 2~3 滴，用标准硫酸亚铁溶液滴定。溶液由黄绿色变为蓝绿色，再变为砖红色，即达终点，记录 $FeSO_4$ 滴定毫升数（V）。

（4）同时做空白试验。

五、结果计算

土壤有机质含量（g/kg）= 土壤有机质含量（g/kg）$= \frac{0.8\square 5\square 3\square 1.1\square 1.724\square c\square (V_0\square V)/V_0}{m\square k}$

式中：

V_0—表示 5mL0.8000mol/L 标准重铬酸钾空白滴定用去的硫酸亚铁的毫升数；

V—表示滴定待测液中过剩的 0.8000mol/L 标准重铬酸钾用去的硫酸亚铁毫升数；

m—表示风干土样质量（g）；

k—表示将风干土样换算成烘干土的系数；

0.8—表示标准重铬酸钾的浓度；

5—表示加入的重铬酸钾溶液体积；

3.0—表示 1/4 碳原子的摩尔质量（g/mol）；

1.1—表示本样方法只能氧化 90% 的有机碳，因此乘以校正系数 1.1；

1.724—表示土壤有机碳换算成有机质的经验常数。

六、注意事项

（1）称样重量根据有机质的含量而确定，土壤有机质含量为 2% ~ 4% 的土样，称取土样 0.3000g，土壤有机质含量小于 2% 的土样需称 0.5000g。

（2）消煮时要准确计时，否则对结果有较大的影响。

七、考核评价方式

（1）根据学生出勤情况、仪器设备耗材维护、实验过程、撰写实训报告和检测结果准确率给出综合评价，参照《实训考核评价表》，以成绩总评方式给出评判。

（2）实训成绩不及格者需重新学习该实训内容，直至考核合格。

实训考核评价表

考核点	出勤率	仪器设备耗材维护	实验过程	实训报告	检测结果准确率	总评成绩
成绩比重	15%	5%	20%	40%	20%	
得分						

注：1. 有违规者该项实训为“0”分，需重修；2. 总评成绩 = 出勤率 ×15%+ 仪器设备耗材维护 ×5%+ 实验过程 ×20%+ 实训报告 ×40%+ 检测结果准确率 ×20%。

技能实训十：土壤容重的测定

一、目的要求

熟练掌握环刀法测定土壤的容重，并能根据土壤容重进行土壤孔隙度的计算。

二、试验原理

用一定体积的钢制环刀，切割自然状态下的土壤，使土壤恰好充满环刀的体积然后称量，并根据土壤含水量计算每单位体积的烘干土重，即为土壤容重。

三、仪器用具

环刀、天平、铝盒、小铁铲、削土刀、烘箱、橡皮锤。

四、实验步骤

（一）称量环刀、铝盒质量

（1）在室内将环刀擦净，检查环刀与上、下盖及环刀托是否配套。

（2）记下环刀编号，确认环刀容积（V），100cm^3。

（3）称量环刀质量（G，精确到 0.1g）。

（4）称量铝盒质量（W_1）。

（二）采取原状土样

（1）在田间选择有代表性的地点，先用小铁铲铲平土表。

（2）将环刀托套在环刀无刃口的一端，环刀刃口向下，均衡地用力压环刀托把，将环刀垂直压入土中，切勿摇晃或倾斜，以免改变土的自然状态。当土壤较硬不易将环刀插入时，可用橡皮锤轻轻敲打环刀托把，当环刀全部进入土中，且土面即将触及环刀托盖的顶部（可用盖上的小孔观察）时，停止下压。

（3）用小铁铲把环刀周围的土壤挖去，取出环刀，使环刀两端均有保持自然状态的土壤。

（4）将环刀翻转，刃口向上，用削土刀小心刮去环刀外壁上的土壤，然后用削土刀在刃口端从边缘向中部削平土面，使之与刃口齐平，刃口端盖上环刀底盖。

（5）再次翻转环刀，使刃口端向下，取下环刀托，削平无刃口端的土面，并盖好顶盖。

（6）将采取土样的环刀带回室内。

（三）**称量，测定含水量**

（1）将环刀外壁彻底擦净，称量环刀及湿土质量（M）；

（2）取环刀内土样 20g 左右，置于铝盒中，称量共质量（W_2）；

（3）将铝盒做好标记，放入 105℃ ±2℃烘箱内，烘至恒重（约 6 ~ 8h）；

（4）从烘箱中取出，称量其质量（W_3）。

五、结果计算

（1）土壤含水量（W）：土壤含水量 $=\dfrac{W_2-W_3}{W_3-W_1}\times 100\%$

（2）土壤容重：土壤容重 $=\dfrac{M-G}{V}$

（3）土壤孔隙度

土壤孔隙度 =（1- 土壤容重 / 土壤密度）×100%（常用密度值 :2.65g/cm^3）

六、注意事项

（1）环刀入土时，需要平稳，用力一致，不能过猛，以免受力而破坏土壤的自然状态；

（2）环刀的方向要垂直向下，不能倾斜，避免环刀与其中的土壤产生间隙，使容重的结果偏低。

七、考核评价方式

参照技能实训九。

课后思考

模块二·项目一·任务二

参考答案

任务拓展训练

开展地方茶园土壤的物理、化学情况调研并填写《地方茶园土壤性质调查表》。

地方茶园土壤性质调查表

物理性状	土壤地块	土壤来源	土壤质地	土壤容重和土壤孔隙度	土壤水分
化学性状	pH	养分情况	有机质含量	矿物质情况	其他

任务三 茶树适宜的地形、地势、海拔

知识储备

我国茶区分布范围广泛，南北茶区跨度大、东西茶区海拔差异大，茶区所处地形比较复杂，丘陵、山地、平地、盆地均有分布，但大多在丘陵和山地。茶园的地形地势条件不同，茶树生长的气候条件、土壤条件、水热条件有很大的差异，随之表现出生长发育和产量品质的不同。在不同地形地势的茶区种植茶树，需要考虑海拔、坡度坡向、地形等因素。

一、海拔

茶区所处纬度不同，气候类型变化很大，气温、光照、湿度、降水、地温、土壤条件均随纬度变化，茶树生长情况随之不同。“高山云雾出好茶”，说明茶叶品质与生态环境关系密切。

海拔对茶园生产的影响

影响因子	变化规律	生产影响	图示
温度	海拔每升高 100 米，气温降低 0.5 ℃，积温减少 180 ℃。茶区海拔越高，气温越低，积温越少	1. 海拔过高，温度降低，积温减少，生长期缩短，冻害严重，会使茶叶产量和品质降低，茶树宜种在海拔 1000 米以下 2. 高山茶园茶树生长慢，物质积累时间长，内含物丰富 3. 茶多酚和儿茶素含量是随着海拔的增高而减少，氨基酸随着海拔升高而增加 4. 茶树体内某些鲜爽、清香型芳香物质在海拔较高、气温较低的条件下形成，积累量大	
降雨量	在海拔 2000 米以下，降水量随高度增加而递增	在一定海拔的山区，雨量充沛、云雾多、湿度大	
光照	山区云雾弥漫，漫射光、短波紫外线较为丰富	山地茶园漫射光强，芽叶肥壮，滋味鲜爽、香气馥郁，经久耐泡，即“高山云雾出好茶”	

续表

影响因子	变化规律	生产影响	图示
土壤含水量	随着海拔升高，空气湿度增大，日照时间缩短，土壤水分蒸发量减少，呈现出随海拔升高土壤含水量增加的趋势	高山茶园茶叶持嫩性强，采摘期长	

素质拓展

“高山云雾出好茶”，禁得住寒冷方得悠悠茶香。作为当代大学生，当有主动吃苦、迎难而上的精神，才能在苦难中培养出坚定的意志和傍身的技艺，从而“一花独秀”，成为那个优秀的自己。

二、坡度坡向

茶园小气候：是指由茶树、环境因子、茶园生物相互作用形成的小范围的特殊气候，即地表或土壤浅层到距离地表 1.5 ～ 2.0m 处的贴地层的气候，主要取决于日照辐射、贴地层的湍流交换和水分交换特性，也叫微域气候或微域气象。山地茶园的坡度、地形、坡向影响着茶园小气候，进而会影响茶树的生长发育和产量、品质。

坡度坡向对茶园生产的影响

影响因子	变化规律	生产影响	图示
坡向	1. 我国地处北半球，茶区多在北回归线以北地区，茶树接受的阳光全年由南面照射而来，所以南坡地茶园获得的太阳辐射多于平地和北坡茶园 2. 背风向阳的朝南山坡属于暖坡，暖坡茶园冬季气温比谷地、沟槽地、平川地高；北坡的太阳辐射总量比南坡或平地少得多，属于冷坡。夏季南北坡地的差别较小，冬季差别颇为显著 3. 北坡终年土温和气温较低，蒸发少，土壤湿度较大，空气湿度较低 4. 东坡和西坡接收到太阳辐射量介于南坡和北坡之间，差异不大	1. 春季，偏南坡的茶园茶芽萌动较偏北坡早 1 ～ 3 天 2. 北坡茶园易受冻害，应选择偏南坡种茶为好 3. 一般情况下，阳坡茶树春、秋季长势优于夏季，阴坡茶树夏季长势比春、秋季好	

续表

影响因子	变化规律	生产影响	图示
坡度	1. 坡度不同，茶园接收的热量差异较大。朝阳南坡，10° 坡的直接太阳辐射量为平地的 116%，20° 坡为 130%，30° 坡为 150% 2. 随着坡度加大，土壤含水量减少，冲刷程度变大	新开垦茶园园地选择一般要求在坡度小于 30° 的山地或丘陵地。坡度太陡（30° 以上），不仅建园成本高，后期茶园管理难度也增大，不宜栽植茶树	

三、地形

茶园地形，是指茶园地势高低起伏的变化，可分为高山茶园、山地茶园、平地茶园、丘陵茶园、盆地茶园五大基本类型。不同地形具有不同的气候特征，对茶树生长具有不同的影响。

地形地貌对茶园生产的影响

影响因子	变化规律	生产影响	图示
地形	1. 在冬季晴天的条件下，由于冷空气向低洼地段汇集，谷底温度低，常引起茶树冻害 2. 寒潮或冷空气南下时，坡顶迎风面的温度最低，谷底温度相对较高，受冻的地方不是在谷底，而是在坡顶，即“风打山梁，霜打洼”现象	在冻害严重的地区，应避免在坡顶和坡脚处种植茶树；冻害中等的地区，在低洼处种茶，应选择耐寒性强的品种	
地貌	水域邻近地区空气湿度大、雾日多，温度相对较为稳定	水域邻近地区的茶园受旱热害和冻害影响较陆地茶园轻，茶叶品质优	

种植在盆地或谷地的茶园，易出现辐射逆温和辐射霜冻。白天，地面、空气受太阳辐射升温，因盆地、谷底空气流动受阻，暖空气滞留，故白天盆地、谷地茶园气温、地温较高，夜间高空冷却空气沿斜坡流向谷地或盆地，冷空气集聚，谷地或盆地温度较低。因此冬季晴朗无风时，夜间谷地或盆地易形成逆温层，同时暖气上升到坡顶形成“暖带”，这种温度的差别使谷地或盆地茶园受冻，山坡茶园受冻程度减轻。

课后思考

模块二 · 项目一 · 任务三

参考答案

任务拓展训练

调研就近茶区或茶园的地形、地势、海拔，了解其茶树长势和产量，并总结分析其提高产量、品质的先进做法，或给出其提升茶园产量、品质的生产建议，并完成《茶园地形、地势、海拔调研表》。

茶园地形、地势、海拔调研表

调研项目	调研结果	备注
地理位置		
海拔		
地形		
坡度		
坡向		
茶园面积		
茶园单产		
茶叶品质		
周围环境		
已有提质增效做法 1		
已有提质增效做法 2		
已有提质增效做法 3		

任务四　茶树适宜的生物因子

知识储备

茶园生态系统是由生物组分和环境组分共同组成的一个相互制约、密不可分的整体。茶园生态系统的生物组分包括以茶树为主的生产者，以昆虫、动物为主的消费者和以微生物为主的分解者。在该系统中，生物组分直接或间接地影响着茶园的水、肥、气、热状况，从而影响茶树的长势和产量品质。其中，茶园生物包括地上生物和土壤生物两部分。

地上部生物对茶园生产的影响

影响因子	种类	生产影响	图示
动物（害虫）	茶园地上动物主要有昆虫、鸟、鼠、蜥蜴、蛙类、蜗牛等，但更多的是昆虫。除蛇类是茶园的捕食动物以外，其他动物均属食虫或食茶园植物的动物。茶园生态系统中昆虫种类丰富，其中害虫会对茶树生长造成直接危害，而天敌昆虫则是维持生态平衡的重要生物因子	陈宗懋院士（1993）研究指出，全世界记载有茶树害虫 1041 种，其中，印度 396 种，斯里兰卡 203 种，印度尼西亚 247 种，日本 216 种，中国 433 种。其中，茶园中鼠类以社鼠和黑线姬鼠最多，会在梯坎筑巢，取食茶籽、嫩枝叶和茶花	
动物（天敌昆虫）		1. 益虫如天敌昆虫，包括捕食性和寄生性类，捕食性昆虫分属 18 目 200 多个科，常见有螳螂、蜘蛛、瓢虫、草蛉、蜻蜓、寄生蜂、食蚜蝇、步甲、食虫蝇、猎蝽、胡蜂等 2. 茶园鸟类有 19 科 31 种（张汉鹄，1986），其中以白脸山雀、棕头鸦雀、灰喜鹊等食虫益鸟取食害虫量最大，是重要的茶区害虫自然控制因素 3. 茶园中部分鼠类为害虫天敌	
植物	茶园地上植物有茶园内间套种的林木、果树、粮食、油料、蔬菜、药用植物，还有间种的防护林和遮阳树等乔木以及经济作物	1. 合理地布置茶园间作物，作为防护林、遮阳树，可营造良好的茶树生长发育生态环境，改善茶叶品质 2. 在北方茶区，防护林和行道树对于降低冬季和初春的冻害、寒害有一定作用 3. 如果间种不当，会影响茶树生育，尤其是种植一些粮油作物，如薯类、芝麻等，会对土壤肥力以及水土流失产生严重影响 4. 茶园间作高大乔木，如杜仲、果树等，利用茶园不同的生态位，可以提高茶园综合效益	

续表

影响因子	种类	生产影响	图示
杂草	杂草大多与茶树争夺养分，从而影响茶树的生长，从生长、繁殖速度和对茶树危害程度区分。我国茶园中危害严重的杂草主要是白茅、青茅、马唐、狗牙根、莎草、荷草、菝葜等	1. 各地报道的杂草种类由于地域差异有较大的悬殊，如湖南省报道有26科102种；江苏报道有49科166种，其中禾本科杂草占78%，阔叶杂草占18.2%，莎草占1.1%，多年生杂草占2.7%；福建省报道有67科355种植物，其中禾本科有72种，菊科46种，莎草科23种；四川省报道有38科106属144种 2. 不同海拔的被植物种类有差异，杂草种类随海拔上升而减少。低海拔茶园有杂草34科108种，中海拔茶园有30科97种，高海拔茶园有24科72种 3. 杂草与茶树争夺水分、养分，有的甚至能穿透茶树根系，导致严重草害	
地上微生物	茶园地上微生物有真菌、细菌、类细菌、地衣苔藓等类群。其中病原对茶树高产优质有极大威胁	1. 世界记载有病原（包括线虫）约507种。印度记载有病原193种，斯里兰卡有病原102种，印度尼西亚有病原64种，日本有病原14种，中国（包括台湾省）有病原136种。病原中有真菌(331种占65.29%)、细菌、线虫、类细菌、地衣苔藓等 2. 从数量组成来看，数量均很丰富、不同季节、不同茶树年龄时期，茶园土壤中微生物数量不同	

一、地上部生物与茶树生育的关系

除人类活动外，茶园地上部生物因子对茶树影响较大的主要为动物、植物、微生物。其中茶园地上动物有鸟、鼠、兔、猴、蛇、蜥蜴、蛙类、蜗牛等，但更多的是昆虫。天敌昆虫中最重要的是蜘蛛、瓢虫、寄生蜂、食蚜蝇、步岭、食虫蝽类等。茶园地上植物对茶树影响最大的是杂草。我国茶园中危害严重的杂草主要是白茅、青茅、马唐、狗牙根、荷草、菝葜等。

二、地下部生物对茶树生育的影响

茶园地下生物群落变化较大，与土壤质地、通透性、肥力、土壤水分、茶园郁闭度及茶行间覆盖物种类等有很大关系。地下部生物主要包括动物和微生物等。其中土壤中动物主要有蚯蚓、地鳖虫、鼠妇、跳虫、线虫、步甲和狼蛛等。地下微生物有真菌、细菌、放线菌等，它们是影响土壤肥力的重要因素。

地下部生物对茶园生产的影响

影响因子	种类	生产影响	图示
动物	土壤中动物主要有蚯蚓、地鳖虫、鼠妇、跳虫、线虫、步甲和狼蛛等	赖明志（1996）对不同覆盖茶园的调查表明，茶园动物类群有15类，其中鼠妇占15.9%；同翅目占14.2%；蚯蚓占12.9%；蜘蛛占8.4%；其他为弹尾目、蜚蠊目、鞘翅目、膜翅目、缨尾目、多足纲、蜱螨目、草翅目、双翅目、鳞翅目、腹足纲等。茶园环境条件相对稳定时，茶园动物群落变异较小，相对稳定	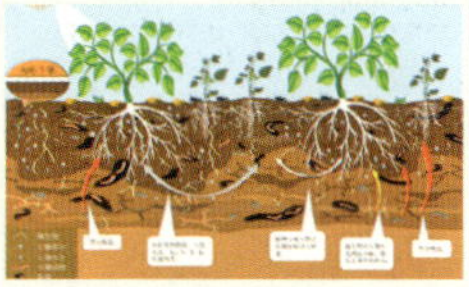
微生物	土壤微生物可以作为茶园土壤肥力的一项生物指标	1. 土壤微生物对土壤肥力的形成、植物营养的转化起着极为重要的作用。从数量组成来看，土壤微生物以细菌最多，真菌次之，放线菌最少 2. 茶园中微生物的数量受深耕施肥、杀虫剂和除草剂等影响比较显著，施用杀菌剂、杀虫剂和除草剂一般对微生物种类的生长和繁殖都有抑制作用。同一块茶园土壤中微生物的分布，以表层最多，土层愈深、微生物的数量愈少 3. 各类微生物在土壤中的种类和数量分布为根表土壤＞根际土壤＞非根际土壤。土壤物理、化学环境影响着土壤微生物的种类、数量的分布，而土壤微生物的活动又反过来影响土壤理化环境 4. 各类微生物随土壤孔隙度的增大而增加，有机质含量丰富、微生物数量增多，土壤的氨素含量也增多	

续表

影响因子	种类	生产影响	图示
真菌	茶园中常见的真菌有链格孢、曲霉枝孢、弯孢霉、毛霉、青霉、梭孢壳、木霉、木贼镰孢菌、根霉、拟青霉和镰刀菌、假丝酵母菌、酿酒酵母菌、球拟酵母菌、维氏固氮菌、拜氏固氮菌等	1. 对提高土壤肥力和改善茶树生长有显著作用的固氮菌、硝化细菌和纤维分解细菌等种群数量都很高 2. 秋季以真菌为优势种群，夏天雨季以细菌为优势种群，春季的优势种群则是放线菌类 3. 木霉、吸水链霉等微生物是土壤传染的病原微生物的颉颃菌 4. 捕食性真菌如环型真菌、三向黏网型真菌、黏结型真菌等可以防治根结线虫	
细菌	细菌主要有假单胞菌、短杆菌、土壤杆菌、微球菌	单个茶园相对于间作茶园而言，其细菌群落更集聚。部分研究者发现：豆茶间作土壤细菌样品分布更加集聚，且和茶树单作样品具有明显分离。在大豆盛花期和成熟期，茶树大豆间作能通过提升土壤铵态氮含量提高茶叶中游离氨基酸含量，降低了芽孢杆菌属的相对丰度，但提高了芽孢杆菌的数量	 
放线菌	放线菌类由于生境条件的限制，相对较弱，主要是一些耐酸性的链霉菌及其近缘属菌类	放线菌能分解利用各种有机物质，受根系分泌物、树龄影响不太敏感，为春季茶园的优势微生物种群 铺草茶园的细菌、真菌和放线菌数量均大于未铺草茶园	

地下部生物主要是微生物，真菌、细菌、放线菌等都有广泛的分布。

土壤中微生物有很多是有益的微生物，如自生固氮菌在高产和间作茶园中较多，对补充土壤氮素起重要作用。生草覆盖物、枯枝落叶、修剪下的枝叶由于纤维分解细菌、腐生菌的作用而分解形成大量的有机养分，都有利于土壤肥力提高和茶树生育。但是根际微生物也有对茶树生长不利的一面：①与茶树争夺营养物质。②由于某些微生物活动使茶树对锌、锰、钼、硫、钙等元素吸收量减少。③有的病原菌会致病或排出有毒物质，对茶树有害。

素质拓展

学生讨论：茶树的生长，其地上部分和地下部分存在一定的相关性，而生物因子分布于茶园地上和地下部分，且有利有弊。通过课程的学习，建立系统分析的思维，学会多角度评判事物存在的价值，同时找到平衡事物发展的方式方法，促进整个被观察或被处理体系的和谐、高效发展。

课后思考

模块二・项目一・任务四

参考答案

任务拓展训练

成立 3～5 人小组，以家乡茶园或学校就地茶园为对象，通过线上文献查阅和实地调研的方式进行茶园生物情况调研，阐述该茶园生态系统对于茶园生产的优势和劣势，并提出茶园建设意见，形成调研报告。

项目二

茶园水、肥、土管理

思维导图

项目二 茶园水、肥、土管理
- 任务一 茶园水分管理
- 任务二 茶园肥力管理
- 任务三 茶园耕作管理
- 任务四 茶园生态管理

学习目标

知识目标：

· 熟悉茶园的灌溉时期、灌溉方法和茶园管理当中常用的保水、排水方法；

· 了解茶树养分吸收特性，掌握各营养元素的生理功能；

· 了解茶园土壤耕作的作用及常见茶园耕作方法；

· 了解茶园生态系统的特点、功能与原理。

能力目标：

· 能够根据茶园实际情况，合理开展茶园灌溉、保水、排水作业；

· 掌握茶树营养诊断与常用施肥方法，能够根据茶园生产模式选择适合的施肥、耕作方法；

· 能够结合当地实际构建生态茶园栽培模式。

素养目标：

· 培养生态文明理念及安全生产意识；

· 树立科学的茶园养分管理、生态茶园建设理念。

项目说明

茶树正常生长需要合适的水肥和土壤条件。茶树喜湿怕涝、喜酸怕碱，茶园耕作直接影响着茶园土壤的物理性状和化学性状，是茶园生产的基础工作；了解茶树对水肥的需求特点，才能为茶树提供相适应的水肥条件，促进茶树长势健壮、育芽能力强，确保茶园高产、稳产、优质和可持续发展。

任务一　茶园水分管理

知识储备

生产实践表明，茶树在生长发育过程中，对水分的需求比较高，特别是在生长季节。只有在适宜的水分条件下，茶树才能正常生长和发育。我国位于北半球，国内主要产茶区大都有一个干旱季节，有的还伴随着高温。在高温缺水的情况下，茶树易遭旱热害，直接影响茶叶产量与品质。而如果茶园土壤水分过多，排水不良，茶树又易遭湿害。因此，多产优质茶园需要根据茶树的需水特性和茶园实际情况及时开展保水、灌溉或排水工作。

一、茶园保水

茶园保水是茶产业可持续发展的重要保障。通过采取科学的保水措施，可以提高茶园的水资源利用效率，降低生产成本，增强茶产业的竞争力。同时，保水措施还能减少环境污染，保护生态环境，为茶产业的长期发展奠定坚实基础。茶园保水工作可归纳为两大类：一是扩大茶园土壤蓄纳雨水能力，二是尽可能降低土壤水分的散失。

（一）茶园水分散失的途径

1. 地面径流

这里主要是指暴雨天气，自然降水强度大于土壤渗透速率时造成的地面径流。地面径流还将导致茶园水土流失严重。

2. 地下水移动

这里指土壤饱和水在重力作用下在土壤中通过空隙由上层移向下层，然后再沿不透水底层向低处迁移，属于渗透性流失。坡地茶园，尤其是土壤下层含砾石较多的茶园，地下水移动造成的渗透损失较为严重。

3. 土壤蒸发

这是指土壤中水分汽化进入大气的过程。与茶行封园成年茶园相比，幼龄茶园土壤大面积裸露，蒸发失水强度较大。

4. 蒸腾作用

这是指植物体内（主要指叶子）的水分通过水蒸气的形式散发到空气中的过程。一般，植物蒸腾速率呈早晚低，中午高的日变化规律。

（二）茶园保水措施

茶园保水措施

失水途径	保水思路	保水措施	图示
地面径流	扩大土壤保蓄水能力	选择适宜园地：新建茶园时，选择适宜的土壤类型地块进行规划建园，并注意有效土层的厚度和坡度等	
地下水移动		深耕改土：加深有效土层厚度、改良土质等	
		健全保蓄水设施：设截排水沟、排水沟、蓄水池拦截地面径流	
土壤蒸发	控制土壤水分的散失	地面覆盖：茶行间铺地膜、铺草或谷壳	 
		合理种植：茶苗种植采取列式而非丛式，可根据地形、地貌、地势采取单条栽植、双条栽植或多条栽植，合理密植，山地茶园沿等高线栽植，切忌顺坡种茶	

续表

失水途径	保水思路	保水措施	图示
土壤蒸发	控制土壤水分的散失	合理间作：幼龄茶园合理间作可以减少土壤的裸露面积；投产茶园合理间作可以增加茶园湿度	
		耕锄保水：通过耕作破坏土壤毛细管，避免地下水向上迁移	
		喷施保水剂：在茶园地面喷洒保水剂，利用其三维网状结构锁住水分，提升土壤的保墒能力	
蒸腾作用	控制植物体水分的散失	造林保水：通过在茶园套种树木或周边种植防护林，可增加茶园内的空气湿度，降低风速、减少日光直射	
		合理修剪：高温来临之前，及时剪除茶树的幼嫩组织，降低树体的蒸腾强度	
		喷施抗蒸腾剂：高温干旱季节给茶树喷洒薄膜型抗蒸腾剂	

二、茶园灌溉

适宜茶树栽培的年降水量在1500mm左右，茶树生长期间的月降水量需达100mm以上。如果连续几个月降水量小于50mm，应考虑采取灌溉措施。

（一）茶园灌溉水质要求

茶园灌溉用水的水质应含钙量少，呈微酸性，生态低碳茶、绿色有机茶园灌溉水质必须符合相应灌溉水质要求。

三种类型茶园灌溉水质质量要求

灌溉水质要求	生态低碳茶园	绿色茶园	有机茶园
pH值	5.5 ~ 8.5	5.5 ~ 8.5	5.5 ~ 7.5
水温/℃	≤ 35	—	—
悬浮物/（mg/L）	≤ 100	—	—
五日生化需氧量（BOD_5）/（mg/L）	≤ 100	—	—
化学需氧量(CODcr)/(mg/L)	≤ 200	≤ 60	—
阴离子表面活性剂/(mg/L)	≤ 8	—	—
氯化物（以Cl^-计）/(mg/L)	≤ 350	—	≤ 250
硫化物（以S^{2-}计）/(mg/L)	≤ 1	—	—
全盐量/(mg/L)	≤ 1000	—	—
总铅/(mg/L)	≤ 0.2	≤ 0.1	≤ 0.1
总镉/(mg/L)	≤ 0.01	≤ 0.005	≤ 0.005
铬（六价）/(mg/L)	≤ 0.1	≤ 0.1	≤ 0.1
总汞/(mg/L)	≤ 0.001	≤ 0.001	≤ 0.001
总砷/(mg/L)	≤ 0.1	≤ 0.05	≤ 0.05
粪大肠菌群数/(MPN/L)	≤ 40000	≤ 10000	—
蛔虫卵数/（个/10L）	≤ 20	—	—
氰化物（mg/L）	—	—	≤ 0.5
氟化物（mg/L）	—	≤ 2.0	≤ 2.0
石油类（mg/L）	—	≤ 1.0	≤ 5.0

注：生态低碳茶园灌溉水水质要求数据来源于《农田灌溉水质标准》（GB 5084—2021）；绿色茶园灌溉水水质要求数据来源于《绿色食品 产地环境质量》（NY/T 391—2021）；有机茶园灌溉水水质要求数据来源于《有机茶产地环境条件》（NY 5199—2002）。

（二）茶园灌溉时期的确定

茶园灌溉效果既与灌水次数、灌溉水量有关，又与灌溉时期紧密相关。自古以来，我国茶农就掌握了“三看”的灌溉经验，即观察天气是否有旱象出现，土壤干燥程度，以及茶树芽叶生长与叶片形态是否缺水。在此基础上确定茶园的开灌指标。

茶园灌溉参数

判断指标		茶树生长受阻值	开始灌溉值	结束灌溉值
茶树生理指标	细胞浓度（上午9时前测定）	10%左右	10%左右	8%～9%
	叶片水势（上午9时前测定）	−1.0MPa	−1.0MPa	高于−0.5MPa
土壤湿度指标	土壤相对含水量	60%	70%	90%
	土壤水势	−0.1MPa	−0.1MPa	−0.08～−0.01MPa
气象要素指标		日平均气温接近30℃，最高气温达35℃以上，日平均水面蒸发量达到9mm左右，持续一星期以上		土壤相对含水量达90%时

（三）茶园常见灌溉方式

1. 浇灌

通过人力挑水灌溉，是最原始的、劳动强度最大的给水方式。

2. 流灌

用抽水泵或其他方式，把水通过沟渠引入茶园的灌溉方式，包括沟灌和漫灌。为我国茶区传统的灌溉方法，在引水工程方面虽有发展，但灌水方法仍较古老。

3. 喷灌

喷灌利用机械和动力设备，使水通过喷头或喷嘴射至空中，以雨滴状态降落田间。喷灌系统主要由水源、输水渠系、水泵、动力、压力输水管道及喷头等部分组成。并按组合方式分为移动式、固定式和半固定式三种类型。

4. 渗灌

渗灌又称地下灌溉，是将灌溉水由输水渠送入地下管道（暗道），通过管道的透水孔，使水借土壤的毛细管作用，向根系活动层上、下、左、右浸润。

5. 滴灌

滴灌是将灌溉水（或液肥）在低压力作用下通过管道系统送达滴头，由滴头形成水滴，定时定量地向茶树根际供应水分和养分。

茶园不同灌溉方式的优缺点见下表。

茶园不同灌溉方式优缺点

灌溉方式	优点	缺点	图示
浇灌	水土流失小；节约用水	劳动强度大；耗费人工多	
流灌	可彻底解除土壤干旱	水的有效利用系数低；易导致水土流失，或使土壤积水，结构变劣；地形因子要求严格（只适用平地茶园）	
喷灌	可改善茶园小气候：提高茶叶产量和品质；节约劳力	强风（3级以上）时不宜使用；一次灌水强度较大时往往存在表面湿润较多，深层湿润不足，乃至出现局部径流现象	
渗灌	节约用水，保持土壤结构	一次性投资较多，出现故障，修理不便	
滴灌	可节省用水量；消耗能量少；适用于复杂地形；提高土地利用率	滴头和毛管容易堵塞；材料设备多，投资大；田间管理工作较烦琐	

三、茶园排水

适宜茶树根系生长的土壤，除要求含有充足的水分、养分，还要有足够的空气。如果土壤湿度增大，空气相应减少，一旦渍水，会使茶树根系呼吸困难，水分、养分的吸收代谢受阻。时间稍长，将会造成茶园湿害。雨季时需要开展茶园排水作业。

在新茶园规划开辟时应考虑茶园排水系统建设工作。新茶园的水利系统主要包括保水、灌水、排水三方面内容，由渠道、主沟、支沟、隔离沟和山塘、水库、管道与机埠组成，相互配套，紧密联系，做到雨季蓄水防洪，旱季引水灌溉。

对存在渍水迹象或已产生渍水危害的茶园，应积极做好调查研究，找出茶园发生渍水、造成湿害的成因，对症下药，采取措施。对建园基础差，湿害严重的茶园，可结合换种改植，重新规划，建立新茶园。不宜种茶的，可改种其他湿生作物。

素质拓展

学生讨论：针对茶园保水、灌溉技术，我国古时早有记载。唐代韩鄂《四时纂要》记载“旱即以米泔浇”。虽然用淘米水只能作小面积的茶园浇灌，但由此提出了茶树在干旱时需要灌水的技术措施。清代宗景藩《种茶说》十条明确指出：“如旱干，宜用水浇之。”杞庐主人在《时务通考》中也谈到：“种茶之地，每年须用锄锄浮其土，锄后用干草密遮其地，使不生草莱，则其树茂盛。”它针对我国长江中下游产茶区的气候特点，提出了要在伏旱来临前，对茶园及时松土浇水，翻埋杂草，并用铺草覆盖茶园。

通过古典文献关于茶园水分管理内容的学习，感受中国古代智慧的同时对比现代与过去茶园水分管理的差异，引导学生关注现代农业技术的发展，树立技术创新意识，为推动农业现代化贡献青春力量。

◉ 任务内容

技能实训十一：茶园土壤含水量的测定

茶园土壤含水量的测定是茶园管理中至关重要的一环，直接关系到茶树的生长状况和茶叶的产量与品质。常见的茶园土壤含水量测定方法有烘干法、张力计法、电阻法、中子法、地探雷达法等。烘干法是目前国际上土壤水分测定的标准方法，是在茶园采集土壤后于实验室内干燥；张力计法可以连续监测土壤水分状况，对土壤破坏性小。

一、实训目的

通过张力计测量茶园土壤水分情况，进而指导茶园水分管理，确定茶园开灌时间及结束灌溉时间。

二、实训材料与设备

（1）材料：茶园基地。

（2）设备：土钻、土壤张力计、水桶。

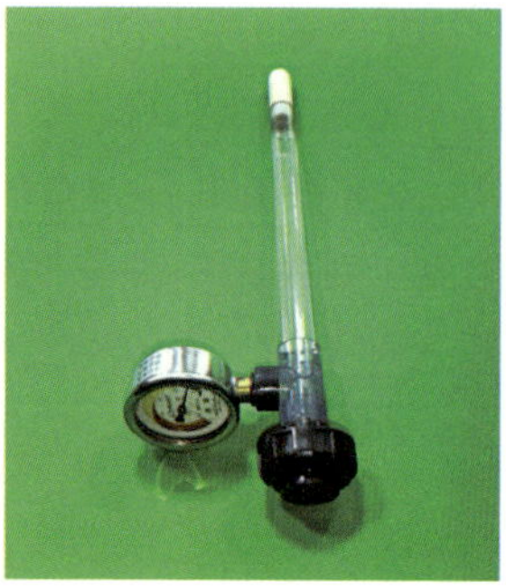

土壤张力计

三、实训步骤及方法

（一）设备检查

检查张力计的检测管、陶瓷头、密封橡胶塞等安装是否正确，密封性良好。

（二）校准仪器

将集气管的盖子和塞子打开，并使仪器倾斜，徐徐注入煮沸后冷却的无气水，充水时要避免气泡填塞在仪器的管道内。盖上集气管的塞子和盖子，并使陶土管的水分在空气中蒸发完全，数小时后即可见负压表的负压升至 60 毫巴或更高，此时轻轻振动仪器，便可见有气泡从陶土管、连接管及负压表逸出而聚集到集气管中，使所有气泡集中后，将陶土管浸入无气水中，此时指针即回至“零”位。打开集气管的盖子和塞子，重新充满水，按上述步骤反复数次，最后负压表的负压可达 85 毫巴以上。

（三）地块准备

在需要测量的茶园里选择具有代表性的地块，用土钻钻取深度 20 ~ 30cm 、直径与土壤张力计陶土管相当的土块，取土后将少量碎土撒入取土后产生的孔洞的孔底，并灌水少许，以便使陶土管与土壤紧密接触。

（四）放置设备

将土壤张力计的陶瓷头轻轻插入土壤中，确保插入深度符合测量要求。再填入少量碎土，并将仪器上下移动，使陶土管与周围的土壤紧接，最后再填上其余的土壤。

（五）数据读取

根据实际情况插入土壤 2 小时至一天，待土壤吸力达到平衡后， 进行观测读数。读数时可轻轻敲打弹簧管负压表，以消除读盘内的摩擦力，使指针达到应指示的吸力刻度。不同的土壤张力计可能具有不同的读数方式（如指针型、数字显示等），请按照仪器说明书正确读取数据。

四、记录与分析

记录每次测量的数据，并进行数据分析。根据分析结果评估土壤的含水量状况，并据此制订灌溉计划等管理措施。每个同学需在茶园中选择 3 个不同地点进行土壤含水量测量，每个地点测量 3 个不同深度（如 10cm、20cm、30cm）的土壤吸力，填写《张力计的使用训练任务评价表》。

张力计的使用训练任务评价表

班级：　　　　姓名：　　　　日期：

序号	评分要点	分值	评价方式		
			自评	互评	师评
1	观察读数及数据处理等方面的操作情况	25			
2	数据记录完整性、准确性	25			
3	数据分析的准确性	25			
4	实训报告的撰写质量	25			
总分		100			
课堂评价总结及建议					

课后思考

模块二・项目二・任务一

参考答案

任务拓展训练

（1）调查茶园生长情况，根据近期气候情况判断茶园是否要开展水分管理，填写《茶园基本情况调查记录表》。

茶园基本情况调查记录表

茶树品种：＿＿＿＿＿＿＿＿ 茶树品种类型（大叶、中小叶种）：

茶园芽叶生长情况：□萎蔫　□挺立

茶园土壤相对含水量：＿＿＿＿＿＿ 茶园土壤水势：＿＿＿＿＿＿

茶园气候情况：一周内平均气温＿＿＿＿＿＿；最高气温＿＿＿＿＿＿

三天内降雨情况：＿＿＿＿＿＿＿＿

茶园水分管理内容：□保水　□灌溉　□排水

（2）根据收集的资讯和茶园实地情况，制订茶园水分管理计划，填写《茶园水分管理计划表》。

茶园水分管理计划表

一、本次茶园水分管理的主要目的：

二、本次茶园水分管理采用的方式：

三、工具与设备

工具和器材清单

序号	工具名称	单位	使用数量

四、工作步骤

序号	工具名称	注意事项	负责人

五、任务实施中存在问题反馈

◎ 任务评价

（1）根据专业技能点，由个人对自己完成技能操作情况进行评分，满分 100 分，成绩计入实训成绩，占本次实训成绩的 30%，填写《任务实施过程自评表》。

任务实施过程自评表

班级：　　　　　组名：　　　　　姓名：

评价指标	评价要素	分值	评分
茶园信息判别	能否正确判别茶园旱害发生趋势	10	
方案制定	能否根据茶园情况确定灌溉方式	20	
灌溉操作	能否安全操作耕作工具设备，能否正确确定开灌时间、停灌时间	40	

续表

评价指标	评价要素	分值	评分
卫生整理	能否清洁、检查、放置好工具及设施	20	
小结反思	能否通过操作发现不足，提高操作效率	10	
合计		100	

（2）由小组之间进行 5 颗星到 1 颗星的五个不同等级的评价，填写《任务实施小组互评表》。按照星星获得的多少进行排名。第 1 名获 100 分，第 2 ~ 3 名获 90 分，第 4 ~ 5 名获 80 分，第 6 ~ 7 名获 70 分，成绩计入实训成绩，占本实训成绩的 30%。

任务实施小组互评表

班级：　　　　组名（组别）：

评价对象（组别）	评价项目				
	计划合理	团队合作	工作质量	工作效率	工作规范
1	☆☆☆☆☆	☆☆☆☆☆	☆☆☆☆☆	☆☆☆☆☆	☆☆☆☆☆
2	☆☆☆☆☆	☆☆☆☆☆	☆☆☆☆☆	☆☆☆☆☆	☆☆☆☆☆
3	☆☆☆☆☆	☆☆☆☆☆	☆☆☆☆☆	☆☆☆☆☆	☆☆☆☆☆
4	☆☆☆☆☆	☆☆☆☆☆	☆☆☆☆☆	☆☆☆☆☆	☆☆☆☆☆
5	☆☆☆☆☆	☆☆☆☆☆	☆☆☆☆☆	☆☆☆☆☆	☆☆☆☆☆
6	☆☆☆☆☆	☆☆☆☆☆	☆☆☆☆☆	☆☆☆☆☆	☆☆☆☆☆
7	☆☆☆☆☆	☆☆☆☆☆	☆☆☆☆☆	☆☆☆☆☆	☆☆☆☆☆

（3）根据专业技能点，由教师对小组完成技能操作情况进行评分，填写《任务实施教师评价表》。满分 100 分，成绩计入实训成绩，占实训成绩的 40%。

任务实施教师评价表

班级：　　　　组名：　　　　日期：

评价指标	评价要素	分值	评分
信息检索	能有效利用网络资源、工作手册等查找有效信息；能将查找到的信息有效转换到工作中	10	
工作认知	是否熟悉各自的工作岗位，认同工作价值（从工作着装、工作态度进行评价）	10	
参与状态	能与同学、教师、企业导师进行有效的沟通交流；处理好合作和独立思考的关系	10	
学习方法	工作方案的制定、操作技能是否符合规范要求	20	
工作过程	遵守管理规程，操作过程符合规范要求；完成工作任务	40	
总结反思	较好地掌握专业知识点，具有严谨的思维能力	10	
合计		100	

任务二　茶园肥力管理

知识储备

一、茶树养分吸收特性与生理功能

（一）茶树生育周期与养分吸收特性

不同树龄的茶树在不同的发育阶段，对养分的吸收和需求各有侧重。

不同树龄茶树施肥特点

茶树类型	施肥目的	需肥特点	注意事项
幼龄茶树	培养庞大的根系和健壮的骨架枝，增加侧枝的生长密度，扩大树冠	生长旺盛吸收能力强，但对养分绝对需求量较少，以氮、磷肥为主，适当施用钾肥	应避免过量施肥，且不施氯、钙等容易引起危害的元素
成年茶树	吸收的营养物质主要用于提供新梢生长，促进茶树的健康生长和提高茶叶产量及品质	氮（N）、磷（P_2O_5）、钾（K_2O）比例约为1：0.16：0.42，重施氮肥，配施磷、钾肥	合理配比氮、磷、钾，重视基肥和追肥、有机肥与无机肥配合施用
衰老茶树	促进新根生长和树势的复壮，恢复茶树生理机能和产量提升	营养生长减弱，生殖生长增强，花果大量增加，配合施用氮、磷、钾肥	不宜施肥过重，注意磷、钾肥用量，减少茶树开花结籽消耗营养

茶树对氮的吸收以4~6月、7~8月、9~11月为多，其中前两阶段的吸收量占总吸收量的一半以上，在3~4月和6~9月，茶树吸收的氮素主要供新梢生长；到了地上部停止生长的11月至翌年2月，氮素主要分配到根系中。茶树对吸收的氮素还有很强的储存和再利用能力，除了一部分被用于生长之外，多余部分可以储存在茶树的根、茎和叶中，供以后生长所需，这一现象可以发生在茶树全年生长发育期间。

（二）茶树主要营养元素生理功能

氮、磷、钾是茶树需求量最大的营养元素，对茶树生长和茶叶品质形成具有重要的影响。

茶树主要营养元素的吸收、利用特点

元素	生理功能	营养特性	缺乏症状	利用特点
氮	1. 氮是茶树需求量最大的矿质元素 2. 氮是茶树各组织中重要物质的构成元素，参与茶树生长发育所有过程 3. 氮是叶绿素的主要成分之一，维生素等物质也含有氮，且氮对茶树全株各器官的生长发育都有明显影响	1. 氮能促进顶芽和侧芽的提早萌发，增加侧芽的萌发数量，显著增加茶叶产量 2. 适宜施氮量能提高茶叶中重要品质成分含量（游离氨基酸、咖啡碱、水浸出物和叶绿素），增加香气物质种类，降低茶多酚含量	1. 茶树缺氮时，生长减慢，新梢萌发的周期减短，新叶变小 2. 缺氮时，叶片呈黄色或淡黄色，叶脉和叶柄逐渐呈现棕色，纤维素含量增加，蛋白质含量明显降低，甚至茶树寿命缩短	在生产中，春茶一芽二叶含氮量如果低于30g/kg，就表明茶树有可能缺氮
磷	1. 磷是组成核酸、磷脂、蛋白质等物质的成分，在物质和能量代谢中起着非常重要的作用 2. 磷与光合产物的转运有密切关系	1. 磷能促进茶树根系生长，幼龄茶树对磷的需要比较旺盛 2. 磷能增加鲜叶的多酚类含量，特别是提高没食子儿茶素（复杂儿茶素）的含量，对红茶色、香、味有良好影响 3. 磷促进花果生长	1. 茶树缺磷初期，根系生长不良，吸收能力明显减退；茶树地上部生长缓慢，嫩叶逐步出现暗红色，以叶柄最为严重 2. 严重缺磷的茶树嫩叶由暗红转为黄白色，生育停滞	一般当茶园土壤有效磷低于0.005g/kg，春茶新梢顶端的第3叶含磷量（P）低于4g/kg，或夏、秋茶第3叶低于2.2g/kg时，表明有可能缺磷
钾	1. 钾在茶树体内主要以离子状态存在 2. 作为各种酶的活化剂参与许多生理代谢活动 3. 在茶树体内钾的含量一般为6~10g/kg，新梢含量为20~30g/kg，仅次于氮居第二位 4. 钾能促进氮吸收，能提高茶树根系中茶氨酸合成酶的稳定性	1. 施钾能提高茶叶的氨基酸特别是茶氨酸的含量，有利于提高绿茶的品质 2. 适量施钾能提高茶叶儿茶素含量 3. 施钾能增强茶树各类抗性，从而减少农药的使用，提高茶叶品质	1. 茶树缺钾时，老叶或成熟叶的叶尖和叶缘出现褐斑，逐步扩大成褐块，并逐渐向叶脉和基部发展 2. 缺钾严重的茶树顶芽停止生长，新梢嫩叶褪绿，叶片变薄变小节间缩短，叶脉和叶柄逐步出现粉红色	当土壤有效钾含量低于0.050g/kg、春茶一芽二叶含钾量低于15g/kg时，茶树可能缺钾。茶园土壤的pH值一般在5.0以下，由于降水比较充沛，土壤中的钾容易被冲刷流失掉，造成土壤中钾含量逐步减少

钙、镁、硫等中微量营养元素也是茶叶的必需营养元素，同样对茶树生长和茶

叶品质成分的代谢具有显著的影响。

茶树对其他营养元素的吸收、利用特点

元素	生理功能	营养特性	缺乏症状	利用特点
钙	1. 茶树体内钙的含量为 1.4~5.6g/kg 2. 大部分钙与细胞壁中的果胶质结合，维持细胞壁结构，同时调节细胞膜透性和有关生理生化过程	1. 茶树对钙反应较敏感，茶树生长要求土壤中交换性钙（可利用钙）低于 3cmol(+)/kg，饱和度 34% 以下；少见茶园缺钙报道 2. 在土壤酸度过高、土壤结构变劣，养分损失加剧的茶园适当施钙，可提高可利用钙含量，维持茶园土壤正常 pH 值条件，改善土壤结构，提高养分利用率	1. 土壤中交换性钙过高对茶树生长不利，生长受阻，主根浅，吸收根少，有时主根呈螺旋状生长，根皮发黑，长有“小疙瘩”，甚至脱皮烂根；新梢萌发周期变长，对夹叶增加，茶叶产量低 2. 危害严重时，根系糜烂，茶树死亡	茶园 pH 值在 4.0 以下，也可施用石灰、白云石粉
镁	1. 在茶树体内参与有机物的合成 2. 镁是叶绿素的成分之一，直接参与光合作用和磷酸化过程 3. 镁能够活化许多酶和氨基酸，直接影响蛋白质的合成	施用镁肥（硫酸镁）能取得良好的增产效果，同时可以明显改善绿茶的品质	1. 缺镁初期生长缓慢，老叶片主脉附近出现深绿色带有黄边的“V”形小区，以后逐步扩大出现缺绿症，形成“鱼骨”形缺绿症 2. 严重缺镁时，新梢嫩叶黄化，生长停止	茶树体内镁含量为 1.2~3g/kg，以吸收根中浓度较高。缺镁土壤主要分布于南方地区或土壤质地偏砂性以及一些老茶园，偏施铵态氮肥和钾肥会加速缺镁症状的发生
硫	1. 硫是半胱氨酸和蛋氨酸的组分，因而也是蛋白质和酶的组分 2. 作为许多酶的辅酶或辅基，起电子传递作用	1. 施硫可提高茶树叶绿素含量，增强光合作用，降低多酚氧化酶活性 2. 施硫增加茶多酚、氨基酸、咖啡碱和水浸出物的含量，促进茶氨酸的合成，提高红茶茶红素和茶黄素含量 3. 茶园施硫能获得显著的增产提质效果	茶树缺硫时，顶芽和嫩叶黄化，长势减弱，叶脉失绿比叶肉失绿更为明显。下部老叶也黄化，并出现黄白花斑很像缺氮症，但主脉不红。呈现从主脉一直黄化到细脉末梢的黄色“网脉化”	硫在叶片中的含量一般为 0.8~3g/kg，其分配为吸收根 > 输导根 > 叶片 > 茎，新梢硫含量以一芽五叶为最高

续表

元素	生理功能	营养特性	缺乏症状	利用特点
微量元素	主要包括锌、铜、铁、锰、硼、钼、氯等	土壤微量矿质元素构成与茶树鲜叶的生化成分显著相关。如锰和硼在茶树干旱恢复中具有积极的作用	缺锌条件下，茶树叶片碳水化合物和氮代谢产物减少，儿茶素增加	基于微量元素和稀土元素的茶产地识别技术表明，土壤中微量元素对于茶叶特征品质形成具有不可忽视的作用
其他元素（铝）	1. 铝对一般作物的生长是有害的，但茶树具有非常强的耐铝能力 2. 铝是茶树的非必需元素，但茶树为聚铝性作物 3. 茶树体内的铝大多以有机态或螯合态形式存在 4. 茶树老叶具有强积累铝的特性	1. 铝能促进茶树根系生长 2. 适量施铝促进茶树对氟、磷、钾、铜和铁的吸收，提高叶绿素含量 3. 与不施铝相比，供铝茶树植株强壮，叶绿素含量增加，地上部生长快 4. 铝能提高氨基酸、茶多酚、水浸出物的含量	茶树根系对铝的吸收表现为开始 1h 快速吸收，并在 6h 后转变为缓慢吸收。吸收溶液的 pH 对根系铝吸收有显著影响	成熟叶铝含量一般在 1g/kg 以上，老叶铝含量最高达 20g/kg，新梢（一芽二三叶）中铝含量一般为 0.2~0.3g/kg，枝干中铝含量最少
其他元素（氟）	茶树是一种富氟植物，对氟有很强的积累能力	1. 一般成熟叶片含量高于幼嫩叶片 2. 高浓度氟会影响茶树生长和新陈代谢	茶树对氟的吸收在 pH5.5 时最高，低于 4.0 和高于 5.9 时吸收下降。铝促进茶树对氟的吸收。钙显著降低茶树对氟的吸收	茶叶氟的含量比一般植物高 1~2 个数量级。氟主要累积于茶树成熟叶和老叶中，其浓度可达 0.5~1.5g/kg

（三）我国茶园施肥现状

依托国家茶叶产业技术体系，中国农业科学院茶叶研究所展开全国范围的茶园施肥现状调查，结果发现，我国茶园年均化肥用量 678 kg/hm^2，最高与最低用量间相差近 4 倍。其中化肥 N、P_2O_5、K_2O 投入量分别为 444、115、119 kg/hm^2。化肥 P_2O_2、K_2O 养分中分别有 96%、94% 来自复合肥，其中以等比例的三元复合肥（15－15－15、16－16－16 或者 18－18－18）为主。总体上茶园有机肥普及率较低约在 46%，茶园年均有机肥养分用量为 118 kg/hm^2，有机养分仅占总养分投入量的 15%。

素质拓展

凡事过犹不及。茶农为了追求茶园高产获得更高的经济效益，逐年增加茶园施肥量，最后导致茶园土壤 pH 值不断下降，土壤板结严重，有机质含量下降，土壤肥力逐年降低，出现了施肥不肥叶的尴尬局面。一方面，我们学习科学的施肥技术需要扭转“施肥一定能够增产”的单向思维；另一方面，我们要大力推广和应用增效减施技术，改善当前的茶园土壤恶性发展局面，为子孙后代留下一片肥沃的土壤，共享一杯“好茶”。

二、茶园科学施肥原则与技术

（一）茶园科学施肥一般原则

茶园科学施肥的一般原则如下表所示。

茶园科学施肥一般原则

施肥原则	理论依据	注意事项
营养元素的平衡	养分平衡的理论基础在于营养元素的不可替代性。虽然营养元素在茶树体内的含量相差悬殊，但是它们对茶树生长发育的重要性并无差别，均有其独特的生理功能，不能被其他营养元素所代替。当茶树缺少某种营养元素时，就会产生独特的缺素症，只有在补充该元素后才能使缺素症消失或减轻	1. 提供茶树所有必需的营养元素 2. 茶树养分平衡主要体现在两个方面，一是氮、磷、钾之间的平衡，二是大量元素与微量元素之间的平衡
有机肥与化肥配合施用	1. 改善土壤物理、化学和生物特性 2. 有机肥在分解时，能产生一些与土壤无机胶体结合的物质，形成不同粒径的团聚体，可改善茶园土壤物理性质 3. 有机肥能提供各种土壤微生物生长和繁衍所需的物质和能量，促进土壤熟化 4. 有机肥能减少养分固定，提高肥料利用率。有机肥料分解的有机酸和腐殖质酸能与土壤中的铁、铝螯合，减少它们对磷的固定，从而提高磷肥的肥效	有机肥的有效养分含量低，释放缓慢，不能适应茶树生长季节对肥料需要量大、吸收快的要求。因此，要与有效浓度高、养分释放快的化肥相互配合，取长补短，缓急相济

茶园土壤分析与推荐施肥是指通过化学分析方法来测定茶园土壤供应养分的能力，提出既能满足茶树对养分的需要又符合经济要求的施肥量，一般包括取样、实验室分析和结果解释等几个步骤。

优质高产茶园土壤（0 ~ 45cm 土层）营养指标（引自《中国茶树栽培学》）

项目	有机质含量 (g/kg)	pH 值 (H_2O)	全氮含量 (g/kg)	交换性铝 (cmol1/3 Al/kg)	交换性钙 (cmol 1/2 Ca/kg)	有效养分 (mg/kg)						
						氮	磷	钾	镁	锌	硫	钼
指标	20	4.5~6.0	>1.0	3 ~ 4	>4	>100	>15	>80	>40	>1.5	>30	>0.3

（二）茶园施肥时期与方法

根据茶树的生育周期和需肥特性，茶园施肥类型可分为底肥、基肥、追肥和叶面肥等几种，茶园肥料种类可分为堆肥、厩肥、饼肥、复合肥等。

茶园常用肥料类型

种类	概念	作用
堆肥	采用枯枝落叶、杂草、垃圾、绿肥、河泥、粪肥等物质混杂在一起经过堆腐而成的肥料	能够改善土壤物理性质、改良土壤肥力，增加土壤湿度，促进土壤微生物活动，提高作物产量和质量，还有助于减少污染，净化环境
厩肥	用牛、马、猪等家畜的粪尿连同垫圈的干土、杂草等混在一起所沤成的有机肥料	提供大量养分，提高土壤养分有效性、保水保肥性和通透性，还能提高土壤的缓冲性，改良矿毒田
饼肥	又叫油枯，是油料作物种子经榨油后剩下的残渣，是含氮量比较多的有机肥料。因其肥效好、产量少而价格较高	改良土壤，改善土壤结构，增加农作物的产量与质量
复合肥	含有两种或两种以上营养元素的化肥。其比例固定，应在施用前开展土壤养分检测，科学制定施肥方案合理搭配有机肥一起施用	养分含量高、副成分少且物理性状好，可平衡施肥，提高肥料利用率，促进作物的高产稳产

作为一种多年生的常绿叶用植物，茶树生长发育的不同阶段、不同时期，对养分的需求不同。肥料是茶园高产优质的物质基础，在茶树生长不同阶段、时期应施用相适应的肥料，促进茶树健壮生长。目前茶园推荐施肥方案中，氮肥以“一基三追”四次施肥为主，通过施用秋冬基肥、春肥或催芽肥、夏肥、秋肥，及时补充采摘和树冠修剪造成的养分损失，并有助于树势恢复。肥料分次施用可以保证茶树在不同时期的养分供给，避免集中施肥导致的养分损失和浪费。有机肥、磷钾肥应在秋冬基肥期一次性施入。

茶园施肥类型与施肥方法

施肥类型	分类依据及作用	施用方法要点	施肥建议
底肥	分类依据：开辟新茶园或改种换植时施入的肥料 主要作用：增加茶园土壤有机质，改良土壤理化性质，促进土壤熟化，为以后茶树生长、优质高产创造良好的土壤条件	1. 底肥要施足。在种植沟里施入，茶园底肥一定要深施到50~60cm 2. 高产、优质茶园的施肥经验，常规茶园底肥用量每亩施15000~20000kg，堆肥加250~400kg磷矿粉肥，堆放5~10天后施用 3. 密植速成茶园，底肥用量每亩增加到25000~30000kg以上，堆500~800kg磷矿粉，堆放5~10天后施用	1. 改土性能良好的有机肥，如含纤维素较高的绿肥、草肥、秸秆、堆肥等 2. 塘泥、河泥等因有机质含量低，改土效果不如秸秆、堆肥等 3. 同时配施无机肥，如磷矿粉肥、钙镁磷肥、过磷酸钙等
基肥	分类依据：秋冬季茶树停止采摘后施入的肥料 主要作用：补充当年因采摘茶叶而带走的养分，为翌年春茶生产提供物质基础，促进春茶早发、旺发和肥壮；改良茶园土壤理化性质	1. 适当深施于茶树根系附近，结合深耕开展，减少养分流失 2. 对成龄茶园以施至＜30 cm较好。基肥中氮肥的用量占全年用量的30%~40%，磷肥、钾肥、镁肥、微量元素肥料可全部作为基肥施入 3. 秋茶结束后立即施用，不宜过早和过晚。基肥施用过早，部分越冬芽萌发，不利于茶树过冬；基肥施用过晚，冬季土温低，茶树根系吸收能力低	1. 基肥应含有较多的有机质，以培肥土壤；同时应含有一定的速效营养成分，以利于茶树吸收 2. 宜采用各类有机肥如饼肥、堆肥和厩肥等，并掺和一部分速效氮、磷、钾肥，或复合肥。饼肥、堆肥或厩肥混合物可隔年轮换施用
追肥	分类依据：茶树地上部生长期施用的肥料 主要作用：补充茶树生长需要的养分，进一步促进茶树生长，达到持续优质高产的目的	1. 催芽肥：采春茶前30d左右施入 2. 夏茶追肥：一般在春茶结束后立即施用 3. 秋茶追肥：夏茶结束后施入 4. 幼龄茶园追肥：与幼龄茶树定型修剪配合，修剪后及时追肥，以速效氮肥为主	1. 茶树旺盛生长期间养分吸收快、吸收能力强，追肥应以速效化肥为主 2. 常用速效化肥有尿素、碳酸氢铵、硫酸铵等，配施磷钾肥、微量元素肥料；或施用复合肥

续表

施肥类型	分类依据及作用	施用方法要点	施肥建议
叶面肥	分类依据：喷施于叶片表面的肥料 主要作用：通过气孔进入叶片内部或表面角质层，向内渗透进入叶细胞，能快速输送养分到新梢。不受土壤淋溶、固定、转化和生物因子影响，用量少，利用率高	1. 浓度适宜：浓度过低效果差，浓度过高易灼伤叶片 2. 喷施方法：叶片背面气孔较多，吸肥能力比叶片正面强，叶面肥尽量喷施于叶背 3. 喷施时间：傍晚为宜，早上露水易造成肥料稀释流失，中午高温烈日喷施易焦叶。为促进茶芽萌动，可在采茶前 1 个月左右多次喷施，每次喷施间隔时间 7d 左右	1. 叶面肥施用可结合喷施生长调节剂，早春施用可促使越冬芽提早萌发 2. 茶园土壤缺乏微量元素时，针对性喷施微量元素肥料，可明显增产

茶园追肥

茶园喷施叶面肥

不同类型生产茶园施肥推荐量

茶园生产类型	养分类别	适宜用量	备注
名优绿茶	N	13~20 kg/ 亩	根据产量和土壤条件进行调整
大宗茶		20~30 kg / 亩	
红茶		13~20 kg / 亩	
乌龙茶		20~27 kg / 亩	
多品类茶	$P(P_2O_5)$	4.0~6.0 kg / 亩	
	$K(K_2O)$	4.0~8.0 kg / 亩	
	$Mg(MgO)$	1.5~4.0 kg / 亩	
各类茶	硫酸锌（$ZnSO_4 \cdot 7H_2O$）	土施 0.7~1.0kg/ 亩	根据土壤养分检测结果，相关养分缺乏时施用
	硫酸锰（$MnSO_4 \cdot 7H_2O$）	土施 1.0~2.0kg/ 亩	
	硫酸铜（$CuSO_4 \cdot 5H_2O$）	土施 0.3~0.5kg/ 亩	
	硼砂（$Na_2B_4O_7 \cdot 10H_2O$）	土施 0.2~0.4kg/ 亩	

（三）科学施肥的主要措施

为提高茶园施肥效率，促进茶产业绿色发展，实现化肥零增长和减施的目标，根据养分综合管理技术路径，可以从精准控制肥料用量、有机肥替代部分化肥、调整肥料结构、改进施肥方法和配套改良土壤等方面着手。

茶园高效养分管理技术与方法

养分管理技术	主要技术内容
茶园化肥减施增效	1. 制定用量限量标准 2. 根据区域、生产模式（名优绿茶、大宗茶、春茶名优绿茶 + 夏秋大宗茶等）、茶类（绿茶、红茶、乌龙茶、白茶、黄茶、黑茶）选择相应的专用配方肥产品
有机肥部分替代化肥	1. 有机肥氮的替代比例以 25%~50% 较合适，一般不超过 50% 2. 加强适宜不同茶树需求的有机肥开发，重视有机肥标准化生产，提高品质
应用新型高效肥料品种	1. 优先选择茶树专用肥、缓控释长效肥料（包膜肥料、合成缓溶性有机氮肥、合成缓溶性无机氮肥等）、生物炭基复混肥（含有生物质碳）、石灰性肥料 2. 针对茶区范围和土壤肥力变化情况，采用大配方、小调整的策略
采用高效施肥技术	机械施肥技术、水肥一体化技术等

◉ 任务内容

技能实训十二：茶园土壤酸碱度的测定

一、目的要求

土壤酸碱性是土壤的重要化学性质，对土壤肥力状况和作物生长有很大的影响。测定土壤酸碱性，对合理布局、土类的划分以及土壤合理利用与改良有十分重要的意义。通过实验明确土壤酸碱性的测定原理和测定方法。

二、实验原理（电位测定法）

用水浸液或盐浸液提取土壤中水溶性或代换性氢离子，再用指示电极（玻璃电极）和另一参比电极（甘汞电极）测定该浸出液的电位差。由于参比电极的电位是固定的，因而电位差的大小取决于试液中氢离子活度。在酸度计上可直接读出 pH 值。

三、仪器与设备

环刀、天平、铝盒、小铁铲、削土刀、烘箱、橡皮锤、酸度计、烧杯（50mL）、量筒（50mL）、天平（0.1g）、磁力搅拌器、称量纸、网筛。

四、操作步骤

（一）茶园土样的扦取与烘干

具体操作参见模块二·项目一的“技能实训十：土壤容重的测定”中的相关方法。

（二）待测土样的制备

取风干土样过 1mm 的网筛，筛样土，去除根系、石块等杂物。

（三）土壤活性酸度的测定

（1）称取粒径为 1mm 的土样 25.0g 于 50mL 烧杯中。

（2）用量筒加入蒸馏水 25mL 于烧杯中，用磁力搅拌器搅拌 1min，使土样充分分散。

（3）静置 30min，将酸度计指示电极浸没于上清液中，待读数稳定后读出测定溶液的 pH 值。

五、试验结果

实验数据测量后填入《茶园土壤酸碱度调查表》。

茶园土壤酸碱度调查表

测定时间：　　　　　　测定人：

调查项目	土壤 1	土壤 2	土壤 3	土壤 4
茶园位置（经纬度）				
茶树品种				
植茶年限				
取样位置				
取样深度				
提取比例				
pH 值计型号				
pH 值读数				

六、注意事项

（1）电极在使用前须先活化 12 ~ 24h。

（2）使用酸度计前应先进行校正。

技能实训十三：茶园施肥技术

一、目的要求

肥料为茶树生长提供所需要的营养元素，形成茶树有机体新陈代谢的物质基础，促进营养生长和生殖生长。施肥技能与整地、灌溉排水、茶树苗情诊断、病虫害防治等技能密切相关。通过实训，理解茶树需肥规律和特点，熟练掌握茶树施肥技术，为茶园丰产丰收奠定基础。

二、方法原理

（一）茶树需肥特点

茶树所需的大量营养素为氮、磷、钾，简称肥料三要素，三要素的配合比例一般采用 3 ∶ 1 ∶ 1。磷肥是一种迟效肥，一般在深耕改土施用有机肥时配合施入。氮肥和钾肥在各季节按比例施入茶园。

（二）施肥量计算

一般根据茶园产量计算施肥量，每亩每生产 100kg 干茶应追施 30kg 尿素，配施 8~10kg 硫酸钾。

三、实训器材

（一）材料

厩肥、堆肥、粪尿、饼肥、尿素、过磷酸钙、钙镁磷肥、复合肥等。

（二）设备

塑料桶、铁锹、耙子及运输工具等。

（三）实训场所

选定一块茶园来完成实训任务。

四、操作步骤

（一）准备肥料

1. 有机肥

厩肥、堆肥、粪尿、绿肥、饼肥等。

2. 无机肥

尿素、过磷酸钙、钙镁磷肥、复合肥等。

（二）施肥次数和时间

茶树施肥分为施基肥和追肥两种。每年施基肥 1 次，在茶树接近停止生长的 11 月进行。追肥 1 年施 3 次，第一次在春茶前施 1 次催芽肥，第二次在夏茶萌发前的 5 月施用，第三次在夏茶后期的 7 月至 8 月施用。

（三）施肥量

根据茶树树龄大小、产量多少确定施肥量，氮、磷、钾三要素配合使用，1~2年生茶树每亩施纯氮2~4kg，氮、磷、钾比例为1 ∶ 2 ∶ 1；3~4年生茶树每亩施纯氮5~6kg，氮、磷、钾比例为2 ∶ 2 ∶ 1；5~6年生茶树每亩施纯氮7~9kg，氮、磷、钾比例为3 ∶ 1 ∶ 1。

（四）施肥方法

茶园施肥一般采用开沟施肥、覆土埋盖的方法，施肥沟开在树冠边缘垂直的地方。施肥沟深度为：基肥18~21cm，追肥6~9cm。

茶树根外追肥。把肥料按浓度兑入清水，配好的液体肥料，用喷雾器喷洒在茶树叶片背面，以喷湿为度。目前普遍使用的肥料有尿素、硝酸铵、过磷酸钙、生物肥料等。

五、结果记录

根据茶园实际生长情况，判断需要施肥的方法、种类、施用量，分组进行后完成《茶园施肥完成情况统计表》。

茶园施肥完成情况统计表

组别	茶园状态	施肥面积	施肥方式	施肥种类	施肥用量	施肥后效果
第一组						
第二组						
……						

六、注意事项

（1）在实训过程中要做好记录，出现问题及时解决。

（2）根据茶树不同生长阶段的需肥规律，选择合适的肥料种类和施肥方式。

（3）有机肥应充分腐熟，以防杂草和病虫传播。

七、评价体系

填写《茶园施肥技术技能实训评分表》。

茶园施肥技术技能实训评分表

考核内容	要求与方法	扣分项	分值	熟练程度	考核方法
有机肥施用（30分）	结合耕地或整地施用有机肥	有机肥是否充分腐熟	10	熟练掌握	小组互评，以实际完成情况评分
		施用方法是否正确	10		
		施肥是否均匀	10		
化肥施用（60分）	结合整地、合理施用化肥作基肥	施用量计算是否准确	10		
		施肥是否均匀	10		
		施肥后是否及时覆土	10		
		施肥时期是否合理	10		
		施肥方法是否正确	10		
		根外追肥方法是否正确	10		
施肥效果（10分）	施肥后有增产	有无明显增产效果	10		

课后思考

模块二 · 项目二 · 任务二

参考答案

任务拓展训练

根据所在区域的气候特点、茶园生产模式、土壤条件等，结合茶树的生长特性和生长规律，尝试制定一份针对本区域内茶园的施肥技术方案。

任务三　茶园耕作管理

知识储备

茶叶产量和品质并不单单取决于施肥，土壤物理性状也十分重要。土壤耕作是茶园土壤管理中十分重要的内容之一，能够为茶树提供疏松、结构良好的土壤条件。茶园耕作具有疏松土壤、除灭杂草、防治病虫及调节土壤水、肥、气、热的作用。但也存在负面效应，如耕作会引发断根，给茶树生长造成不良影响。因此，了解茶园耕作要求及其影响，科学合理地开展耕作，有利于茶园优质、高产高效生产。

一、茶园土壤耕作作用与效果

耕作可疏松土壤，改善土壤透水透气状况，加快雨水向土壤深处渗透，提高土壤含水率；改善土壤通透性、水热状况，促进土壤中微生物生长繁衍，加快土壤中部分物质的分解，加快土壤熟化进程，增加土壤有效养分含量，促进土壤向有利于作物高产方向转化。

根据耕作深度的不同，茶园土壤耕作一般分为浅耕（5~10cm）、中耕（10~15cm）、深耕（20~30cm）三种类型。任何一种耕作都会造成断根现象，但茶树具有较强的再生能力，断根后也能够生出新根，恢复生机。茶树在 8 月断根后，断根再生能力最强，其次是秋季 10 月和春季 3 月，冬季 12 月耕作后断根再生能力最差。过去，茶农总结出“七挖金，八挖银”在农历七月、八月开展茶园耕作的农事谚语。

二、茶园耕作类型

根据茶园耕作的时间、目的、要求不同，可分为生产季节的耕作和非生产季节的耕作。

（一）生产季节的耕作——浅锄与中耕

生产季节的浅锄与中耕见下表。

茶园生产季节的浅锄与中耕

耕作类型	概念	作用	操作
浅锄	自地表至地下 10cm 的耕作	以除草和疏松土壤为主，锄草次数根据茶园杂草生长情况而定	常在追肥前进行浅锄。新建茶园，距茶苗 30cm 以内的杂草宜趁雨后用手连根拔除，避免松动茶苗根系
中耕	自地表至地下 15cm 的耕作	破除土壤板结层，改善土壤通气透水状况，消灭杂草	每年要进行春耕、夏锄、秋锄和冬耕。春耕和冬耕以松土为主

在茶树幼苗期和幼年期，茶园行间空隙大，容易生长杂草。夏秋季杂草多、生长快，应适当增加浅耕次数。浅耕作业时，力求把草体完全埋入土中。

成年茶园由于频繁开展采摘、施肥、病虫防治等田间作业，茶行间土壤易板结，每年宜结合追肥开展 2 ~ 4 次以土壤疏松为主的浅耕作业。

（二）非生产季节的耕作——深耕

深耕改良熟化土壤的作用强于浅耕，但对茶树根系损伤较多。因此，必须根据茶园类型灵活开展深耕作业。

不同类型茶园深耕要点

茶园类型	茶园状态	操作要点
幼龄茶园	茶树树冠覆盖度低，根系生长不发达	结合施基肥进行深耕，于茶树根颈部 30cm 以外开沟 30cm 左右深。随茶树长大，开沟部位逐步向茶行中间调整
成年茶园	茶行郁闭度大、行间田间农事操作频繁、根系布满茶行	若土壤疏松可不进行深耕。若土质黏重，宜开展深耕改土，适当缩小深耕宽度，尽量减少伤根
衰老茶园	树势衰弱，茶园生产力低	结合树冠更新进行，耕作深度和宽度可适当加大，一般行距 1.5m 的茶园，不超过 50cm×50cm 为宜，并结合施用有机肥料，将肥料与土壤混合，使土肥相融

深耕通常在全年茶季基本结束时进行。由于各地气候条件不同，茶季结束时期不一致，一般宜早不宜迟。深耕作业消耗大量劳力，宜配合施基肥一起开展，有利于断根的恢复生长。

不同坡度茶园深耕作业建议

茶园坡度	茶园耕作特点	具体耕作操作技术
0°~5° 的平坦地	地势平坦，水土流失量少，深耕一般全年都可进行，最好安排在夏天或秋冬进行	1. 在深耕前先清除乱石、杂树，然后按纵向或横向，一行接一行深耕，防止漏耕 2. 深耕深度一般以 60~80cm 为宜。沟内施入有机肥，土肥相混
5°~15° 的缓坡地	一般不做梯田，深耕时容易造成水土流失。如有需要，深耕应选择在非雨季或暴雨率低的季节进行	1. 从坡地上方开始沿等高线一行行成带状向坡下方进行深耕 2. 深耕深度一般为 60~80cm 3. 深耕后沿等高线作土埂，埋草墩、挖鱼鳞坑、拦水堵土下山，防止水土流失
15°~25° 的坡地	该坡度茶园应修筑梯田。种植前的深耕与修筑梯田结合进行，严防深耕开垦时造成水土流失	无论是石坎梯田、泥坎梯田或草皮坎梯田，应根据坡度和梯面宽窄沿等高线开展深耕，尽量做到保护表土

幼龄茶园行间根系较少，耕作不会造成伤根或较少伤根，耕作可充分发挥改土的正面效果，应积极利用这一生长阶段开展行间深耕。深耕应结合施用大量有机肥，促进土壤在有机肥的作用下快速熟化，改良土壤，满足幼根不断生长的需要。幼龄茶园耕作，无论是浅耕或是深耕，均可采取机器作业。

不同类型幼龄茶园耕作技术

茶园类型	耕作技术要点	备注
1 龄茶园	1. 平时在 0 ～ 15cm 层内做到勤浅耕、勤除草 2. 秋冬季结合施基肥，在离茶苗根颈 20 ～ 35cm 处的行间进行深度为 25 ～ 30cm 的深耕，并施入施基肥	幼龄茶园土壤裸露面积大，可以采取机械耕作，以提高工作效率
2 ～ 5 龄茶园	1. 随着茶苗长大，深耕位置应和茶苗根颈距离逐步拉大，行间耕幅逐步缩小，以防耕作过多断伤茶根 2. 深耕时应注意近根际浅，行中间深	
建园前未深耕茶园	1. 须在幼龄期及早开展深耕作业。以“V”形法进行，仅限于开垦新建茶园时没有开展深耕作业的地段，深耕作业应控制深度和宽度，以防损伤幼苗根系 2. 深耕作业应配施大量有机肥以改良土壤	

针对茶苗种植之前经过合理深耕并配施大量有机肥的成龄采摘茶园，其土壤疏松、透气、透水，茶树地上部树冠采摘面大，行间基本封行或已封行，行间郁闭度高，无杂草生长，可实行免耕。

在茶园土壤管理中，须根据茶园生产模式、茶园类型和土壤条件，因地制宜地采取浅耕、中耕、深耕或免耕等耕作方法，以提高土壤肥力，改善土壤生态条件，促进茶树生长，提高茶叶产量和品质。

茶园机耕（中耕）

茶园机耕（深耕）

（三）茶园耕作注意事项

茶园耕锄合理与否，对茶树生长、土壤结构、水土保持等都有重要影响。茶园耕锄作业应选择晴天或雨后土壤稍干时进行。茶园耕作时土壤过湿，耕锄时容易黏结成土块，同时造成土壤结构的破坏，不利于茶树生长；茶园耕作时土壤过干，容易引起死苗。此外，耕锄时应尽量结合施肥进行，既可以改良土壤结构，强化土壤对养分物质的吸收、固定和转化，提高肥料的经济效益，又可以减少根系损伤的频次，提升茶树对养分的吸收利用率，提高劳动效率。耕锄后的土壤要平整均匀，防止幼龄茶树根外露，造成死亡。

三、茶园除草

（一）茶园杂草

杂草对茶树危害很大，不仅与茶树争夺土壤养分，在干旱天气抢夺土壤水分，同时会引起病虫害滋生蔓延，给茶树产量和品质造成不良影响。在茶园栽培管理中，除草是一项常规性的作业。

茶园杂草的认识

生命周期	杂草举例	生长特点	操作措施
一二年生	马唐、狗尾草、蟋蟀草、辣蓼、菟丝子、小蓬草、爵床	适应性强，繁殖力强，传播蔓延广	1.草种细小，深翻入土，许多种子会无力萌发而死亡 2.幼苗阶段株小根弱，抗逆力不强，抓住这一时机除草，效果较好
多年生	狗牙根、香附子、马兰		

小蓬草

香附子

狗尾草

马唐

（二）茶园除草技术

茶园杂草的防控技术见下表。

茶园杂草的防控技术

除草措施	方法	操作目的	特点
人工除草	拔草、浅锄或浅耕等	人工拔草，并将杂草深埋于土中，以免复活再生；人工浅锄除草，能立即杀伤杂草的地上部分，起到短期内抑制杂草生长的作用	对人力要求较高
化学除草	可分为触杀型和内吸传导型	目前我国茶园登记使用的除草剂有西玛津、莠去津、灭草松、扑草净和草甘膦等。化学除草剂具有一定的危害，使用中应注意保护人、畜和环境的安全，严格限制使用频率和规模，禁止滥用	使用方便、杀草效果好、节省大量人工，经济效益明显

续表

除草措施	方法	操作目的	特点
其他措施	土壤翻耕	在新茶园开辟或老茶园换种改植时，进行深垦可以大大减少茶园各种杂草	对宿根型多年生杂草及顽固性的蕨根、菝葜等杂草以深耕效果为好
	行间铺草	可有效地阻挡光照，被覆盖的杂草会因缺乏光照而黄化枯死。改善土壤内部的水、肥、气、热状况，同时对茶园杂草也有明显的抑制作用	茶园铺草越厚，减少杂草的作用也就越大
	间作绿肥	适当间作绿肥，这样不仅可以增加茶园有机肥来源，而且可使杂草生长的空间大为缩小	种植绿肥应在生长旺盛期刈青后直接埋青或作为茶园覆盖物
	提高茶园覆盖度	是增加茶叶产量的要求，也是提高土地利用率的要求，同时对于抑制杂草的生长十分有效	茶树行间地面的光照明显减弱，杂草发生的数量及其危害程度大为减少

成龄茶园基肥的施用

素质拓展

茶园免耕不是指茶园生产不再开展茶园耕作，而是指免去不必要的耕作，保留地表覆盖物，以减少对土壤的翻动侵蚀，以提升或帮助土壤恢复生产力，减少水土流失的做法。我们应力戒望文生义的懒惰学习态度。遇到自己不熟悉的内容，一定要及时去自主学习和查证，以获得对相应内容的科学认识，培养自己的全面认知能力。

◉ 任务内容

技能实训十四：茶园耕作

一、实训目的

茶园耕作是对茶园土壤的翻耕活动，是茶园土壤管理中十分重要的内容。过去我国茶区非常重视茶园的精耕细作，俗话说“三耕四削”和“七挖金、八挖银”等都是茶农非常宝贵的经验。茶园的合理耕作，既可以疏松茶园表土板结层，协调土壤水、肥、气、热状况，翻埋肥料和有机质，熟化土壤，增厚耕作层，提高土壤保肥和供肥能力，同时还可以消除杂草，减少病虫害。不合理的耕作，不仅破坏土壤结构，引起水土流失，加速土壤有机质分解消耗，还会损伤根系，使茶叶减产。因此，茶园耕作需要根据茶园特点合理进行，并与施肥、灌溉等栽培措施密切结合，扬长避短，充分发挥对提高土壤肥力、增进茶叶产量和品质的作用。

二、实训原理

生产季节的茶树地上部分，处于旺盛生长发育阶段，芽叶不断地分化，新梢不断地生育和采摘。因此，要求地下部分不断地、大量地供应水分和养分，但这一时期往往也是茶园中杂草生长茂盛的季节，杂草丛生必然要消耗大量的水分和养分。这一时期也是土壤蒸发和植物蒸腾失水最多的季节。不仅如此，生产季节中，由于降雨和人们在茶园中不断采摘等管理措施，造成茶园表层板结，结构被破坏，给茶树生育造成不利影响。为此，在茶园中就要进行耕作，疏松土壤，增加土壤通透性，及时除草，减少土壤中养分和水分的消耗，提高土壤保蓄水分的能力。

根据以上要求，生产季节的耕作以中耕（20cm 以内）或浅锄（5cm 左右）为合适。耕锄的次数主要根据杂草发生的多少和土壤板结程度、降雨情况而定。一般生产性茶园一年应进行 3~5 次，其中春茶前的中耕、春茶后及夏茶后的浅锄 3 次一般是不可缺少的，且常结合施肥进行。具体耕作次数要从实际出发，因树因地而异。非生产季节的耕作应当深耕，即秋季茶叶采摘结束后进行 22cm 以上的耕作。

三、机械与设备

（一）耕作机械

微耕机、中耕机、除草机、平地履带式茶园耕作机、山地履带式多功能茶园管理机、茶园深耕机、手扶深耕机。

（二）人工耕作设备

锄头、铁锹、耙子等。

四、操作步骤

根据茶园具体情况分析需要进行的是生产季节的浅锄和中耕还是非生产季节的深耕。

（一）春茶前中耕

春茶前中耕是增产春茶的重要措施。茶园经过几个月的雨雪，土壤已经板结，而这时土温较低，此时耕作可以疏松土壤，去除早春杂草，耕作后土壤疏松，表土易于干燥，使土温回升快，有利于促进春茶提早萌发。春茶前中耕主要是为了积蓄雨水、提高土温，但耕作不能太深，否则损伤根系，耕作深度一般为 10~15cm。

（二）春茶后浅锄

这次浅锄是在春茶采摘结束后进行的。长江中下游茶区多在 5 月中下旬。此时，气温较高，而且降水较多，也正是夏季开花植被旺盛萌发的时期，同时春茶采摘期间土壤被踩板结，雨水不易渗透，必须及时浅锄。深度一般比春茶前中耕稍浅，在

10cm 左右。此时，也是春茶后追肥施用时期，大多生产单位肥料施用采用的是地表撒施，这次浅锄安排在追肥施用后为好，这样可使施于表面的速效肥被送入土层中。

（三）夏茶后浅锄

这次浅锄在夏茶结束后立即进行。7 月中旬天气炎热，夏季杂草生长旺盛，土壤水分蒸发量大，并且气候也较干旱，为了切断毛细管减少水分蒸发，消灭杂草，要及时浅锄，深度在 7~8cm。此次耕作要特别注意当时的天气状况，如持续高温干旱就不宜进行。除了上述 3 次耕锄外，由于茶树生产季节长，还应根据杂草发生情况，增加 1~2 次浅锄。特别是 8~9 月，气温高，杂草开花结籽多，一定要抢在秋季植被开花之前，彻底消除，减少第二年杂草发生。幼年茶园，由于茶树覆盖度小，行间空隙大，杂草容易滋生，而且茶苗也容易受到杂草的侵害，故耕锄的次数应比成年茶园多，否则易形成草荒，茶苗生长受影响。

（四）非生产季节的深耕

不同树龄的茶园，应根据根系分布情况而进行深耕；深耕时还应根据不同种植方式开展。成龄茶园，由于整个行间都有茶树根系分布，如行间耕作过深、耕幅过宽，都会使茶树根系受到较大损伤，因此一般成年茶园深耕深度不超过 30cm，宽度不超过 40 ~ 50cm，近根颈处应逐渐浅耕 10 ~ 15cm。种植方式和种植密度不同的茶园，深耕时也应区别对待。丛播茶园株行距大，根系分布比较稀疏，深度可深些，可达 25~30cm，同时要掌握丛边浅、行间深的原则；栽茶园，行间根系分布多，深耕的深度一般控制在 15~25cm，尤其是多条栽密植茶园。

五、结果记录

填写《茶园耕作记录表》。

茶园耕作记录表

组别	茶园状态	茶园面积	耕作方式	翻动深度	是否配合施肥	施肥种类
第一组						
第二组						
……						

六、注意事项

（1）在实训过程中要做好记录，出现问题及时解决。

（2）在耕作时要注意茶树根系生长方向，尽量不要损伤茶树根系。

七、实训评价

填写《实训考核评价表》。

实训考核评价表

序号	评分要点	分值	评价方式		
			自评	互评	师评
1	茶园耕作类型的选择是否科学	25			
2	茶园耕作深度是否科学	25			
3	茶园耕作深度是否均匀	25			
4	茶园耕作施肥后是否覆土	25			
总分		100			
课堂评价总结及建议					

课后思考

模块二·项目二·任务三

参考答案

任务拓展训练

根据所在区域的气候特征、土壤环境、茶园生产状况等特点，尝试制定一份针对本地茶园的耕作技术方案。

任务四　茶园生态管理

知识储备

一、茶园生态系统

（一）茶园生态系统的特点与现状

我国茶叶主产地分布于秦岭淮河以南的各省份多个市、县，横跨多个生态气候带，自然条件和经济因素复杂多样，所以形成了各具特色的茶园生态系统。人工生态茶园中，植物种类多，层次多、各种昆虫、鸟类以及其他动物编织成了纵横交错的物质流动之网络，而网络中各生物因子之间相生相克，往往稳定在一定的比例中，一旦偏离了这一比例，可通过反馈作用校正过来。如园中某种害虫增加，会引起以害虫为食料的昆虫天敌、鸟类的集聚、繁育，从而对害虫起到抑制作用。这种人工生态茶园的生物结构比较复杂稳定，也就是说，茶园生态系统具有一定的调节功能。

茶园生态系统就是茶树与环境通过物质和能量的流动形成了矛盾的统一体。这种物质和能量的流动是茶树与茶树之间、茶树与其他生物之间、茶树与环境之间以及组成环境的各个因子之间的本质的联系。

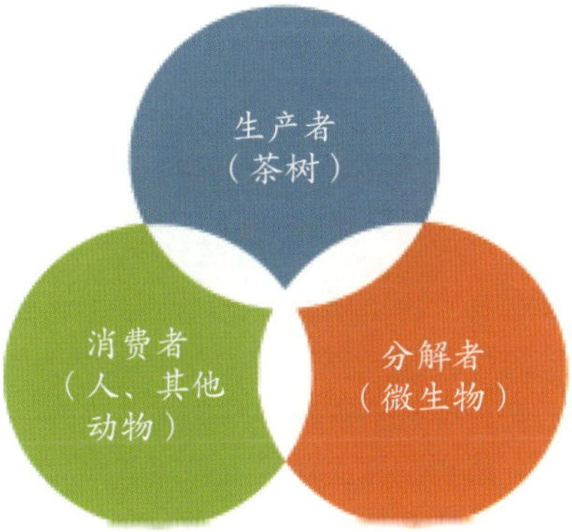

茶园生态系统三级动态平衡

茶树从空气中吸收氧气和二氧化碳，并从土壤中吸收水分和无机盐，利用光能形成有机物质且把太阳能转化为化学能贮存在有机物质中。茶树上各种病原物、害虫取食芽叶，利用其中的有机物质和能量，茶树的枯枝落叶进入土壤，经过土壤微生物的分解和利用，分解成二氧化碳和水以及一些营养元素，使其重新进入环境，参与下一轮循环，这也就形成了该系统内的食物链。

当前生产性茶园生态系统特点分析

因素	影响
食物链	1. 相比森林生态系统，专业化茶园由于物种单一，结构简单 2. 茶园内鸟类很少栖息，益虫种类因生态条件改变和大量施用农药日益减少 3. 茶园茶树种植密度增大，植株发育弱，抗性减弱，害虫种类及种群数量增大 4. 农药用量增加，引起农药残留污染
茶园能量	1. 传统茶园能量输入以有机能为主，如有机肥、人粪尿、人畜力等 2. 无机能如化肥、农药、除草剂和机械等投入不断增加，以无机能为主，有机能为辅 3. 能量输入类型的变化提高了产量，但也带来土壤酸化，有机质下降等问题
外界环境影响	1. 茶园生态系统受外界环境污染日趋严重 2. 我国受工业、乡镇企业“三废”和农药污染的耕地持续增加 3. 茶园生态系统的良性循环受阻，制约了茶叶生产的持续稳定发展

我国现有茶园绝大多数是单物种专业化茶园，多分布于丘陵低山区，随着茶叶生产专业化、基地化和商品经济的不断扩大，生态系统组分由复杂变简单，集中连片，园间少见林木，容易造成土壤有机质下降，水土流失等问题。

（二）茶园复合生态系统的效益

人工复合茶园利用茶树的耐阴特性，在茶园内栽植具有不同高度冠层或根系深浅的植物，从而形成能够充分利用园内光照、水分、土壤、养分、能量，同时适宜不同作物同时生长的具有上、中、下三层或两层林冠、地被冠的茶园系统。与单一茶园或纯茶园比较，复合型茶园有明显的生态、经济和社会效益。

复合型茶园生态效益分析

效益类型	效益分析
生态效益	1. 改变光的性质和强度。茶树的光合作用补偿点较高，光饱和点较低，喜光耐阴。茶林间作可改变茶园内光线的性质，使部分直射光变成散射光和漫射光，减弱盛夏中午前后树冠光强，有利于茶树光合作用 2. 减小温度日较差。茶树性喜温暖，温度过高或过低都对茶树生长不利。茶林间作后，使茶园日最高温度降低，最低温度升高，温度日较差减小 3. 提高空气湿度。茶树性喜湿润，较大的空气湿度有利于茶树生长和提高茶叶品质。复合系统内茶树上部有林木覆盖，近地面水汽不易向空中逸散，确保茶树周围的空气湿度较大 4. 提高土壤肥力，减少病虫害。复合生态系统内植株根系多层分布，可加速土壤水分、养分的物质循环。系统内落叶多，可减少土壤流失，增加有机质，提高土壤肥力。同时由于系统内物种多，营养级多，能量流和物质流比较复杂，如茶园内的害虫可被益虫取食，害虫和益虫又被益鸟取食，益虫和益鸟制约害虫发生，从而使茶园内害虫减少，茶树病虫害减轻
经济效益	1. 提高茶鲜叶百芽重。茶园复合生态系统改善了茶园小气候，使自然灾害减轻，促进茶树生长良好 2. 增加单位面积产出。多物种的生态系统，除能获得茶叶产品外，还有其他物种的产品输出，从而增加了单位面积产出 3. 提高茶叶产量和品质。复合生态系统中，由于小气候与土壤条件有所改善，自然灾害减轻，光质向有利方向转化，农药与化肥施用量减少，有利于茶叶产量与品质的提高
社会效益	1. 输出丰富的产品。间作可以生产出除茶叶以外的其他农林产品，满足人类需要 2. 提供就业机会。因为间作的用工量比单一茶园要多，可以安排一定农村剩余劳动力，提供更多就业机会

（三）我国茶园间作的主要模式

我国人工复合生态茶园多建立以茶为主的人工经济林果生态系统，一类是在梯级茶园的梯壁种植经济林果，梯面种茶，间作作物不占茶园面积。另一类是在茶园内以多种方式间种果树林。我国茶园间作历史悠久，模式多样，包括“茶—果间作”，“茶—经济林间作”，“茶—用材林间作”，“茶—大田作物间作”，“茶—药材间作”。

我国茶园间作主要模式

间作方式	主要案例
茶—果间作	茶园内种植果树，如桃树、葡萄、猕猴桃、梨、柚、柑橘、菠萝、荔枝、苹果等
茶—经济林间作	在茶园内种植经济林包括干果，如板栗、山核桃、乌桕、橡胶、八角树、油桐、桂花等
茶—用材林间作	在茶园周围或茶园内种植树木作为茶园防护林或遮阴树，如杉树、泡桐、樟树、铁刀木、相思木、合欢树等
茶—大田作物间作	在幼龄茶园内种植具有固氮作用或经济效益较高的大田作物，以便改良土壤和早期取得效益，如花生、豆类、黄花菜、绿肥等
茶—药材间作	在茶园内种植中药材，如杜仲、金银花等

茶园间作林木

茶园套种黄豆

二、茶园复合生态系统的建立与调控

（一）生态位的配置

模拟建立以茶树为主要物种的茶园复合生态系统，其目的是提高单位面积茶园的整体效益，包括经济、生态和社会效益。因此，在生态位配置时，垂直结构可配置两个或两个以上物种组分的生态位，如乔木—灌木或灌木—草本植物两层结构和乔木—灌木—草本植物三层结构。两层结构是上层为乔木，下层为灌木型茶树；上层为茶树，下层为草本植物绿肥作物等。三层结构是上层为乔木，中层为茶树，下层为草本植物。水平结构配置时，乔木不能太密或太稀，避免树冠重叠过多或过少，以免造成过分遮阴或漏光。乔木密度的确定，应根据茶树的生物学特性如喜光耐阴性、整体效益和当地的自然条件特别是气候、土壤等而定。

（二）物种的选择与组合

在自然生态系统中，种间有共生互利和竞争相克的特性，因此在选择物种时要尽可能趋利避害。茶树根群一般多分布于 0 ~ 50 cm 左右土层土壤，因此所选间作树种根系应分布于 50 cm 以下土层土壤，避免二者根系交织生长、相互竞争而影响个体植株生长。茶树属喜酸植物，间作树种根系分泌物应为酸性反应，以免茶树“菌根菌”及茶树根系生长受影响。春季一般多雨、低温，应选冬季落叶、春季发芽迟的间作树种，如过早发芽长叶，易使茶园光照减弱，微地域气温上升迟缓而影响春茶茶芽萌发。应选择与茶树无相同病虫害的树种，且兼顾生态效应与经济效益。

茶园间作物种的选择与要求

物种的选择与组合	特点与要求
乔木树种	①适生条件如气候、土壤等与茶树基本一致、适应性强、生长快 ②与茶树共生互利，或者对茶树有利而茶树对间作树种无害 ③有利于提高土壤肥力或不至过多掠夺土壤肥力和水分 ④能美化和净化环境，与茶树没有相同病虫害 ⑤经济、生态、社会效益兼顾，以达到林茶双丰收
草本植物	用于茶园复合生态系统的底层草本植物的选择，除了注意与上述条件基本相同或相似外，还要注意：①耐阴，能改良土壤、抑制杂草生长和不缠绕茶树；②植株矮小，经济效益较高

（三）茶园生态系统的管理

茶园复合生态系统形成后，不同时期间作的物种与茶树的利害关系不同。前期，间作物种对茶树影响不大，利害不明显。间作中期，间作物种能形成良好的茶园生态环境，对茶树有利。间作后期，由于间作物种形成了大的树冠，对茶树遮阴过多，不利于茶树生长。为此，必须采取相应人工措施，对生态系统进行调控，使茶园生态环境向有利于茶树生育的方向转化。调控的主要方法见下表。

复合茶园生态系统调控措施及技术要求

调控措施	主要技术要求
配置适宜密度	1. 根据茶树的生物学特性、种植目的以及该地的生态条件例如光强等来确定系统中乔木树种的密度 2. 不同茶区乔木树的种植密度应不同，如长江中下游茶区应比华南茶区稀疏
合理整形修剪	乔木树需整形修剪，控制树幅和厚度。具体方法应因地、因树而异。树冠厚度控制在树高的 2/3 ~ 3/5，荫蔽度在 35% 以下
加强肥水管理	加强土壤耕作，适当增施肥料，合理排灌，调节和控制土壤水分与养分
调节作物播种期	科学调节间作植株播种期，使茶叶采摘期与作物的开花期、结果期岔开，以免争光、争肥、争水。在高温干旱季节，茶园行间如有草本植物覆盖，可避免茶园土温升得太高，造成旱热害

续表

调控措施	主要技术要求
科学防控有害生物	1. 加强生态茶园内病原菌、害虫及天敌的生物学特性的研究，对三者与环境生物的和非生物的因子之间的相互关系进行系统分析，确立各病虫害的经济阈值，为茶区提供最佳治理方案 2. 允许茶园内存在一定数量害虫，为天敌提供必要食源，切不可见虫喷药 3. 加强天敌资源保护和增殖方法的研究，必要时可创造条件人工就地繁殖 4. 深入开展生物防治与其他农业防治方法协调结合的研究，更好地挖掘生物治的潜力并充分发挥其作用

诱虫板

性诱剂

素质拓展

茶园生态系统中的每一个生物组分都有其存在的特殊价值，不能仅站在某个单一的角度去无限扩大其存在的量，也不可完全毁灭。茶园生态系统的平衡需要生产者—消费者—分解者，缺一不可，否则系统会走向无序或消亡。在日常生活中，我们也应当理性看待自己或他人或他物的存在价值，心存一份互利共赢的合作心态，共同践行“命运共同体”的价值理念，唯有平衡处之，才能为自己也为他人创造一个可持续的美好世界。

课后思考

模块二 · 项目二 · 任务四

参考答案

任务拓展训练

思考纯茶园生态系统和复合茶园生态系统的生态因子有何不同，如何针对具体情况，将纯茶园生态系统逐步转化为复合茶园生态系统，尝试制定一份可行性较高的技术方案。

项目三

茶树树冠管理

思维导图

项目三 茶树树冠管理
- 任务一　茶树树冠的构成
- 任务二　茶树修剪技术
- 任务三　茶树树冠的综合维护
- 任务四　鲜叶采摘技术

学习目标

知识目标：

· 了解茶树的树冠构成以及高产优质树冠的特点；

· 掌握茶树的修剪技术要点；

· 了解茶树修剪后的肥培管理技术、修剪后叶片的采摘留养、采后管理技术；

· 了解手工采摘和机械采摘的标准及采后鲜叶验收要求和贮运条件。

能力目标：

· 能够根据茶树的生长状态提出科学合理的修剪方案；

· 能够采取科学有效的茶树树冠维护措施，确保茶树生长良好、产量稳定；

· 能够根据茶树生长情况确定开采时间和采摘标准，科学开展鲜叶分级、贮运和保鲜工作。

素养目标：

· 培养学农、爱农、立志务农的态度，树立服务三农意识和决心；

· 树立顺应自然节律合理开发自然资源的可持续发展价值观；

· 不断培养积极思考、主动优化、精益求精的工匠精神。

项目说明

树冠培养是茶园生产中的重要管理措施之一，它直接影响到优质原料的获得与生产效益的提高。本任务主要介绍茶树树冠的构成与培养。通过学习掌握茶树树冠的培养技术，并根据实际情况灵活运用相关农艺措施，对不同生育条件下的茶树进行树冠培养，使学生可以根据茶树生长发育规律、外界环境条件变化和对茶园栽培管理的要求，通过改变分枝方式、塑造理想树型、促进营养生长、延长茶树经济年龄等措施，尽力培育出有持续优质、高产、高效生产目的的茶树树冠。

任务一　茶树树冠的构成

知识储备

良好的茶树树冠结构是优质、高产、高效的前提和基础。茶树树冠的形状、结构、高矮、宽窄等因素直接影响着茶树的生育、产量和质量。自然生长的茶树，冠面不整，高低不齐，不符合现代机械化生产的要求。因此，必须加以人工干预，通过不同的修剪措施，培育出理想的高产优质型树冠。

一、高产优质茶树树冠的构成特点

（一）分枝合理

茶树分枝结构主要指分枝级数、数量、粗细等状况，这些结构要素随树龄增大而发生变化。茶树种植后，以根颈部为中心，枝叶和根系不断向远离根颈部的方向伸展，称为离心生长。高度和幅度达到一定范围，不再向外继续扩展。

不同处理方式下茶树分枝级数及生长特点

处理方式	自然生长	一年一次修剪	一年数次修剪
生长时间（年）	8 ~ 9年		
分枝级数（级）	7 ~ 8	10 ~ 12	12 ~ 14
生长特点	树体较高 分枝稀疏	树体较高 分枝较多	树体较高 分枝茂密
芽叶产量	较少	较多	最多

小乔木、灌木型茶树分枝

修剪过的茶树树冠高度得到了控制，有利地促使分枝数迅速增加。在茶树达到一定分枝级数之后，分枝密度将不会再增加，只进行上层枝梢的更新。当采摘面小枝出现较多结节和干枯时，上部枝梢育芽能力将会下降，冠面自然更新，上部枯死，下部抽生。通过人为的修剪措施，剪除衰老枝条，促使其更新，抽生出育芽力强的新生枝梢。

对成年茶树的分枝要求是，层次多而分布均匀，为茶叶生产构建一个优良的枝干骨架和健壮的生产枝层。高产优质型茶树树冠的一、二级分枝粗壮，分枝数少，空间分布均匀，能起到支撑整个树体的作用。随着分枝数量的显著增加，分枝粗壮，能够有效地育出较多的新梢和长势旺盛的正常芽叶，才能构成良好的树冠骨架和广阔密集的采摘面。

灌木型茶树高产树冠分枝数量及粗细

处理方式	一级分枝	二级分枝	三级分枝	四级分枝	五级分枝
分枝数量（条）	10 ~ 15	30 ~ 40	50 ~ 70	70 ~ 120	160 ~ 200
分枝粗细（cm）	3 ~ 5	2 ~ 3	1 ~ 2	0.5 ~ 1	＜0.5

修剪前、后新梢萌发情况对比

当采摘面生产枝变得细弱，出现较多结节枝，弯曲结节，同时有较多对夹叶产生，叶张薄而小，新梢细短，产量明显下降，这时就需要通过修剪去除衰老的枝条，人为恢复茶树健壮树冠面的生产枝结构，以维持较好的育芽能力。可根据茶树的衰老程度采用不同的修剪措施，使衰老枝条更新复壮，重新获得合理分枝结构的树冠。

（二）高度适中

茶树树冠高度与茶叶的生产管理有着十分密切的关系，直接影响着茶叶生产效益和生产管理。

不同高度树冠的优缺点对比

	树冠较高	树冠适中	树冠较低
优点	树冠覆盖度好	树冠覆盖度较好，光能效率高、产能高	便于行走
缺点	通风透光差，枝条拥挤，影响行走	–	覆盖度低，生产枝稀疏，产量下降

实践证明，过高或过矮的茶树树冠都不利于茶叶的采收与管理。同时，茶树的高度也并不完全决定茶叶产量的高低。按照我国茶区气候条件和品种差异，栽培茶树按照树冠高度一般大致可分为高型、中型、低型 3 种。

不同类型树冠的生长特性

树冠类型	高型树冠	中型树冠	低型树冠
树冠高度	1m 左右	80 ~ 90cm	50 ~ 70cm
气候条件	气候温暖，多雨湿润	温度适宜，降雨适中	气候较冷，降雨量少
主要地区	云南、广东、广西、福建等	四川、浙江等长江流域	高山及北方茶区
树姿	乔木、小乔木	小乔木、灌木型	灌木型
叶种	大叶种	中小叶种	小叶种
生长特点	生长量大、树势旺	生长较好	年生长量小

上述 3 种树冠在不同的种植区域和不同管理条件下，都有获得高产优质的实例。综合各地对茶树生产枝空间分布密度和茶叶生产管理的实践，树冠高度在 80cm 左右最为合适，即使在南方茶区栽植乔木型大叶种，树冠高度亦以不超过 90cm 为宜。

（三）树冠覆盖度大

茶树树冠覆盖度是指茶树树冠遮盖占据的地表面积与总茶园面积之比。在人工管理措施下，合理控制茶树树冠高度，使茶树的生产枝布满整个行间，形成宽大的采摘面，并保留 20 ~ 30cm 左右宽度的行间距便于行走和采摘，同时保证下层枝叶有光照并可通风，这时茶树的树冠覆盖度达到 85% 左右。

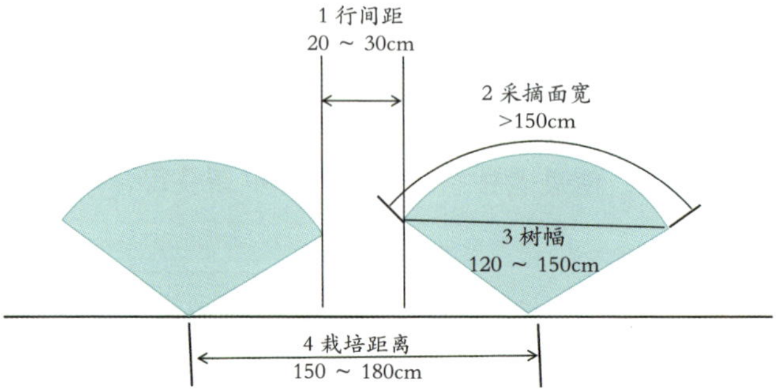

高产优质茶树的树冠幅度与行间距

不同采摘面和树冠覆盖度对茶树的影响

采摘面	行间距	树冠覆盖度	下层光照及通风	产量
过宽	＜ 20cm	＞ 90%	光照弱、通风差	产量高，质量低
宽大	20cm 左右	85%	有光、通风	产量高，质量高
小	＞ 20cm	＜ 80%	光照、通风好 土地利用率低，冲刷严重	产量低，质量低

树冠覆盖度大，采摘面亦大。此外，采摘面还与树冠形状有密切的关系。等宽条件下，弧型采摘面，因冠面呈弧型，采摘面比水平型采摘面大。我国南方茶区一些直立型茶树品种，因其顶端生长优势较强，为抑制顶端优势，不让中心部位生长过快，宜将蓬面修剪成水平型；在采制绿茶和名优茶的一些地区，为求成品茶外形细紧，条索整齐，密度较高，芽叶均匀一致，宜将茶树冠面修成弧型。因此树冠面的形状，应视品种和栽培的地域条件而定。

除了较常见的茶树冠面有弧型、水平型之外，还有斜面型、屋脊型等。可根据不同茶树品种和各地区生产实际选择不同树冠形状，属于根据特殊地形高效利用光能的灵活应用。以目前生产水平和采摘情况，水平形和弧型是主要树冠形状，也适用于大多数地区和机械化生产。

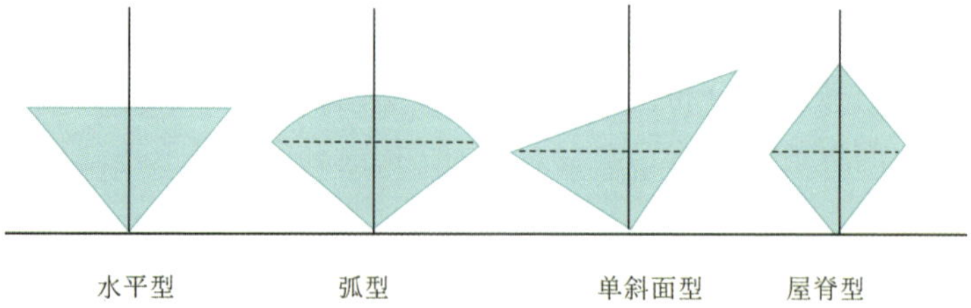

各类不同茶树树冠形状

由下表可知，四种树冠形状在产量试验中表现出，弧型产量最高，屋脊型最低，其余树形无显著差异。

不同树冠型状生长状况

评价指标	水平型树冠	弧型树冠	斜面型树冠	屋脊型树冠
采摘面	最小	较大	较大	较大
产量	较高	最高	较高	最低
发芽能力	萌芽不齐，两侧修剪轻的先萌发	萌发整齐，分布均匀	萌芽不齐，修剪轻的一侧先萌发	中间萌芽早，两边稍晚
受光状况（斜射）	受光均匀	两侧背光	一侧背光	两侧背光

总之，茶树的树冠覆盖度达到85%左右，采摘面较宽、行间距适中、下层透光通风是实现高产的重要条件。

（四）枝叶茂密

叶片是光合作用的场所，光合产物的运转、水分的蒸腾、矿物质元素的利用、呼吸作用的进行等一系列活动都离不开叶片。高产优质的树冠应有一定的叶层厚度，以维持正常的新陈代谢，尤其是接近采摘面叶片的数量和质量，左右着新芽生长的好坏，直接影响茶叶的高产优质。

叶面积指数，又叫叶面积系数，是指单位土地面积上植物叶片总面积占土地面积的倍数。即：叶面积指数 = 叶片总面积 / 土地面积。在田间试验中，叶面积指数是反映植物群体生长状况和冠层结构的一个综合指标，与产量高低密切相关。一定的范围内，作物的产量随叶面积指数的增大而提高，当叶面积指数增加到一定的限度后，叶层较厚，叶片相互遮挡，光照不足，光合效率减弱，产量反而下降。一般来说，叶层厚度在15 ~ 20cm，叶面指数为4时茶园生长较好。

茶树叶片有一定的寿命，新芽大量萌发生长，渐趋成熟，老叶逐渐脱落，这是叶层更迭的自然规律。老叶的脱落，会使叶面积指数下降。所以在生长季节中，采摘带走新展的嫩叶，同时又有老叶脱落，此时应适当留叶，维持叶面积指数的平衡，以利于下个季节芽叶的正常生育。

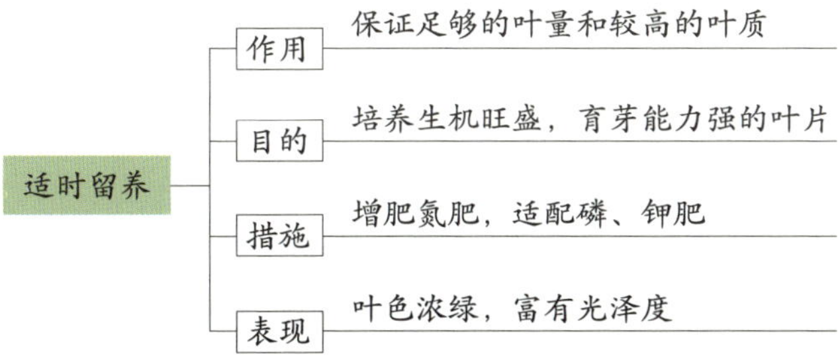

二、修剪对培养高产优质茶树树冠的重要作用

修剪对高产优质茶树树冠的培养具有十分重要的作用，它通过人为的措施，抑制茶树顶端优势，促使幼龄茶树合轴式分枝的发生，调控茶园树冠结构，控制茶树的生长高度，形成合理的树冠覆盖度，扩大采摘面，成为高产优质茶园。

采用修剪措施培养茶树树冠的目的是达到优质、高产、高效生产目标。但只有针对不同树龄、不同树势、不同茶树品种应采用不同程度的修剪措施，才能达到理想的目标。

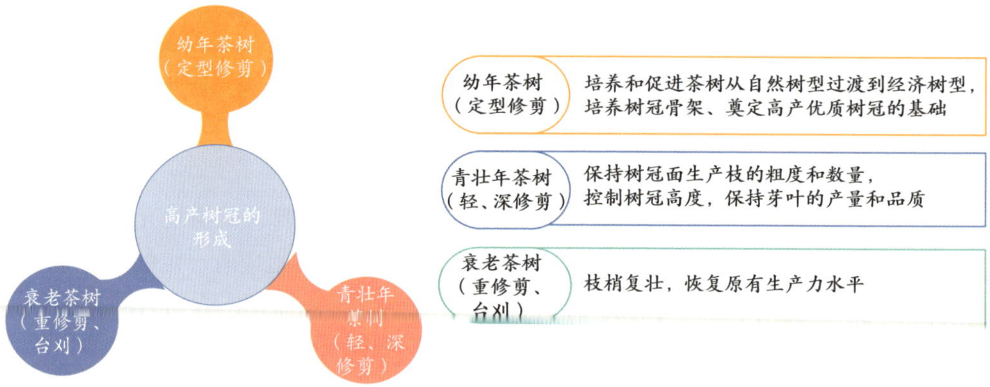

不同树龄茶树高产树冠形成修剪方式

总之，依茶树从幼年至衰老的生育进程，利用修剪措施培养树冠的方法和程序主要是3种类型：一为奠定基础的修剪——定型修剪；二为冠面调整、维持生产力的修剪——轻修剪、深修剪；三为树冠再造的修剪——重修剪和台刈。不同修剪类型掌握的要求与目的各不相同，具体应用时应因地、因时、因树而宜。

修剪是培养树冠的关键措施，但必须指出，培养高产优质树冠不是仅靠修剪技术措施就能完成的。修剪是对茶树的一种外加刺激力，要充分发挥它的作用，必须配合合理的采摘和土、肥、水、保等技术措施，否则也不能达到塑造树冠、实现高产优质的目的。

素质拓展

（1）让学生讲解不同地形地貌下的不同树冠形状，了解我国幅员辽阔和丰富的地形地貌，培养爱国意识和民族自豪感。

（2）培养高产优质茶树树冠需要不断修剪和施肥，茶如人生，作为当代青年也需要时时修正自身行为，不断用知识滋养自己，才能成为一名优秀的社会主义接班人和建设者。

课后思考

模块二・项目三・任务一

参考答案

任务拓展训练

（1）分小组调查不同茶树品种的树冠性状，结合茶园产量和茶树长势，给出茶园树冠培养方案。

（2）尝试划区域计算叶面积指数，根据测算结果，分析并提出如何实现相关区域茶园高产优质的树冠改进意见。

任务二　茶树修剪技术

知识储备

一、确定茶树修剪时期

修剪对茶树来说是一种损伤，修剪茶树造成的创伤需要消耗茶树体内一定的养分才能逐渐恢复。因此，在不同时期对茶树进行修剪，对于树冠养成的影响很大，修剪时期掌握不恰当，就不能达到预期的目的，甚至造成茶树茎干枯萎死亡。因此，具体修剪措施应根据各地的气候条件和茶树体内养分的年变化规律而定。

各茶区特点及最适修剪时期

项目	长江中下游		长江上游、珠江流域	
茶区	江南茶区	江北茶区	西南茶区	华南茶区
气候	亚热带季风气候	温带季风气候	亚热带季风气候	热带季风气候
温度	年均＞15℃	年均＜15℃	年均＞15℃	年均＞20℃
降水	1000～1400mm	700～1000mm	＞1000mm	＞1500mm
品种	灌木为主	灌木为主	灌木、小乔木、乔木均有	乔木、小乔木为主
生长特点	发芽晚、生长慢、休眠期长		发芽早，生长快，周期长	发芽早生长快，全年可生长
修剪时期	幼年茶树：3月上旬进行修剪（过早修剪易受倒春寒影响，受冻推迟萌芽）			

续表

项目	长江中下游	长江上游、珠江流域
修剪时期	成年茶树：春茶结束后进行修剪	成年茶树: 全年生长，春茶前生长下降时（1月）可进行修剪，也可考虑经济效益春茶结束后修剪
	衰老茶树： 春茶采摘后 4 月下旬、5 月上旬进行修剪管理，既不影响当年产量又避开夏季高温，树势恢复较好	

总之，茶树修剪应考虑在茶树体内养分贮藏量大，修剪之后气候条件适宜，有较长的恢复生长时期进行修剪。此外，还必须结合考虑各地的生产效益、生产茶类、茶树品种、劳动力安排等因素，使得修剪后的茶树能达到最佳生产效果。

二、茶树的定型修剪

（一）定型修剪

幼年茶树由于顶端生长优势强，自然生长时顶芽生长旺盛，侧枝不多，形成密集的树冠面的可能性较小。通过定型修剪可以改变茶树的自然生长趋势，加速合轴分枝的发展，压低分枝部位，使其迅速形成宽广的树冠面。一般来说，灌木型的幼年茶树需要经过 3 ~ 4 次定型修剪方可形成较为理想的树冠结构。具体修剪要求见下图、表。

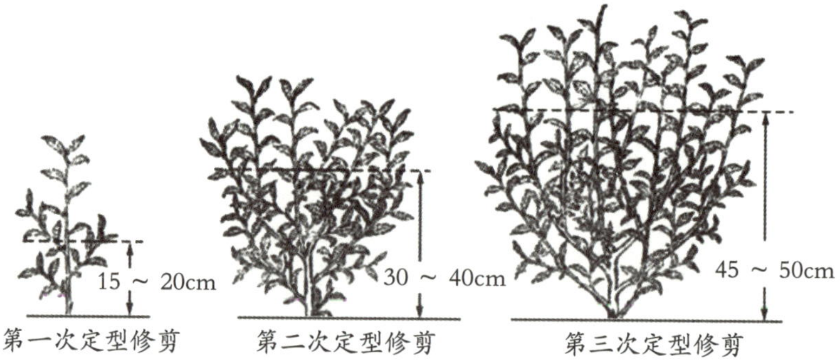

茶树定型修剪图示

茶树定型修剪的具体要求

定型修剪	第一次	第二次	第三次	第四次
修剪时间	定植后	第一次定型修剪的翌年	第二次定型修剪后 1 年	若未达到理想效果，第三次定型修剪后 1 年
主干粗（离地 5cm 处）	> 0.3cm	> 0.5cm	> 1cm	> 1.5cm

续表

定型修剪	第一次	第二次	第三次	第四次
树高	＞ 30cm	＞ 40cm	＞ 45cm	＞ 50cm
一级分枝	1 ~ 2 个	3 ~ 5 个	5 ~ 8 个	＞ 10 个
修剪工具	整枝剪	整枝剪	篱剪或修剪机	篱剪或修剪机
修剪措施	离地面 15 ~ 20cm 处剪去主枝留侧枝	离地 25 ~ 30cm 处修剪	离地 30 ~ 40cm 处修剪	离地 45 ~ 50cm 处修剪
注意事项	留 1 ~ 2 个较强枝；不达标准的不剪	留下小桩要短，减少消耗	轻采留养，进一步扩大树冠	季末打顶采，促进分枝

多条密植茶园（是指在正常栽种茶行的土地上缩小行距和株距，种植超过 2 行以上的种植方式）由于种植密度通常为常规茶园的数倍，主干数目多，只需进行 1 ~ 2 次定型修剪即可使树冠分枝结构与密度达到培养树冠的目标要求。

多条密植茶园的定型修剪

定型修剪	第一次	第二次
修剪时间	1 足龄	2 足龄
主干粗（离地 5cm 处）	＞ 0.3cm	＞ 0.5cm
树高	＞ 30cm	45cm
修剪措施	保留离地 15cm 高度以下部分	保留离地 30cm 高度以下部分
注意事项	未达修剪标准的推迟至下次时进行 以后辅以轻修剪培养树冠，以到合适的高度与分枝密度	

（二）分段修剪

分段修剪是另一种定型修剪方法。我国南部茶区由于气候温暖，雨量充沛，茶树年生长量大，若采取类似一年一次的修剪方法，大量的枝条同一时间内被剪去，会造成较大的创伤。为了充分利用这种生长优势，可采用分批、多次、分段修剪的方法来培养树冠，具体以分枝是否达到定剪标准来判断是否进行定型修剪，一旦达到要求就进行修剪，这样一年中有数次修剪，分段进行，可缩短树冠培养时间。

茶树分段修剪的具体要求

分段修剪	第一次	第二次	第三次
修剪时间	茶苗定植后马上进行	第一次定型修剪后达到条件	第二次定型修剪后达到条件
修剪要求	茎粗＞ 0.4cm	分枝茎粗＞ 0.35cm；新梢具 7 ~ 8 片叶；枝梢已半木质化（满足 1 条即可修剪）	分枝茎粗＞ 0.35cm；新梢具 7 ~ 8 片叶；枝梢已半木质化；树高＞ 50cm（满足 1 条即可修剪）

续表

分段修剪	第一次	第二次	第三次
修剪工具	整枝剪	整枝剪	篱剪
修剪措施	离地 10 ~ 12cm 处剪去主枝留侧枝	在前次剪口上提高 8 ~ 12cm	在前次剪口上提高 8 ~ 12cm

分段修剪可以使每次剪后留下一定的叶片，只剪去枝条总长的 1/3 ~ 1/2。一年内同一分枝上可剪 2 ~ 3 次，每年可形成二、三级分枝，待分段修剪实施 2 年后，树高可达 60cm 左右，之后可进行一次性平剪，如果此时树幅已超过 80cm，就可以按生产园管理要求进行留叶采摘。

（三）弯枝法

弯枝法是与定型修剪配合使用的另一种培养树冠的方法，指对生长到一定高度的茶树枝条向茶行两侧弯曲、固定，人为调整分枝状态以达到扩大树冠的措施。这样对茶树的损伤较小，保护了茶树的生物产量和生长势，操作简单方便，不受气候和自然条件影响，一年四季均可进行。

弯枝法充分利用了茶树生长的顶端优势原理，人为地把生长旺盛的枝条向茶行两侧压弯，减弱了顶芽对侧芽的抑制作用，压弯的枝条上能长出多个向上的分枝，可加速树冠面的培养。

弯枝法

弯枝法的优缺点对比

优点	缺点
扩大树冠	花工较多
不产生创伤，正常生长	除草、施肥不便
冠层保留较多枝叶	需经常检查，及时补钩
直立茶树效果更明显	固定不好达不到理想效果
具体操作可根据实际情况加以应用	

（四）其他茶树定型措施

1. 捻梢养蓬

捻梢养蓬的做法是，当茶树长至超出定型修剪高度后，在茶树离地 25cm 处，一手固定茶树，一手用力向一方向捻转茶树枝条，不能折断树枝，扭伤部位不宜过长，不然易引起被扭枝条死亡。捻枝后 1 个月，扭伤部位以下会有 2 ~ 3 个新梢发生，而扭伤部分顶、侧芽均停止生长。这种办法能保留茶树的全部叶片，减少生物量的损失，操作简单。与弯枝法比，省去了经常性的挂钩、补钩等工作，方便了茶园的管理，但其对茶树有损伤，且效果不及弯枝明显。

2. 化学药剂处理

可用化学药剂代替修剪，以降低茶树主干高度。如喷施赤霉素对侧芽生长有促进作用，影响效果与施用浓度呈直线相关；喷洒多效唑能控制主干枝梢徒长，茎干增粗，单叶面积变小，叶厚增加，叶色加深，对改造后茶树树冠重塑会产生重要影响。茶园中使用化学试剂，要特别注意使用后带来的安全性问题，一般来说，不采用此类方法进行茶树树冠的培养。

（五）树冠重塑

重修剪或台刈后的茶树存在重新培养树冠的过程，需重新进行定型修剪，这时的定型修剪与幼年茶树的定型修剪理念上相同，只是对象不同。以后与幼年茶树一样，采用留养轻采、轻剪，逐步培养树冠。

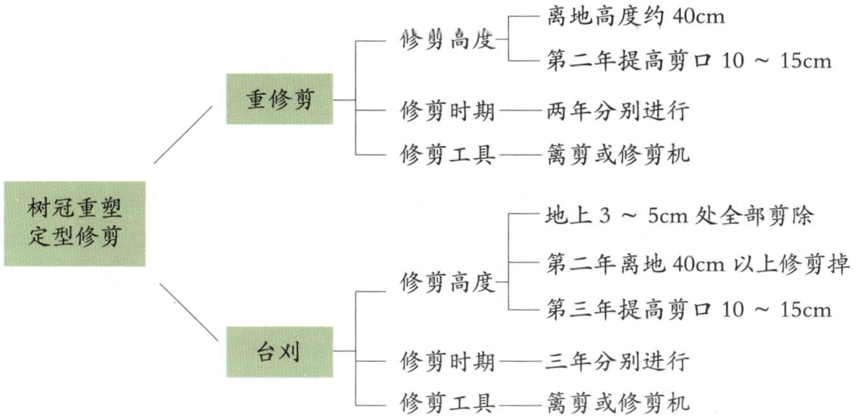

衰老茶树的树冠重塑

（六）定型修剪注意事项

茶树定型修剪注意事项见下表。

定型修剪注意事项

注意事项	原因
生长高度	是开剪的重要标准，高度不足影响骨干枝的健壮程度，苗高和枝粗并重
修剪时间	幼苗养分不足，应选择在体内养分贮存较多的时期修剪
剪后措施	苗幼根浅易受旱害，剪后应保持水分
采剪结合	不能“以采代剪”，易形成鸡爪枝，不能生成粗壮的骨干枝

三、茶树的轻修剪和深修剪

轻修剪与深修剪都是针对成龄茶树的修剪措施。轻修剪适用于成年早期的青壮年茶树，长势较为旺盛，分枝较理想时，只修剪掉树冠上层叶以达到整平树冠的目的。深修剪适用于成年中后期，由于多次修剪促生的分枝较细小，形成大量鸡爪枝，影响茶叶产量和品质，为更新茶树采摘面，可采用深修剪技术，剪除密集细弱的“鸡爪枝”层，使茶树重新抽发新枝，提高茶树发芽能力。

（一）轻修剪

轻修剪是在完成茶树定型修剪后，培养和维持茶树树冠面整齐、平整，调节生产枝数量和粗壮度，便于采摘、管理的一项重要的修剪措施。一般是将茶树冠面上突出的部分枝叶剪去，整平树冠，修剪程度较浅，一般剪去树冠面 3 ~ 5cm，蓬面剪成弧形为宜（可增加采摘树幅的宽度，有利于提高单产）。

轻修剪图示

由于各地生态条件、茶树品种、茶树的生长势等差别较大，轻修剪程度必须根据茶园所在地的具体情况酌情而定。

不同情况下茶树轻修剪的程度

修剪类型	剪重一点（< 5cm）	剪轻一点（< 3cm）	剪去上层
适宜情况	气候温暖，肥培管理好，生长量大的茶园	留叶较少，叶层较薄的茶园	冬季或早春受冻的茶树，剪去受冻叶层、枯枝
	生产枝细弱，有较多对夹叶，分枝过密的茶园	分枝较稀，蓬面枝梢合理，气候较冷的茶园	

所以轻修剪措施的应用要因地制宜、因树制宜，并配合其他农业生产措施的应用，达到增产提质的作用。因此，大多数茶园每年都会进行轻修剪，如利用机器进行采

摘后对边缘采摘不净的突出枝进行轻修剪，使下次机采时原料老嫩一致。是否需要经常性地进行轻修剪，在不同地区、不同环境、不同生产方式下的茶园会有不同的结果。

茶树轻修剪次数的确定依据

修剪次数	适当轻修剪	经常性轻修剪
修剪要求	采摘强度大、留叶少、分枝不密	生长势旺盛、采摘不及时、留叶较多、分枝较密、树冠高低不整

茶树品种、树龄、树势、肥培管理、采摘都会影响修剪的效果。一般来说，每年进行一次轻修剪较为合适，否则树冠迅速升高，树冠面参差不齐，影响管理和采摘。轻修剪时必须考虑树冠面保持一定的形状，一般应用最多、效果较好的是水平型、弧型两种。

水平型与弧型树冠对比

树冠面	水平型采面	弧型采面
修剪条件	纬度低，发芽密度稀，生长强度大的乔木或小乔木型茶树	纬度高，发芽密度大的灌木型茶树
树冠面图示	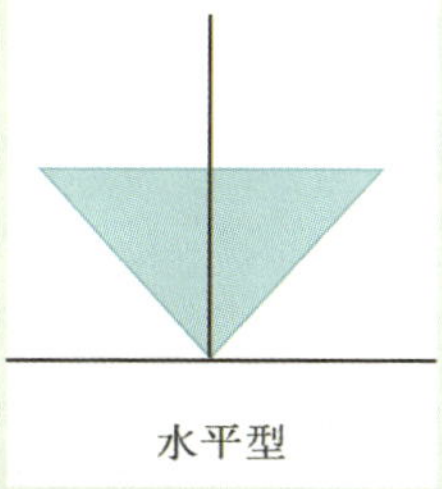 	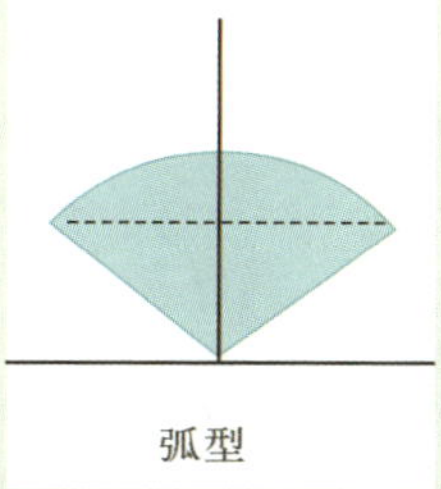 

（二）深修剪

深修剪，又称回剪，是一种比轻修剪程度较重的修剪措施。当树冠经过多次的轻修剪和采摘后，树冠面上的分枝会越来越细，枝梢细弱而又密集，形成鸡爪枝（又名结节枝），枯枝率上升。鸡爪枝上萌发出的芽叶瘦小，对夹量增加，育芽能力衰退，新梢生长势减弱，产量、品质都会显著下降。在这种情况，就需用深修剪，除去鸡爪枝，重新形成新的具有旺盛生产力的枝叶层，恢复茶树的产量和品质。

深修剪图示

深修剪大体上可每隔 2 ～ 3 年进行一次，具体应视各地茶园状况和生产要求来掌握。深修剪后重新形成的生产枝层更粗壮、均匀，育芽能力增强，可在此基础上进行几次轻修剪，隔几年后再进行深修剪，用篱剪或修剪机修剪树冠深度为 10 ～ 15cm，以剪去鸡爪枝为度，并且修剪程度逐次加重。深修剪虽然能起到恢复树势的作用，但由于剪位较深，对茶树刺激较重，因而对当年产量略有影响，剪后当季没有茶叶收获，下一季产量也较低。因此在茶园处于正常管理条件下，气候无剧烈变动，而茶叶产量又连续下降，树冠面处于衰老状况下才实施深修剪。

深修剪后芽叶萌发对比

（三）清蔸亮脚和边缘修剪

清蔸亮脚是用整枝剪把树冠内部和下部的病虫枝、细弱的徒长枝、枯老枝全部剪去，疏去密集的丛生枝，使茶树通风透光，减少不必要的养分消耗，促进茶树健康生长。

边缘修剪是剪除两茶行间交叉的枝条，保持行间有 20cm 左右的通道，使茶树行间通风透光，避免茶树中下部枝叶因光照不足而落叶，叶层变薄。

成龄茶园的清蔸亮脚

轻、深修剪的同时，常会伴随着清蔸亮脚（疏枝）及边缘修剪一起进行。这是针对成年茶树树冠比较郁闭、行间狭窄的情况下而采取的辅助性修剪措施，并要求修剪器具锋利，剪口平滑，避免枝梢撕裂，否则会引起病虫侵袭和雨水浸入，枝梢枯死，影响发芽。

四、 茶树的重修剪和台刈

成年茶树经过多年的采摘和各种修剪后，上部枝条的育芽能力逐步降低，即使再加强培肥管理和轻、深修剪也不能恢复树势，具体表现为发芽力不强，芽叶瘦小，对夹叶比例显著增多，开花结实量大，产量和芽叶质量明显下降，根颈处不断有徒长枝发生。这类茶树，可按衰老程度的不同采用重修剪或台刈的方法改造茶树，更新树冠结构，重组新一轮的茶树树冠。

（一）重修剪

重修剪的主要目的是控制树高，更新复壮树势。修剪的程度要掌握恰当，应在修剪前全面分析茶园情况，确定好留养高度，避免因修剪不当带来负面效果。

重修剪技术要点

重修剪	
项目	**内容**
修剪目的	控制树高，复壮树势
修剪时间	春茶结束后立即进行，越早越好
修剪对象	衰老茶树；或缺少管理，生长势强，树体较高的茶树
修剪高度	保留离地面高度 30 ~ 45cm，或树高的 1/2
修剪程度	较轻：达不到改造目的，修剪后又迅速衰老
	适宜：根据树势确定留养高度，加强培肥管理，树势恢复
	较重：树冠恢复慢，生产期推迟

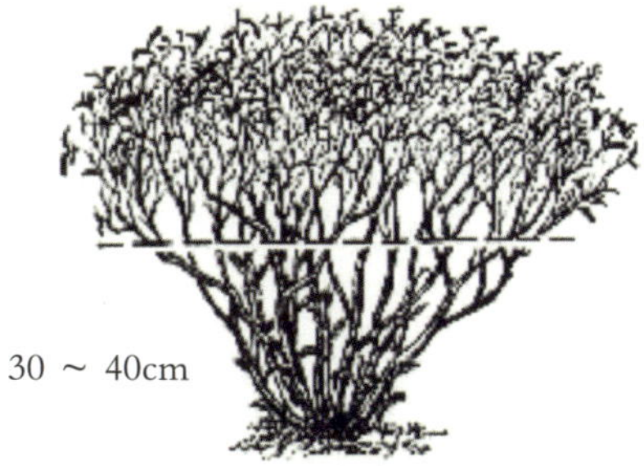

重修剪

重修剪图示

（二）台刈

台刈是彻底改造树冠的方法。台刈后新生的枝梢都是从根颈部萌发而成的，其生理年龄较小，所以抽出的枝条比前几种修剪方式获得的枝梢更具生命力。修剪技术和时机掌握恰当，并加强肥培管理，能使茶树迅速恢复生产，达到增产提质的目的。台刈后会影响初期一两年的产量，树势十分衰老时可采用。

台刈技术要点

台刈	
项目	内容
修剪目的	彻底改造树冠
修剪时间	初春台刈，新枝生长期长，利于形成健壮骨干枝
	春茶后 5 月台刈，照顾当年产量和收入
修剪对象	十分衰老的茶树
修剪高度	保留离地 5 ~ 15 cm，剪去地上部分全部枝叶
修剪程度	较轻：达不到改造目的，剪后效果差
	较重：树冠恢复慢，当年产量受影响，但后面产量好
修剪树型	灌木型：留桩可低些，利于培养新的树冠面
	乔木、小乔木型：留桩宜高（离地 20cm），过低不易抽发新枝

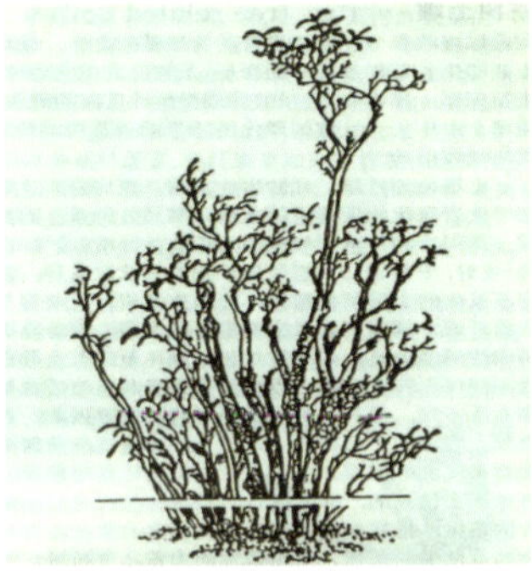

台刈图示

台刈的茶树必须是树势衰老，即使增强肥培管理产量仍然不高，茶树内部都是粗老枝干，枯枝率高，起骨架作用的茎干上地衣苔藓多，芽叶稀少，枝干灰褐色，不台刈不足以改变树势的茶树。

台刈要求切口平滑、倾斜、不撕裂茎干，必须选用锋利的弯刀斜劈或手锯锯割，尽量避免切口感染病虫害，而且破裂部分会有较多雨水滞留，影响潜伏芽的萌发，应当注意防护。

总之，各产茶区实践结果表明，幼年茶树通过定型修剪，可培养和促进茶树从自然树型过渡到经济树型，这是培养树冠骨架、奠定高产优质的基础。茶树进入青壮年期后，产量和品质均处于上升阶段，这时主要通过轻修剪和深修剪，以保持树冠面生产枝的粗细和数量，控制树冠在一定高度，使生产枝的芽叶产量和品质维持在一定水平；之后树冠逐渐开始出现不同程度的衰老症状，通过重修剪或台刈，使衰老枝梢复壮，重新恢复或超过原有的生产力水平。

素质拓展

（1）引导学生思考如何处理修剪下来的大量茶树枝条，换种思维后垃圾其实也是放错了地方的宝物，开拓创新意识。

（2）不同树龄的茶树需要适宜的修剪才能高产优质，我们也要学会“取其精华，去其糟粕”，保留合适的，去掉不合适的，锤炼出更精彩、更具活力的自己。

◉ 任务内容

技能实训十五：茶树修剪技术

修剪是培养高产、优质树冠的主要技术措施之一，它是根据茶树生长发育规律、外界环境条件，人为剪除茶树的部分枝条，改变原有自然状态下的分枝习性，塑造理想树型，促进营养生长，延长茶树经济年龄的有效方法和手段。

茶园修剪的主要类型

一、内容说明

茶树经过修剪，改变了原有的生育态势，顶芽被剪除，侧芽与不定芽生育加强，树冠枝梢的营养状况发生变化，有利于营养生长；地下根系与地上枝叶平衡重新建立；剪去生理年龄较大的上部茶树枝梢，构建更具生机的新树冠。根据茶树不同的生育时期，分为定型修剪、整形修剪（轻修剪、深修剪）、更新修剪（重修剪、台刈）等方式。

二、实训目的

通过本实训，要求掌握茶树修剪的几种常用方法和技术要领。

三、材料与设备

（一）材料

幼龄茶园、成龄茶园、衰老茶园各一块。

（二）设备

卷尺、枝剪、篱剪（或修剪机）、木锯。

四、方法与步骤

（1）以2人为一组对幼年茶树、成年茶树及衰老茶树的树势（树高、树幅、分枝状况、生产枝数）进行调查，将调查结果填入《不同茶树生长情况调查表》。

不同茶树生长情况调查表

处理	树高（cm）	树幅（cm）	分支状况（个）	生产枝数（个）
幼年茶树				
成年茶树				
衰老茶树				

（2）每组取幼年茶树、成年茶树、衰老茶树各10m，其中各取8m为一段进行实验处理，幼年茶树定型修剪、成年茶树轻修剪、衰老茶树重修剪或台刈。各留2m不剪作为对照，观察修剪后茶树新梢萌发情况。

五、结果与讨论

（1）由于各地的气候条件不同、品种不同，定型修剪方式在具体操作上有一定差别。江南、江北茶区一般采用一年一次定型修剪，华南、西南茶区一年可进行数次的分段修剪。一年一次定型修剪需要3～4年才能完成，分段修剪可加快定型修剪的进程，一般2年就可完成定型修剪。

（2）整形修剪要根据树势强弱确定修剪程度，气候温暖，肥培管理好，生长量大的茶园，轻修剪可以剪得重些，采摘留叶少，叶层薄的茶园，剪轻些。机采茶园每季都要对树冠及边缘采摘不尽的部分进行轻修剪。

（3）南方茶区部分茶区，由于气温高，茶树终年生长，无明显休眠期，茶树根部积累的糖类少，较重程度的修剪后不利于恢复。因此，有试验认为，可以采用留枝台刈的方法，先留少数健壮枝条，以这部分枝条继续进行光合作用，积累营养物质，供台刈后枝梢抽生时营养的需要，待剪口抽出的新枝生长健壮后，再将这部分枝条剪去。

六、注意事项

（1）定型修剪。注意高度适当压低为好，若剪口太高，分枝保留过多，不利于骨干枝的形成，不能以采代剪。

（2）整形修剪。保持茶树树冠面一定的形状，一般以水平或弧型为好。修剪过程不要损伤健壮的侧芽。

（3）重修剪修剪程度过深，树冠恢复慢，过轻，无法达到改造的目的，因此要根据当地气候条件及树势判断修剪程度，剪后注意肥培管理。

（4）台刈注意剪口要平滑，尽量避免树桩被撕裂，防止切口感染病虫，注意台刈后的管理。

（5）注意修剪时间。要根据各地气候条件选择修剪时间，修剪应选择茶树体内营养物质贮藏量大，修剪后气候条件适宜，有较长恢复生长期进行。

七、评价体系

学生两人一组，相互协助，共同完成两块不同状态的茶树修剪，并连续跟踪记录修剪后的茶树生长情况，通过观察茶树的以下几项指标来评价本次修剪是否完全达到了修剪目的，填写《茶树修剪前后评价项目对比表》。熟练掌握修剪技术，茶叶修剪是否到位。适当的修剪不仅可以控制树形，促进侧枝生长，提高茶叶产量和品质，还有助于茶树的健康生长和农民的增收。

茶树修剪前后评价项目对比表

项目	评价标准	修剪前	修剪后
树冠结构（20分）	分枝合理，高度适中		
光照情况（20分）	透光、透风		
病虫害情况（20分）	病害、虫害减少		
新梢萌发情况（20分）	新梢萌发齐整、均匀		
增产情况（20分）	茶叶产量、品质有所提高		
合计（100分）	整体表现优于修剪前		

课后思考

模块二·项目三·任务二

参考答案

任务拓展训练

分组调查周围茶园的生长状况，分析应如何开展修剪措施才能增产提质。

任务三 茶树树冠的综合维护

知识储备

修剪是培养茶树树冠的主要技术措施，但要使修剪达到预期的目标，只做好修剪工作是不够的，必须在修剪前后合理地运用综合维护技术，采取相应的配套生产措施，才能培养出高效优质的茶树树冠。如修剪前后的肥培管理、修剪后的留叶采摘以及病虫害防控等，如果相关管理工作不到位，可能导致树冠培养不理想，茶树更新复壮效果不好。

一、茶树修剪后的肥培管理

茶树每经历一次修剪，树势都会有所损伤。修剪后伤口的愈合和新梢的萌发需要消耗大量树体贮存的营养物质，特别是根部贮藏的养分。根系从土壤吸收各种营养物质，土壤的营养状况直接决定茶树修剪后能否迅速恢复树势、形成高产优质树冠。充足的土壤水肥供应能够保证茶树地上部分的再生生长。肥水供应不足，树体损耗的养分得不到及时补充，会造成树势衰败，无法更新复壮。因此，茶树修剪前后的肥培管理非常重要。

不同修剪措施后的茶园肥培管理措施

修剪措施	肥培管理	肥培时间	图示
定型修剪	根据茶树长势实施“一基三追”分次多施，促进根系对肥料的吸收利用率	定型修剪茶树树势较弱，施肥应安排在茶树根系快速生长之际，或当地气候条件相对温和的时候，避开少雨、连续高温干旱时期，利于茶树对养分的吸收利用	
轻、深修剪	1.进行边缘修剪，方便开沟施肥，可施用速效氮肥和易吸收利用的小颗粒有机肥 2.充分利用修剪枝叶还田，以改良茶园土壤、增加茶园土壤有机质	茶树修剪前后均可进行	
重修剪和台刈	1.茶树修剪后，马上大量施用有机肥，并加大磷、钾肥比例，促进培养健壮茎干。新梢萌发后，及时追施催芽肥，加快高产树冠的形成 2 .在茶行裸露空地间作其他作物，以改良土壤、防止水土流失 3.充分利用修剪枝叶还田，以改良茶园土壤、增加茶园土壤有机质	茶树修剪后马上进行	

二、茶树修剪后叶片的采摘与留养

合理的采摘与留养是茶树修剪后的一项重要管理措施。茶树修剪后，新萌发芽叶生长势强，如果早采、强采，大量新梢枝叶被带走，无法培育优质高产的树冠；

如果少采、不采，或以采代剪，无法形成冠面宽广、高度适宜、分枝合理的高产型树冠，只有合理的采摘与留养才能达到持续高产、高效的改造目的。

幼龄茶树定型修剪后应采用以养为主、分批留叶的方法。若采摘过早或过度，会造成茶树枝干细弱、茶树早衰，茶园产量低；若完全不采，则会使茶树枝条稀疏，生产枝较少，产量低。成年茶树深修剪后会从修剪面下的生产枝抽发新枝，此时的新梢较为稀疏，需要留养一季，增加枝条的粗度和长度，辅以轻修剪促进形成宽广的采摘面，再进行采摘。茶树在重修剪或者台刈后需要重新培养骨干枝，修剪后的1～2年，新梢生长旺盛，是培养更新树冠的重要时期，应采用以养为主、采养结合的技术，以培养良好树冠。

不同修剪措施后茶树叶片的采养管理措施

修剪措施	采养管理措施	采养不当的影响
定型修剪	以养为主、分批留叶	早采或强采：茶树枝干细弱、树势早衰、产量不高 只留不采：枝条稀疏、产量不高
深修剪	1. 修剪后第一个茶季不采茶，第二个茶季可进行打顶采，多留少采 2. 经留养1～2个茶季后，视树势情况逐步正常采摘	不注意留养或强采：树势早衰
重修剪和台刈	少采多留、采养结合、养好树冠	早采或强采：茶树枝干细弱、树势早衰、产量不高 只留不采：枝条稀疏、产量不高

三、修剪后茶树的保护

茶树修剪后，新长出的芽叶生长旺盛、生长量大、持嫩性强，为病虫提供了理想的生长环境，容易引起病虫害的发生。因此，需要定期进行检查，并及时进行防治。对于之前已有病虫害的茶园，修剪枝条后应及时移出园外，防止病虫害扩散。修剪后的茶树新梢较为柔嫩、抵抗力较低，易受各种自然灾害的影响。例如，冬季可能遭受寒冻灾害，夏季可能因高温干旱受损，秋季则需防范旱热害。为此，必须采取相应措施，尽量减少灾害性天气对修剪后茶树的损害，保障茶树的稳定生长。

修剪后茶树的保护措施

灾害类型	病虫害发生种类	管理措施
病虫害	虫害：茶蚜虫、茶尺蠖、茶细蛾、茶卷叶蛾、茶梢蛾、茶小绿叶蝉 病害：芽枯病、茶饼病等	修剪下来的枝叶须及时清理出园，并对树冠及茶丛周围地面进行彻底喷药防除

续表

灾害类型	病虫害发生种类	管理措施
灾害性天气	江北茶区和江南的高山茶区：寒害、冻害	深耕培土、施肥、灌溉、铺草覆盖
	江南茶区：夏季高温、干旱；秋季旱害、热害	灌溉、遮阴覆盖

除了上述施肥、留养、病虫害防治等管理措施外，其他茶园农业生产措施也应积极配合运用，如铺草、灌溉、耕作等，只有将这些综合农业生产措施合理地加以运用，才能使茶园改造获得最佳效果。

素质拓展

学生讨论：茶园管理措施最终的目的都是提升茶叶品质，那么茶树树冠的综合维护对茶叶品质有哪些影响？

通过讨论，分析不同的管理措施对茶树的影响，总结茶树树冠综合维护对茶叶品质的好处。一方面可以通过讨论提升学生全面分析问题、总结归纳的能力；另一方面可以提升学生的课堂主体意识，帮助学生更深入地掌握茶树树冠的综合维护技术及其对茶叶品质的作用；此外，引导学生积极思考，能够将所学知识融会贯通，培养学生科学的思辨能力。

课后思考

模块二·项目三·任务三

参考答案

任务拓展训练

联系身边的茶叶合作社或茶农，分小组开展茶树树冠管理实地调研，理论结合实际，了解附近茶园的树冠管理情况，并完成《茶园树冠综合维护措施调查表》。

茶园树冠综合维护措施调查表

茶园位置	最近一年进行的树冠管理措施	修剪后的采摘情况	修剪后的施肥管理		修剪后的病虫害防治措施	
			施肥时间	具体措施	防治时间	防治措施
茶园 1	措施 1					
	措施 2					
茶园 2	措施 1					
	措施 2					

任务四　鲜叶采摘技术

知识储备

茶叶采摘既是茶叶生产的收获过程，也是增产提质的树冠管理措施。茶叶的采摘标准、采摘时期、采摘方法、鲜叶管理不仅关系到茶叶质量、产量和经济效益，还关系到茶树的生长发育和经济寿命的长短，所以，在茶叶的生产过程中，茶叶采摘具有特别重要的意义。

一、鲜叶合理采摘

合理采摘是指通过人为的采摘，既能提高茶园当前的产量和质量，又能促进茶树的旺盛生长，向稳定丰产的方向发展，最终能够持续获得高产优质的制茶原料，实现茶园长期良好的综合效益。

（一）采摘与茶树生育的关系

鲜叶采摘与茶树的生长发育有着密切的关系，长期的生产实践和科学试验证明，合理采摘能促进茶树芽叶的萌发。一方面，摘去顶端芽叶可以去除顶端优势，刺激侧芽萌发生长，增加鲜叶产量。另一方面，叶片是茶树进行光合作用和蒸腾作用的重要器官，为茶树合成营养物质，形成吸收和运输水分、矿物质养料的主动力。在采摘过程中，要根据茶园管理水平以及茶树的生长情况进行留养，保证茶树留有一定数量的叶片进行光合作用。否则不但不会促进芽叶萌发，还会影响茶树的生长发育，致使茶树早衰。

（二）采摘与鲜叶产量及品质的关系

茶树是一种经济作物，在生产中不但要求产量高，更要求质量好。茶叶采摘的迟早、老嫩，都与茶叶的产量和质量密切相关。湖南省农业科学院茶叶研究所测定，在同一块茶园内，采摘标准与产量的关系大致为：若以一芽一叶的产量为 100%，则一芽二叶的产量为 250%，一芽三叶的产量为 400%，一芽五叶的产量为 500%。根据信阳农林学院陈义的研究，茶鲜叶中的品质成分随嫩度的不同有较大的变化，其中可溶性糖随嫩度降低而提高，氨基酸、咖啡碱、茶多酚随嫩度的降低而降低。只有在采摘上强调量质兼顾，才能取得优质、高产、高效的效果。

不同嫩度茶树新梢的主要化学成分

样品		化学成分（%）				
		水浸出物	可溶性糖	咖啡碱	茶多酚	氨基酸
信阳群体种	新梢芽	42.30	2.84	4.23	25.08	2.95
	一芽一叶	45.92	2.86	4.08	24.74	2.93
	一芽二叶	43.08	3.40	4.03	27.72	2.79
信阳 10 号	新梢芽	42.77	2.33	4.25	22.97	3.95
	一芽一叶	40.25	3.12	3.74	20.81	3.83
	一芽二叶	41.08	3.51	3.37	18.29	3.80
福鼎大白茶	新梢芽	46.09	2.66	4.84	20.05	3.46
	一芽一叶	49.31	2.68	4.41	24.30	3.29
	一芽二叶	45.41	2.77	3.74	23.18	3.26

二、采摘标准

（一）采摘标准确定的依据

茶叶采摘标准主要是根据不同茶类对新梢的嫩度与品质要求不同而确定的，一般制作高档名茶要求原料细嫩；大宗红绿茶要求原料嫩度适中，产量高；一些特殊茶类要求鲜叶达到一定的成熟度，以满足其特殊的品质要求。

茶叶采摘标准还必须考虑新梢生育特点和气候条件，茶叶新梢生长与季节有密切的关系，这是各季节的温度、湿度、光照等气象因子的影响和茶树新梢在特定环境条件下生育特点所形成的。根据新梢在不同季节的生长情况，同一茶园一年中可以有不同的采摘标准，制成不同等级的茶。如我国著名的龙井茶，在清明前后均以采制特级和一、二级龙井为主，谷雨后则多采制三至五级的龙井茶；可以根据不同季节鲜叶的特点，采摘不同嫩度的鲜叶制成不同茶类，如湖南大部分茶区，春季以名优绿茶为主，夏秋季主要生产红茶和黑茶，以充分发挥其原料的经济价值。

（二）不同茶类的采摘标准

茶叶采摘标准因制茶种类不同而有很大差别，同一类茶，因品质等级不同其采摘标准也不一样。生产中采用比较多的鲜叶采摘标准有细嫩采、适中采、开面采和成熟采，按照相应标准采摘的鲜叶所制成的代表茶类及要求如下表所示。

不同茶类的采摘标准

采摘标准	芽叶生长水平	代表茶类	图示
细嫩采	单芽、一芽一叶以及一芽二叶初展的新梢	多数名优茶，如特级龙井、碧螺春、君山银针、黄山毛峰、石门银峰等	
适中采	一芽二三叶和细嫩对夹叶	目前内外销的大宗红茶、绿茶，如眉茶、珠茶、工夫红茶等	
开面采	新梢长至3～5叶将要成熟至顶芽最后一叶刚摊开时，采下2～4叶新梢	乌龙茶类，如大红袍、铁观音等	
成熟采	新梢一芽五叶充分成熟，新梢基部已基本木质化、呈红棕色	黑茶类，如茯砖茶和黑砖茶等	

三、手工采摘技术

（一）采摘时期

采摘时期是指茶树新梢在生长期间，根据采摘标准，确定每年、每季茶叶的开采期和封园期。茶树芽叶萌发的迟早，新梢生长的快慢、长短等都受气候、品种、茶园管理水平等因素的影响，掌握好适宜的采摘期是提高鲜叶产量、茶叶品质的一个重要方面。

1. 开采期

茶树新梢具有强烈的季节性，许多茶区会以季节来划分采摘期，称为春茶、夏茶、秋茶，采摘时期会严重影响鲜叶的产量和品质。我国茶区辽阔，气候条件不一，开采时间差别很大。福建以及长江中下游的大部分茶区在 3 月上中旬开采春茶，北方茶区比南方茶区的开采时间要迟。此外，开采期还与茶园环境、茶树品种、管理水平等因素相关。根据生产实践，手工采摘条件下，茶树开采期宜早不宜迟，春茶的开采期更是如此，提早开采，可延长采摘期，提高经济效益。一般在手工采摘的大宗红茶、绿茶区，春茶以茶园中有 10% ～ 15% 的新梢达到采摘标准即可开采，夏、秋茶以 5% ～ 10% 达到采摘标准时即可开采。

2. 封园期

因为地理位置和气候等各种因素都会对茶叶生长造成一定的影响，茶园需要有一定的封园期。茶园的封园期是指一年中结束采摘工作的时间。封园时间的迟早关系茶园的产量和茶树的生长，须依据气候条件、管理水平、茶树年龄等不同来确定。就气候条件而言，我国浙江、湖南、江西、安徽等茶区一般在 10 月上旬停采。南方的广东茶区，可采至 12 月。此外，对于肥培管理条件差，茶树树势衰弱，或需要培养树势、留养秋梢的茶园，宜适当提前封园。

（二）采摘方法

手工采摘是茶叶传统的采摘方法，也是目前生产上应用最广泛的采摘方法，它的特点是采摘精细、灵活，采摘批次较多，采摘期较长，能采得质量特优的芽叶，树体损伤小，特别适合名优茶的采摘。根据手掌的朝向及指头采摘新梢着力的不同分为以下 3 种采法。

茶叶手工采摘方法

手工采摘方法	适用的鲜叶标准	操作要点	示例图
折采	主要用于细嫩鲜叶的采摘	左手按住新梢，用右手的食指和拇指的指尖把新发的芽和细嫩的 1 ～ 2 叶夹住，轻轻地将芽叶折断采下。注意切勿用指甲切芽叶	
提手采	主要用于红茶、绿茶适中标准的采摘	提手采是目前使用最普遍的手采方式。采茶时，掌心向下或向上，用拇指和食指夹住新梢所要采的部位，向上着力采下	

续表

手工采摘方法	适用的鲜叶标准	操作要点	示例图
双手采	主要用于红茶、绿茶适中标准的采摘	采茶时，左右手同时放在采面上，两手配合，交替用提手采的方法把符合标准的新梢采下。采摘时注意不要采伤芽叶，不要采碎片、老叶、老梗。采下的芽叶在手中不能握得过紧，应及时放入篮中，避免发热引起鲜叶变质	

四、机械采摘技术

茶叶采摘是季节性很强的一项茶园作业。近年来由于采茶劳动力紧张，手工采摘的成本大幅度增加，机械采茶已成为茶叶生产的一项重要技术措施。目前，生产上使用的采茶机主要有单人采茶机、双人采茶机。机械采摘的特点是采茶效率高，通常比手采提高 10 ~ 20 倍，可大量节约采茶劳动力，降低生产成本，缓解茶叶收获洪峰，缩短茶叶采摘的周期，保证大宗茶得到及时采摘，提高茶叶生产效率和经济效益。

（一）机采茶园的要求

机采茶园一般要求种植在平地或缓坡，茶树品种为无性系良种，以保持长势一致，具有良好的冠面和采摘面。

机采茶园的要求

要求	说明	图示
园地：平地或缓坡	机采一般适宜在平地或 15° 以下的缓坡条植茶园进行，陡峭的山地和盆地不适宜采茶机械的作业，同时要求茶园建园合理、管理规范，便于机械化作业，一般要求茶树行距在 1.5 ~ 1.8m，树高在 80 ~ 90cm，行间有 15 ~ 20cm 的操作道	
品种：无性系良种	适合机采的茶园种植的品种要单一，而且要求再生力强、耐剪耐采、发芽能力强、发芽一致、芽叶粗壮。机械采摘适宜在无性系良种的条植茶园中使用	弧型冠面机采茶园
管理：良好的树冠和采摘面	茶园需经系统修剪或树冠改造后的一系列修剪措施，培养适合机采的茶树树冠，茶树高度应控制在 80 ~ 90cm，冠面具有弧型或水平形的规范化形状，冠面平整。良好的冠面能确保茶树各部位的均衡发育，芽叶生长一致，提高采茶效率和鲜叶品质	 平面型冠面机采茶园

（二）机采时期

机械采摘开采的时期也会因季节、茶树品种、管理水平不同而有所差异，一般春茶在标准新梢达到80%左右时开采，夏、秋茶因持嫩性差，标准新梢达60%左右时开采。开采期过早或过迟都会影响全年的产量。此外，机械采摘一般会比人工采摘提早大概20天进行封园。

（三）机采技术

1. 单人采茶机的操作

单人采茶机一般由两人组成一个机组，一人操作，一人扶集叶袋。操作方法为机手持采茶机，沿茶行前进作业，集叶手手持集叶袋尾端随机手前进。在作业时，应保持机头的前进方向与茶行走向垂直，每刀均从茶树冠面的边缘采至中心线。同时，应注意尽量减少两刀之间及冠面中央部位的重复切割，以提高鲜叶的完整率。单人采茶机操作难度较大，但是能适应相对较复杂的地形。

2. 双人采茶机的操作

双人采茶机一般由3人组成一个机组，必要时可增加1名集叶手，操作方法是两名机手操作采茶机，集叶手负责收集茶叶。在作业时，主机手应面向采茶机前进方向，掌握机采切口的位置，保持机器与茶行轴向呈一定角度（如60°），以确保切割均匀。副机手面向主机手，与主机手保持约1m的距离，协助控制采茶机的行进速度和方向，密切配合主机手作业。每条茶行在两侧来回各采1次，去程和回程各采约50%，确保茶叶采摘均匀，无遗漏。两次采收的高度要相同，保证采摘面平整，同时避免中间部位的多次采收。集叶手手持集叶袋尾端，面向采茶机随主机手前进。当集叶较多时，可用左手托起集叶袋中部，以减少机手负荷和集叶袋磨损。操作过程中，需密切监控茶叶的采摘情况，并根据实际情况调整采茶机的参数和行进速度。行进速度不可太快或太慢，太快虽工效高，但采摘净度降低，采摘面不平整，且操作不安全；太慢会降低工效，增加重复切割概率，导致碎片增多，鲜叶品质下降。适宜的前进速度是在采茶机中速运转时，以5～10m/min匀速行进为宜，这样既能保证采收鲜叶的品质，又能防止机械损坏。

五、鲜叶的验收与贮运

鲜叶质量直接影响到成茶品质，做好鲜叶采回后的验收、分级、运输途中和进厂的保鲜，是一项十分重要的工作。它也是指导按标准采茶、按质论价、明确生产责任的具体措施。

（一）鲜叶验收与分级

生产过程中因品种、气候、地势及采法的不同，所采下的芽叶大小和嫩度是有差异的，如果直接进行加工，就会影响加工后茶叶的品质。因此，采下的芽叶应该在进厂付制前进行分级验收。验收时，应根据鲜叶的嫩度、匀度、净度、新鲜度 4 个因子（根据国家标准《茶鲜叶处理要求》GB/T 31748-2015），对照鲜叶分级标准，评定等级，并称量、登记。对不符合要求的，要及时向采茶工提出指导性意见，以提高采摘质量。

1. 嫩度

嫩度是鲜叶分级的主要依据。验收时，根据不同茶类对鲜叶原料的要求，依芽叶的多少、大小、嫩梢上叶片数和开展程度以及叶质的软硬、叶色的深浅等评定等级。

2. 匀度

匀度指同一批鲜叶的物理性状的一致程度。凡品种混杂、老嫩不一、大小不均、雨露水叶与无表面水叶混杂的，均会影响制茶品质，评定时应根据鲜叶的均匀程度适当考虑升降等级。

3. 净度

净度指鲜叶中夹杂物含量的多少。凡鲜叶中混杂有茶花、茶果、老叶、老梗、鳞片、鱼叶以及非茶类的虫体、沙石、杂草等，均属不净，应剔除后再验收，以免影响制茶品质。

4. 鲜度

鲜度指嫩度，叶色光润是新鲜的象征。凡鲜叶发热、发红、有异味的，应视情况降级或拒收处理。

在鲜叶验收中还应做到不同品种、不同时间、不同等级的鲜叶分开。按级归堆，以利于初制加工，提高茶叶品质。

我国茶类繁多，鲜叶分级没有完全统一的标准。龙井茶的鲜叶分级标准如《龙井茶的鲜叶分级标准表》所示，信阳毛尖茶的鲜叶分级标准如《信阳毛尖茶的鲜叶分级标准表》所示，以供参考。

龙井茶的鲜叶分级标准表

等级	鲜叶要求
特级	一芽一叶初展，芽叶角度小，芽长于叶，叶匀齐肥壮，芽叶长度不超过 2.5cm
一级	一芽一叶至一芽二叶初展，以一芽一叶为主，一芽二叶初展在 10% 以下，芽长于叶，芽叶完整、匀净、芽叶长度不超过 3cm
二级	一芽一叶至一芽二叶，一芽二叶在 30% 以下，与叶长度基本相等，芽叶完整，芽叶长度不超过 3.5cm

续表

等级	鲜叶要求
三级	一芽二叶至一芽三叶初展，以一芽二叶为主，一芽三叶不超过30%，叶长于芽，芽叶完整，芽叶长度不超过 4cm
四级	一芽二叶至一芽三叶，一芽三叶不超过 50%，叶长于芽，有部分嫩的对夹叶，长度不超过 4.5cm

注：引自国家标准《龙井茶》（GB 18650—2008）。

信阳毛尖茶的鲜叶分级标准表

级别	芽叶组成	采期
珍品	85% 以上为芽，其余为一芽一叶初展	春季
特级	85% 以上一芽一叶初展，其余为一芽一叶	春季
一级	70% 以上一芽一叶，其余为一芽二叶初展	春季
二级	60% 以上一芽二叶初展，其余为一芽二叶或同等嫩度的对夹叶	春季
三级	60% 以上一芽二叶，其余为同等嫩度的单叶、对夹叶或一芽三叶	春季
	60% 以上一芽一叶，其余为一芽二叶或同等嫩度的对夹叶	夏秋季
四级	60% 以上一芽二叶，其余为一芽三叶及同等嫩度的单叶或对夹叶	夏秋季

注：引自国家标准《地理标志产品 信阳毛尖茶》（GB/T 22737—2008）。

（二）鲜叶贮运与保鲜

为了保持鲜叶的新鲜度，防止其发热变红，并避免产生异味和品质劣变，采摘下鲜叶后必须迅速根据品种和级别进行分类，尽快运送至茶厂进行加工。因为鲜叶一旦从茶树上采摘下来，其失水速度会加快，呼吸作用也会增强，导致鲜叶内的糖分分解并释放出大量热量。如果这些热量不能及时散发，将会加速有机物质的分解和多酚类的氧化等过程，使鲜叶逐渐变红。因此，装运鲜叶的器具必须具备良好的通透性，以利于散热。目前广泛使用的竹编网眼筐是一种较好的盛装鲜叶的器具，一般建议每筐装 20 ~ 30kg 鲜叶为宜。在盛装时，切忌过度挤压，因为鲜叶在堆积过厚或挤压过紧的情况下，会因氧气供应不足而进行无氧呼吸，产生酒精味，严重时还会产生酸馊味。此外，装运鲜叶的器具必须保持清洁干净，不能留有过夜叶，以防细菌繁殖。长距离运输时，可考虑使用 0 ~ 9℃冷藏车运输，降低整体叶温，保证鲜叶品质。

鲜叶的贮放应选择低温、通风、高湿的场所，理想的环境条件为温度在 15℃以下，相对湿度在 90% ~ 95%。一般来说，春茶鲜叶的摊放温度不超过 25℃，而夏、秋茶鲜叶的摊放温度则不超过 30℃。

关于鲜叶的贮放厚度，春茶以 15 ~ 20cm 为宜，夏、秋茶则以 10 ~ 15cm 为宜。

具体的贮放厚度可根据气温高低、鲜叶的老嫩和干湿程度来调整。气温高时需要薄摊，气温低时可略厚些；嫩叶摊放宜薄，老叶摊放宜厚；雨天叶摊放宜薄，晴天叶摊放可略厚。鲜叶量大时，可采用摊放槽、立体式摊放机械等，保持鲜叶活力。

总之，鲜叶的验收与分级、贮运与保鲜是鲜叶管理工作中的关键环节。这些技术措施的实施是否得当，直接关系到茶叶的品质和茶厂的经济效益。因此，在生产上应对此给予高度重视。

素质拓展

除了以上讲述的两种采茶机械，目前市面上还有其他的新型采茶工具，如乘坐式采茶机、单人手持式电动采茶机、无人驾驶采茶机等。请查找相关资料，分析不同采摘工具的优缺点，并根据不同茶园实际情况和鲜叶采摘标准选择合适的工具。

任务内容

技能实训十六：茶鲜叶采摘技术

一、任务目的

掌握茶叶鲜叶的采摘标准；

掌握鲜叶手工采摘技术；

掌握鲜叶机械采摘技术。

二、任务说明

茶叶采摘既是茶叶生产的收获过程，也是增产提质的重要树冠管理措施。目前鲜叶采摘方式有人工采摘和机械采摘，人工采摘方式有折采、提手采和双手采，机械采摘方式主要有双人采茶机采摘和单人采茶机采摘。根据不同茶类和等级的加工要求，鲜叶采摘标准主要分为细嫩采、适中采、开面采和成熟采。

（1）细嫩采。一般采摘单芽、一芽一叶以及一芽二叶初展的新梢，主要用来制作高档名茶。

（2）适中采。一般采摘一芽二三叶和细嫩对夹叶，主要用来制作大宗茶类。

（3）开面采。一般待新梢长至 3 ~ 5 叶将要成熟至顶芽最后一叶刚摊开时，采下 2 ~ 4 叶新梢，主要用来制作乌龙茶。

（4）成熟采。一般待新梢一芽五叶充分成熟，新梢基部已基本木质化、呈红棕色，采摘成熟叶，主要用来制作边销茶类。

三、材料与设备

一片适采茶园，茶篓，手套，双人采茶机。

四、方法与步骤

（1）手工采摘鲜叶，分别用折采、提手采、双手采的方法按照细嫩采、适中采的标准进行采摘。

（2）机械采摘鲜叶，采用双人采茶机进行采摘。

（3）对采摘的鲜叶进行评级验收。

五、结果与考核

（1）比较不同采摘方法的采摘情况，填写《不同采摘方法的采摘情况表》。

不同采摘方法的采摘情况表

组名：　　　　　　　　日期：

采摘方法	单位时间内采摘数量（kg）（30分）	鲜叶质量（40分）	采摘后冠面芽叶情况（30分）	考核结果
折采				
提手采				
双手采				

（2）比较不同采摘标准的采摘情况填写《不同采摘标准的采摘情况表》。

不同采摘标准的采摘情况表

组名：　　　　　　　　日期：

采摘标准	单位时间内采摘数量（kg）（30分）	鲜叶质量（40分）	采摘后冠面芽叶情况（30分）	考核结果
单芽				
一芽一叶				
一芽二叶				
一芽三叶				

（3）分析机采鲜叶的效率、质量以及采摘效果。

课后思考

模块二·项目三·任务四

参考答案

任务拓展训练

在周边找一片适龄茶园，根据茶树生长情况和茶厂的加工需求确定开采期，并制定相应的采摘方案和鲜叶管理方案。根据实际情况考虑是否可以引进适当的采摘工具和技术，提升采茶效率。学生不仅能够提升其在茶叶采摘和管理方面的专业能力，还能增强实地操作和解决实际问题的能力，从而更好地适应未来的职业发展需求。

项目四

茶树健康管理

思维导图

项目四　茶树健康管理

- 任务一　茶树病虫害防治
- 任务二　茶园气象灾害防护
- 任务三　茶园草害防护

学习目标

知识目标：

- 了解茶树病虫的基本分类和茶树主要病虫的危害特征及发生规律；
- 了解茶园常见的气象灾害及预防、补救措施；
- 了解茶园主要杂草的种类、生长习性、发生原因及其防控措施。

能力目标：

- 掌握茶树田间病虫害调查的基本方法并能够合理运用绿色防控手段防治茶园主要病虫害；
- 根据气象灾害、草害发生情况，选择适宜的预防和补救措施。

素养目标：

- 针对野外调查工作，学会前期调查、数据分析、解决问题的方式方法，培养吃苦耐劳、不怕困难、敢于挑战的工作精神；
- 认真学习自然科学知识，了解并尊重自然规律，学会科学合理地安排工作、学习和生活。

项目说明

茶树为多年生经济作物，新茶园建立后，一般经过 3 ~ 5 年逐步进入经济采收期，管理得当的茶园经济寿命可达几十年至上百年。茶树的一生中，同样会遭受各种病虫的感染和危害，也要经历风霜雨雪等各种气候变化，同时也有杂草等竞争者掠夺茶树有限的生长空间和资源。为更好获得茶树的产量和收益，栽培实践中，通过各种措施协调茶树与病虫、杂草之间的平衡，避免极端气候对茶树的危害，是维持茶树健康生长、高产优质的重要组成部分。

任务一　茶树病虫害防治

知识储备

一、茶树病虫害的分类和生活习性

据不完全统计，我国现有的茶树病虫达 930 余种。预防和避免茶树病虫的大暴发是茶树健康管理的重要目标，也是确保茶园高产优质的重要措施。

（一）茶树常见病虫的分类

茶树病害，根据为害部位可分为芽叶病害、茎部病害和根部病害 3 大类；茶树虫害，根据其为害方式和为害部位可分为食叶类害虫、吸汁类害虫、钻蛀类害虫和地下害虫 4 大类。茶树的花果虽存在病虫危害，但对生产茶园经济效益影响有限，生产实践中不需过多关注。

我国茶园常见病害

种类	名称
芽叶病害	茶饼病、茶炭疽病、茶煤病、茶白星病、茶圆赤星病、茶云纹叶枯病、茶轮斑病
茎部病害	茶枝梢黑点病、地衣、苔藓类
根部病害	茶红根腐病、茶苗根结线虫病、茶苗白绢病

我国常见茶树害虫

危害方式	种类	害虫名称
食叶害虫	鳞翅目尺蛾科	茶尺蠖、灰茶尺蠖、大鸢尺蠖、油桐尺蠖、茶银尺蠖、木橑尺蠖、茶用克尺蠖、灰尺蠖、钩翅尺蛾
	鳞翅目毒蛾科	茶毛虫、茶黑毒蛾、茶白毒蛾、污黄毒蛾

续表

危害方式	种类	害虫名称
食叶害虫	鳞翅目刺蛾科	茶刺蛾、扁刺蛾、丽绿刺蛾、灰白小刺蛾、青刺蛾、黄刺蛾、茶锈刺蛾、褐刺蛾、龟形小刺蛾
	鳞翅目蓑蛾科	茶蓑蛾、大蓑蛾、茶褐蓑蛾、茶小蓑蛾、白囊蓑蛾
	其他鳞翅目	1. 卷蛾科：茶小卷叶蛾、茶卷叶蛾、湘黄卷蛾 2. 细蛾科：茶细蛾 3. 蚕蛾科：茶蚕 4. 斑蛾科：茶叶斑蛾 5. 谷蛾科：茶谷蛾 6. 夜蛾科：斜纹夜蛾
	鞘翅目	1. 象甲科：茶丽纹象甲、绿鳞象甲、茶芽粗腿象甲 2. 叶甲科：角胸叶甲
吸汁害虫	半翅目叶蝉科	茶小绿叶蝉
	半翅目粉虱科	黑刺粉虱
	半翅目蚜科	茶蚜
	半翅目盾蚧科	长白蚧、椰圆蚧、茶牡蛎蚧
	半翅目蜡蚧科	角蜡蚧、龟蜡蚧、红蜡蚧、茶长绵蚧
	其他半翅目	1. 蛾蜡蝉科：茶蛾蜡蝉、青蛾蜡蝉 2. 广翅蜡蝉科：八点广翅蜡蝉、明纹疏广翅蜡蝉、透翅疏广翅蜡蝉、可可广翅蜡蝉、柿广翅蜡蝉 3. 网蝽科：茶网蝽
	蜱螨目	茶橙瘿螨、茶叶瘿螨、茶跗线螨、茶短须螨、咖啡小爪螨、神泽叶螨
	缨翅目	茶黄蓟马、茶棍蓟马
钻蛀害虫	鳞翅目	茶枝条木蠹蛾、茶枝莲蛾
	鞘翅目	茶天牛、茶红翅天牛
地下害虫	—	蛴螬、地老虎、白蚁、大蟋蟀

（二）茶树主要病虫害的形态特征与发生规律

新茶园开辟之后，各类动物、昆虫、植物和微生物经过适应、竞争逐渐形成以茶树为主体多物种共生的生态系统。我国茶区分布范围广，在不同的地理区域，气候环境差异造成各地区茶树生态系统的常见病虫害亦各有差异，即使是同一地区，也会由于局部环境条件和人为因素的影响，主要危害病虫也存在差异。本小节选择性介绍全国范围内发生频率高、危害性大的主要病虫害的特征与发生规律。

茶树主要病害特征和发生规律

名称	主要为害部位及特征	发生规律	为害状
茶炭疽病	为害部位：成叶 为害特征：叶缘或叶尖发生，初期病斑呈暗绿色水渍状，中期变为褐色或红褐色，后期可变为灰白色	1. 高温高湿型 2. 梅雨期、秋季多雨，发生较重 3. 郁闭、积水、树势弱的茶园易发病	
茶饼病	为害部位：嫩叶 为害特征：正面凹陷，浅黄褐色至暗红色，背面馒头状凸起，表面覆有一层灰白色或粉红色或灰色粉末状物，后期粉末消失，凸起部分萎缩成褐色枯斑，边缘有一灰白色圈，似饼状。同一叶片上可形成几个至数十个病斑	1. 低温高湿型 2. 春茶和秋茶发病较重 3. 多雾高山、高湿凹地、郁闭积水茶园易发病 4. 大叶种比中小叶种易发病	 
茶白星病	为害部位：嫩叶 为害特征：初期呈褐色针头状小点，逐渐扩大为边缘暗褐色，中央凹陷，呈灰褐色至灰白色小斑。单一病斑直径 0.8 ~ 1.2mm	1. 低温高湿型 2. 春、秋多雨季节发生严重 3. 高山茶园、采摘过度、树势较弱的茶园易发病	
茶云纹叶枯病	为害部位：成叶 为害特征：叶尖或叶缘发生，褐色，半圆形或不规则形，上生波浪状轮纹，似云纹状；后期病斑中央变灰白色，病斑上有灰黑色扁平的小粒点，且沿轮纹排列。严重时，叶片大面积脱落	1. 高温高湿型 2. 8 ~ 9 月为发病盛期 3. 地下水位高、排水不良、肥料不足、冻伤、晒伤茶园易发此病	
茶煤病	为害部位：成叶 为害特征：初期在叶片正面产生黑色圆形或不规则的小斑，病斑逐渐扩大，严重时可以覆盖整个叶面，茶园呈现一片乌黑	1. 荫蔽潮湿型 2. 蚧类、粉虱、蚜虫发生严重的茶园，容易引起茶煤病的发生	
地衣与苔藓	为害部位：枝干 为害特征：地衣是真菌和藻类的共生体。苔藓是一种黄绿色青苔状或毛发状物的低等植物。两者皆附着在茶树枝干上，破坏茶树表皮	1. 主要侵害老茶树 2. 潮湿、温暖季节易蔓延	

茶树主要害虫发生规律及危害症状

名称	发生规律	生态照
茶尺蠖	1. 一年发生 5 ~ 6 代，秋茶时，易出现大暴发 2. 幼虫主要分布在茶树表层叶缘与叶面，烈日垂丝藏于树冠中 3. 喜清晨和傍晚取食，咬食叶片成“C”字形，严重时，成片茶园被食尽 4. 蛹产于茶树根际附近土层 3 ~ 5cm 5. 成虫具有趋光性，一次产卵数百颗	 
茶毛虫	1. 一年发生 2 ~ 3 代，世代清晰，主要危害夏秋茶 2. 幼虫具有群集性和侧向分布的习性，前期幼虫群集在茶树中、下部叶背，取食下表皮及叶肉，中期幼虫从叶缘开始取食，造成缺刻，并分群向茶行两侧迁移，后期幼虫，进入暴食期，可将茶丛叶片食尽 3. 成虫具有趋光性，一次产卵数百颗 4. 幼虫有毒毛，触及能引起皮肤红肿、奇痒	
茶刺蛾	1. 一年发生 3 ~ 4 代，主要危害夏秋茶 2. 幼虫多栖息在茶树叶背，不易发现，前期幼虫多分布在下层叶片，中后期转移到中、上部叶层，喜夜间和清晨常爬到叶面取食，被取食后常残留 1/3 叶片，且缺口较平整 3. 成虫具有趋光性 4. 幼虫刺毛分泌毒汁，皮肤触及后引起红肿、疼痛	
茶小卷叶蛾	1. 一年发生 4 ~ 7 代，茶区气温越高，发生代数越多 2. 初孵幼虫潜入芽尖缝隙内或初展嫩叶嚼食叶肉，中期将邻近二叶至数叶结成虫苞，在苞内嚼食，被害叶出现明显的透明枯斑 3. 幼虫有转移结苞的习性，形成明显的发虫中心，随虫龄增大，由蓬面逐渐转向茶树中下部为害成叶或老叶 4. 成虫具有趋光性	
茶蓑蛾	1. 一年发生 1 ~ 3 代，以幼虫负囊在叶片背面取食叶片为害 2. 初孵幼虫吐丝下垂，扩散到附近茶树，并开始形成护囊，低龄幼虫咬食叶肉，形成半透明斑，中后期取食成空洞或缺刻，严重时仅剩主脉 3. 有明显的为害中心	

续表

名称	发生规律	生态照
茶丽纹象甲	1. 一年发生 1 代，6 月上旬至 7 月上旬为盛发期 2. 以成虫取食茶树嫩叶，被害叶呈现不规则的缺刻，幼虫孵化后在表土中活动取食茶树及杂草根系 3. 成虫具假死习性（受惊后即坠落地面）	
茶小绿叶蝉	1. 一年发生 9 ~ 12 代，以成虫和若虫吸取茶树嫩叶汁液为害，导致茶树芽叶失水、生长迟缓、焦边、焦叶，全年以夏秋季危害最重 2. 各虫态淡绿色、体型小、善爬行和跳跃，不易发现，且世代重叠严重，一般一年有两个发虫高峰，第 1 峰集中在 5 ~ 6 月，第 2 峰集中在 9 ~ 10 月 3. 属全国危害最广、防控最难的茶园害虫	 
黑刺粉虱	1. 一年发生 4 ~ 5 代，幼虫刺吸茶树成叶和老叶汁液为害，同时分泌蜜露，诱发茶煤病 2. 虫口分布以下部为多，上部较少，初孵幼虫乳白色，能缓慢爬行；中后期幼虫体色变为黑色，固定在叶背为害，背渐隆起，且在虫体周围分泌白色蜡质 3. 郁闭、阴湿的茶园中一般发生较重	
茶蚜	1. 一年发生 25 代以上，以若蚜和成蚜聚集在新梢嫩叶背及嫩茎上刺吸汁液为害，趋嫩性强 2. 一般在春茶后期和秋茶期出现两次为害高峰期，夏季高温能快速抑制虫口数量 3. 茶蚜繁殖速度快、能力强，气候适宜的情况下可连续进行孤雌生殖，完成 1 代仅需 5 ~ 7 天	
茶橙瘿螨	1. 一年发生约 25 代，以成螨和幼、若螨的针状口器刺吸茶树汁液为害 2. 前期被害叶呈现黄绿色，叶片主脉发红，叶片失去光泽，严重危害时叶背出现褐色铁锈斑，芽叶萎缩、干枯，状似火烧，造成大量落叶	

续表

名称	发生规律	生态照
茶棍蓟马	1. 一年发生 10 ~ 11 代，以若虫和成虫锉吸茶树嫩叶汁液为害，9 ~ 10 月为害最盛 2. 前期若虫大多栖息在嫩梢或嫩叶背，中后期若虫转移到中下部 3. 成虫活跃，能短距离飞迁，无趋光性，绿色、黄色趋性强，阳光下多栖于叶背和芽缝内，阴天全天活动	
角蜡蚧	1. 一年发生 1 代，以若虫及雌成虫吸取茶树汁液 2. 角蜡蚧蜡壳半球形，白色，背面有一圆锥状向前弯钩形蜡突，四周有 7 个凹陷处，常因灰尘沉积，呈灰黑色 3. 雄虫大多分布在叶面主脉两侧，雌虫则绝大部分寄生在茶树中上部枝干上	

二、茶树病虫害的综合防控

茶树在中国有上千年的栽培史，化学农药问世前，先民们通过合理利用自然因子控制病虫，如采用人工捕捉、自制植物源或矿物源药水等方法防虫治虫。化学农药问世后，因防治效果好，在茶园病虫防控中得到迅速推广，极大地提高了生产效率，提升了茶园产量，此后，化学农药防控成为茶园病虫害防控的绝对措施。然而，长期大量地使用化学农药，茶园害虫的抗药性、再猖獗和环境污染等问题也日益突出。1974 年我国提出了“预防为主、综合防治”的植保方针，它的基本含义是：突出预防为主的原则，在严格执行植物检疫措施的前提下，坚持农业防治为基础，从农业生产的全局出发，根据病虫害和农作物、耕作制度、有益生物以及环境各种因素间的辩证关系，因地制宜地合理应用各种必要的防治措施，以实现经济、安全、有效地控制茶园病虫害。

茶树病虫害综合防治技术，强调坚持以生态学和经济学为依据，从茶园生态系统中各组成部分的整体出发，充分利用茶园自身的自然条件，选用适当和必要的防治措施，不断改善和优化茶园生态系统的结构与功能，把病虫种群数量控制在经济域值之下，更加科学、合理、生态、低毒的协调茶园的经济效益和生态效益。茶园病虫害综合防治，大体说来，有如下 4 条途径。

（一）生态调控

生态调控指通过采用茶园栽培管理措施，改善茶园生态环境，提升茶园动植物的丰富度，增加茶园生态系统的稳定性和自我修复力，预防和控制茶树病虫害的暴发。具体做法如下。

1. 增植多种林木，提升植物丰富度

茶园增植林木宜选择在当地适应性强、无明显病虫害的小乔木或大乔木，种类宜多样化，避免选用与茶树生长空间高度重合和具有相同病虫害的植物。增植林木可作为茶园防风林、行道树、遮阴树等。针对大面积成片茶园应该退茶还林，重新调整茶园布局，提升茶园生物的多样性，增强对有害生物的自然调控能力。

茶园间作多种林木

2. 选育和搭配抗性品种

茶园换种改植或发展新茶园时，应选用对当地主要病虫抗性较强的良种，并要搭配不同良种，避免因种植单一品种而造成茶树病虫害的暴发或流行。

多品种搭配栽植茶园

3. 加强茶园管理

加强茶园管理不仅可以促进茶树的生长，提高茶叶产量和品质；也可以增强树势，提升茶树自身抗病虫能力。例如，适当翻耕，可破坏土层中害虫越冬蛹（茶尺蠖、茶毛虫等）和幼虫（茶丽纹象甲、角胸叶甲等）的生存环境，降低茶园害虫种群密度；

合理施肥，可降低因过量使用氮肥，导致蚧类、螨类和茶炭疽病等病害的发生；及时除草排灌，保持茶园适宜的湿度环境，可抑制和避免茶饼病、茶炭疽病、茶煤病、茶白星病、黑刺粉虱等病虫害的发生与传播。

茶园秋季翻耕施肥

4. 及时采摘和修剪

鲜叶达到采摘标准，及时分批勤采，既可保证鲜叶的质量，也中断了害虫的食源，避免扩大危害。实践表明，及时勤采可明显地减轻蚜虫、茶小绿叶蝉、茶细蛾、茶跗线螨、茶橙瘿螨、茶丽纹象甲和茶白星病等多种病虫的为害。针对只采摘春季名优茶的留养茶园，合理适时的修剪，能恶化害虫的生存环境，有效避免害虫暴发。

鲜叶及时采摘

（二）理化诱控

理化诱控包括利用昆虫的趋光性、群集性、食性等生活本能习性，通过光、色等物理措施和信息素等化学手段诱杀害虫或吸引天敌防治害虫。具体方法如下。

1. 灯光诱杀

灯光诱杀是利用害虫的趋光性，设置诱虫灯诱杀害虫，从而达到防治害虫的目的。灯光诱杀是一项有效的物理防治技术，它既可用来直接诱杀害虫，也可用作害虫的预测预报工具。但灯光诱杀对部分有趋光性的天敌昆虫同样具有诱杀作用，因此，使用时应避开天敌高峰期，要根据虫口数量和天敌数量合理使用。新型杀虫灯通过针对性调控光的颜色和波长，增强对害虫诱杀力、降低对天敌的损害。

太阳能杀虫灯

2. 色板诱杀

色板诱杀是利用昆虫对色泽的偏嗜性进行诱杀。茶蚜、蓟马、茶小绿叶蝉、黑翅粉虱等茶树害虫都具有趋黄、绿颜色的特性，田间设置有色粘胶板，可有效诱杀茶蚜、蓟马、茶小绿叶蝉等害虫。目前根据不同害虫的趋色性差异，茶园常用的有黄板、绿板和蓝板。同灯光诱杀一样，色板诱杀害虫的同时也会诱集天敌，使用期间需注意保护天敌，严禁常年大面积使用，推荐使用新发明的环境友好型红黄板。同时，色板使用后应及时回收，严禁随意丢弃在茶园内，污染茶园环境。

茶园各种防虫色板

茶园色板的使用及注意事项

3. 食饵和性信息素诱杀

食饵和性信息素诱杀皆是利用害虫的趋化性，诱集并杀死害虫。食饵是传统的诱杀方法，常用糖醋、米糠、麦麸等诱集卷叶蛾、地老虎、白蚁和蟋蟀等害虫，因操作烦琐，生产上逐步被淘汰。传统的性信息素诱杀是将刚羽化的雌蛾固定在茶园间，下方放置添加少量毒液的水盆，诱集并消灭大量雄蛾，降低雌蛾成功交尾概率，进而减少下一代虫口的发生数量。因传统方法刚羽化雌虫抓捕和收集难度大、操作麻烦，现在生产实践中常采用含人工合成性引诱剂的诱芯（如茶毛虫、茶尺蠖、茶小绿叶蝉等性诱剂），诱集并杀灭雄虫。目前性信息素诱芯，常与杀虫灯、色板等联合使用。

茶尺蠖性信息素田间诱捕

田间布置黄板 + 茶小绿叶蝉性信息素诱芯

4. 挥发性互利素富集天敌

挥发性互利素是指茶树受害虫为害后释放出的对天敌有较强引诱作用，而对害虫没有或只有很弱引诱活性的挥发性化合物。这类化合物可以吸引天敌到目标范围内，扑食或寄生目标害虫。目前的研究表明，不同的害虫为害茶树会产生不同的挥发互利素，一些外源物质也可以诱导茶树形成挥发性互利素。利用外源物质来激发茶树产生相应的互利素，引诱害虫天敌来捕食或寄生为害茶树的害虫，将成为茶树病虫害防控的绿色方式之一。

（三）生物防治

生物防治是指用食虫昆虫、寄生性昆虫、活性病原微生物防治病虫害的方法。生物防治具有人畜无毒、对其他有益生物安全、不污染环境、不产生农药残留、对作物无不良影响、有比较长期的效果等优点。据调查，茶园中已有天敌约 1000 种，其中包括捕食性和寄生性天敌昆虫、捕食性蜘蛛、寄生性微生物及益鸟等有益动物，开发应用前景广阔。目前，茶园生物防治的方法主要包括以下几个方面。

1. 释放天敌

捕食螨、寄生蜂、蜘蛛等天敌经室内人工大量饲养后释放到田间，可控制相应的害虫（螨）。茶尺蠖绒茧蜂防治茶尺蠖幼虫、胡瓜钝绥螨防治茶橙瘿螨、松毛虫赤眼蜂防治茶小卷叶蛾卵期、红点唇瓢虫防治长白蚧和椰圆蚧，均有较明显的效果。值得注意的是释放天敌防治害虫成本高、见效慢、周期长，且喷施化学农药对天敌资源具有毁灭性损伤；故释放天敌资源防控茶园病虫害，多用于有机茶园或新建茶园生物种群的快速恢复。

茶园释放天敌——捕食螨和寄生蜂

2. 喷施活性微生物制剂

常见的活性微生物制剂有病毒制剂、细菌制剂和真菌制剂等。细菌制剂主要有苏云金杆菌，对茶园鳞翅目害虫幼虫有良好的效果。真菌制剂有白僵菌、绿僵菌等，常用于防治各种鳞翅目害虫幼虫和茶小绿叶蝉、茶丽纹象甲。茶树害虫上发现的昆虫病毒有 80 多种，以核型多角体病毒为主，生产中大面积使用的有茶尺蠖核型多角体病毒、茶毛虫核型多角体病毒。

（四）科学用药

科学用药是指科学、合理使用农药防治茶树病虫害。目前，我国登记的农药品种按其来源和性质分为：活性微生物源农药、天然植物源农药、天然矿物源农药和人工化学合成农药。科学用药包括以下原则。

1. 掌握茶园病虫情况，确定使用农药的必要性

开展茶园病虫害调查、掌握病虫发生情况和规律是科学用药的前提。生产实践中，茶叶生产季节应定期开展田间调查，一般田间调查的频率以 10 ～ 15d 为宜，病虫高发期可适当增加调查次数。常用的方法为：五点随机取样法，即随机选取目标茶园五点作为调查点，每个调查点记录 1 平方米树冠范围内病虫及天敌的种类、名称、数量、危害等级等信息。根据病虫数量、天敌情况和气候条件，确定使用农药的必要性。

茶园病虫害调查

2. 合理选用农药

根据“预防为主、综合防治”原则，生产实践中应优先考虑通过生态调控、理化诱控和生物防治的方法预防和避免害虫暴发，当病虫数量超过一定经济阈值的情况下，方可采用农药防控。农药防控也应按照：活性生物源农药、天然植物源 / 矿物源农药和人工合成化学农药的优先原则选择使用。

我国的农药实行统一的登记制度，登记信息包括：农药名称、农药类别（杀虫剂、杀菌剂、杀螨剂、除草剂、卫生杀虫剂、植物生长调节剂等）、农药剂型（水剂、水乳剂、悬浮剂、乳油等）、毒性、总有效成分含量、作物 / 场所、防治对象、使用方法等信息。在农药选择时，可登录中国农药信息网 (www.chinapesticide.org.cn)，通过搜索作物（茶 / 茶叶）和防治对象选择合适的农药。同时，生产中不同有效成分类型的农药应交叉使用，避免目标害虫产生抗药性。例如：联苯菊酯、溴氰菊酯、高效氯氟氰菊酯都属于菊酯类农药。

3. 安全施用农药

安全施用农药涉及以下几个方面。

（1）人员安全。包括操作人员和可能进入施药范围内其他人员安全。操作人员应熟悉设备操作方法并按规定穿戴必要防护设备，避免和减少农药接触肌肤、进入呼吸道和食道的风险；施药期间不吸烟、不喝水、不进食等，避免误食农药污染的食物；施药作业范围周边路口设立警示牌，避免无关人员误入。

（2）设备安全。目前茶园主要喷药设备有手动迷雾机、电动迷雾机、机动迷雾机和无人机等，用药前需仔细检查设备的安全和性能是否满足作业需求，有没有漏水、漏电、漏油等破损情况。

（3）环境安全。包括用药期间的气候和环境安全，以及对周边水生植物、动物、益虫和天敌的安全。施用农药宜选择晴朗、无风或者微风的上午或者傍晚，需避开中午高温和大风天气。配制农药和清洗器具，需远离自然水体，避免残余农药毒害水生植物和动物。根据害虫的分布部位正确选择喷药方式。如茶小绿叶蝉、茶蚜、茶橙瘿螨、茶尺蠖等喜食嫩叶、嫩梢的害虫主要分布在茶丛上层，可采用蓬面喷雾的方法进行施药；黑刺粉虱、茶毛虫等喜食老叶，分布在茶丛中下层的害虫，应进行侧位喷扫，将茶丛中下层叶背喷湿。蚧类及在枝干为害的病虫，应将枝秆和茶叶正反面均喷湿。同时，尽可能避免在益虫和天敌栖息地和高峰期施用农药。

（4）质量安全。确保严格执行农药使用说明书的推荐剂量和安全间隔期，确保施用农药后采摘鲜叶的质量安全。两种农药混合使用时，安全间隔期以间隔期长的为准。

茶树主要病虫害的防治指标和防治适期

病虫名称	防治指标	防治适期
茶尺蠖	成龄投产茶园：幼虫量每平方米 7 头	茶尺蠖病毒制剂于 1 ～ 2 龄幼虫期 植物源农药 / 化学农药于 3 龄前幼虫期
茶毛虫	每百丛茶树有卵块 5 个或每 30 米茶行发现 4 ～ 5 个幼虫为害点	3 龄前幼虫期
茶黑毒蛾	第一代幼虫量每平方米 4 头，第二代幼虫量每平方米 7 头	3 龄前幼虫期
茶小绿叶蝉	第一峰百叶虫量超过 5 ～ 6 头，第二峰百叶虫量超过 12 头；或受害芽叶 20% 以上	入峰后（高峰前期），且若虫占总虫量的 80% 以上
茶橙瘿螨	显微镜观察每平方厘米叶面积有虫 3 ～ 4 头；或田间发现轻、中度危害状	发生高峰前期
茶丽纹象甲	成龄投产茶园每平方米虫数在 15 头	成虫出土盛末期
黑刺粉虱	小叶种 2 ～ 3 头 / 叶，大叶种 4 ～ 7 头 / 叶	卵孵化盛末期
茶蚜	有蚜芽梢率 4% ～ 5%，芽下二叶有蚜叶上平均虫口 20 头	发生高峰期
茶小卷叶蛾	每米茶丛幼虫数 8 ～ 10 头	1、2 龄幼虫期
茶白星病	新叶罹病率 10%	春茶期，气温在 16 ～ 24℃，相对湿度 80% 以上
茶饼病	芽叶罹病率 35%	春、秋季发病期，湿度 80% 以上
茶炭疽病	成叶罹病率 10%	梅雨季、秋茶发生盛期，气温 25℃以上，湿度 80% 以上
茶云纹叶枯病	成叶罹病率 44%；老叶罹病率 10% ～ 15%	6 月、8 ～ 9 月发生盛期，气温 28℃，湿度 80% 以上

素质拓展

学生讨论：茶树是茶园生态系统中的目标经济作物，但为提升茶园生态系统的稳定性和生物多样性；茶园管理中必须牺牲有限的土地资源种植遮阴树、行道树等其他自然林木。人生亦是如此，我们每天都只有 24 小时，除了安排学习、工作等事情外，一定要保留足够的时间满足睡眠的需求。

熬夜已经成为引发健康问题的主要原因之一，生活中应注重时间管理、关注健康生活习惯。

茶园冬季石硫合剂封园技术

◉ 任务内容

技能实训十七：茶园病虫害田间调查

一、实训目的

了解茶园病虫田间调查的基本方法；

了解主要病虫的形态和生活习性。

二、实训原理

病虫是茶树健康的主要危害因子，气候、地形、环境和管理方式都会影响病虫的发生与分布，实地调查是掌握病虫发生情况最直接有效的途径和方法。

三、实训材料与场所

（一）材料

捕虫网（直径 :40 ~ 50cm）、30×40cm 白色搪瓷盘、棉纱手套、放大镜、显微镜、相机、卷尺、记录板、茶树主要病虫图谱等。

（二）场所

生产茶园 20 亩以上，有一定的病虫分布（45 天内未用化学农药）。

四、实训方法

每 6 人或者 9 人分成一大组，每个大组分为 3 个小组。每小组抽签选择 1 种调查方法进行田间调查并收集病虫样本，最后 3 个小组合力完成调查统计与分析工作。

（一）扫网法调查

随机选取均匀分布在整片茶园中的 5 条茶行作为目标茶行，分别在茶行两端、中间各选取 2 ~ 3m 长的距离对茶树冠面和两侧进行全面扫网。扫网完成后，扎住网口抓捕收集和记录大型昆虫；再将网袋中物质全部倒入搪瓷盘中，调查记录和收集小型昆虫。

（二）盘拍法调查

随机选取均匀分布在整片茶园中的 5 条茶行作为目标茶行，分别在茶行两端、中间共选取 5 个点进行盘拍。盘拍时，一手拿搪瓷盘放在茶行下方，一手将茶树枝条压在搪瓷盘上用力摇晃 3 ~ 5 下，调查、收集和记录掉落在搪瓷盘内的昆虫名称和数量。

（三）巡查式调查

开展全园巡查，发现异常位置重点调查。在发现的病虫暴发区域采用 5 点取样法，每个点调查记录 1m^2 范围内的病叶或害虫数量；田间无法直接确定数量的微型害虫（螨），需每点随机采叶 20 片，用室内显微镜观察确定虫口数量。

五、结果分析

根据调查结果完成调查分析，填写《茶园病虫调查信息记录表》和《茶园内 5 种主要病虫的名称及为害程度表》。

茶园病虫调查信息记录表

调查时间：　　　　调查地点：　　　　小组编号：　　　　天气：

方法	病虫名称及数量
扫网 1	
扫网 2	
扫网 3	
扫网 4	
扫网 5	
盘拍 1	
盘拍 2	
盘拍 3	
盘拍 4	
盘拍 5	
巡查点 1	
巡查点 2	
巡查点 3	
巡查点 4	
巡查点 5	

备注：调查期间不能识别的害虫应及时拍照并取样保存，查询资料或咨询老师确定名称。

茶园内 5 种主要病虫的名称及为害程度表

病虫名称					
为害程度					

备注：为害程度参考表《茶树主要病虫害的防治指标和防治适期》防治指标，低于防治指标为轻度，达到防治指标为中等，高于防治指标 1~3 倍为严重，高于防治指标 3 倍以上为非常严重。

◎ 任务评价

根据《课堂学习任务评价表》进行任务评价。

课堂学习任务评价表

班级：　　　　姓名：　　　　日期：

序号	评分要点	分值	评价方式		
			自评	互评	师评
1	出勤、上课纪律	20			
2	任务完成情况	40			
3	团队合作情况	20			
4	师生互动	10			
5	表达能力	10			
总分		100			
课堂评价总结及建议					

课后思考

模块二 · 项目四 · 任务一

参考答案

任务拓展训练

联系身边的茶叶合作社或茶农，开展茶园病虫害实地调研，理论结合实际，了解茶园病虫害的调查方法和各类病虫害的田间活动规律，提出相适宜的防治措施，并完成调研表格《茶园病虫害调查信息登记表》。

茶园病虫害调查信息登记表

调查时间：　　　　调查地点：　　　　调查人员：　　　　天气：

调查点位		点位 A	点位 B	点位 C	点位 D	点位 E
现象 1	病虫名称					
	数量					
	为害程度					
	防治建议					

续表

调查点位		点位 A	点位 B	点位 C	点位 D	点位 E
现象 2	病虫名称					
	数量					
	为害程度					
	防治建议					
现象 3	病虫名称					
	数量					
	为害程度					
	防治建议					
现象 4	病虫名称					
	数量					
	为害程度					
	防治建议					
现象 5	病虫名称					
	数量					
	为害程度					
	防治建议					

任务二 茶园气象灾害防护

知识储备

茶树是多年生常绿植物，成龄投产茶园周边环境和生态系统相对比较稳定，除了因病虫害造成重大损失外，极端低温、高温、干旱、洪涝等气象灾害也会威胁茶树生长，导致茶园减产、品质下降，甚至茶树死亡。因此，做好气象灾害的预防、预报和应急响应，把气象灾害对茶园生产的损失降到最低，也是茶树栽培管理中不可忽视的环节。

一、茶树旱害、热害及其防护

旱害是指土壤水分不能满足茶树生长需求，根系吸水量小于叶片蒸发量，造成地下和地上水分失衡，使茶树正常生长受到抑制，甚至枯死的一种自然现象。热害指因大气温度超过一定阈值（35℃），茶树叶片气孔全部打开，水分散失过快，进而导致茶树叶片失绿、快速枯萎脱落的现象，主要表现为太阳直射造成叶面局部高温，形成日灼伤。

2022 年 8 月南京旱害茶园

（一）茶树旱害、热害发生的气象因子和危害症状

旱害、热害根据其发生气象因子可以分为三种类型，单一旱害型、单一热害型和旱热叠加型。单一旱害常发生在秋冬季，气象特征为长期无雨，但日最高气温不超过 35℃。主要发生在旱、雨季明显的茶区，例如云南茶区的 11 月至翌年 4 月、海南茶区的 12 月至翌年 4 月、山东茶区的 11 月至翌年 5 月。单一热害指盛夏或初秋连续 5 ～ 7 天出现极端高温（日最高温度超 40℃），茶园土壤并无明显缺水，而茶树表层叶片出现明显的日灼伤危害。旱热叠加型即高温和干旱同时出现，主要发生在 7 ～ 9 月长江中下游地区茶园。其中旱热叠加型危害面积广、应急补救难，是茶园旱、热气象灾害防控的重要内容。

茶树高温干旱灾害等级及其表现症状见下表。

茶树高温干旱灾害等级及其表现症状

受害等级	表现症状	生态照
轻度	部分叶片逐渐变黄绿，出现褐斑、轻度卷曲、变形	
中度	多数嫩叶红褐（1 ～ 4 叶为主）、卷曲、萎蔫、枯焦脱落，但顶端茶芽梢（一芽二叶）未完全枯死	

续表

受害等级	表现症状	生态照
重度	老叶和嫩叶枯焦脱落、形成光杆枝、多数枝条枯死，但主干未完全枯死	
极度	茶树整体缺水，根毛失活，叶片完全脱落、地面侧枝及主干枝干枯，甚至整株死亡	

（二）影响旱害、热害发生的非气象因素

我国茶园分布范围广，茶树旱害、热害的发生与生态环境、栽培技术和茶树自身生长状态等方面有关。

1. 建园条件

一般受害程度阳坡面大于阴坡面、西南面大于东南面、低洼地大于平地 / 坡地、高黏性或沙性土壤大于质地疏松的壤土、扦插苗大于实生苗。

2. 栽培技术

旱害、热害发生的风险，一般多行密植、郁闭茶园大于单或双行通透茶园，机采园大于手采园，撒施化肥茶园大于开沟配施有机肥茶园，单一成片茶园大于合理间作遮阴树茶园。

3. 茶树品种与生长状态

不同茶树品种抗旱、热害能力不同，一般叶面积大、叶脉疏、质地软的品种较叶片小、叶脉密、角质层厚的品种受害程度重，黄化、白化等淡叶色茶树品种较常规品种受害程度重。青壮年茶树抗旱热能力大于幼龄、衰老、新台刈茶树。

（三）茶园旱害、热害的预防与应急措施

旱害、热害主要由外部气候条件引起，生产实践中应提前规划、重点布防，偶遇极端气候，积极开展应急救援。预防茶园旱害、热害发生的主要有以下措施。

1. 科学选址和规划茶园

新建茶园应结合当地气候条件合理选择，降雨量充足且雨期长的地区宜选择坡地和缓坡地，避免低洼易积水的平地；旱、雨季明显的地区，如云南、海南和山东冬季有明显的旱情，宜提前布局蓄水池、水塘等储水区域，为抗旱、热提前准备条件。

茶苗种植阶段采取深翻改土，改善土壤条件，提升土壤蓄、排水能力；选用实生种或耐旱型扦插良种；预留 / 种植遮阴树、行道树等措施，增加茶园抗旱、热灾害的能力。

2. 加强茶园管理

通过科学采剪、合理施肥，培养健壮树势（具体措施参见本书茶树树冠管理和土壤管理等相关内容）。

3. 密切关注气候变化，积极采取应急措施

茶园旱、热害发生初期，可通过茶园铺草、培土等措施增加茶园土壤的保水保湿能力。例如：浅耕 2 ~ 3cm 除草，既降低杂草对土壤水分消耗，也切断土壤自身的毛细管，增强保水能力。旱、热害中后期，可采用遮阴覆盖（遮阴网距离茶树冠面应大于 50cm）、抽水灌溉（清晨和傍晚为宜）、叶面喷施外源植物激素（油菜素内酯和甲基水杨酸等）等应急措施，补充茶园土壤水分，降低茶树叶表温度，提升茶树对高温干旱的耐受性。

抗旱、抗热措施——覆盖遮阳网、茶园喷灌

4. 妥善开展补救措施

应急条件有限、应急措施无法阻止旱、热害发生的茶园，可在旱、热害灾情结束后，根据茶园的实际受害情况采取适当的补救措施。

茶园受旱害、热害后的补救措施

受害等级	补救措施
轻度	无须采取措施，注意留养，使茶树自然恢复
中度	1. 旱情缓解后，适当深修，剪去干枯枝叶 2. 及时施肥，建议前期少量多次追施复合肥，秋末冬初根据茶树恢复情况，开沟重施有机肥
重度	1. 旱情缓解后，进行重修剪 / 台刈，保留有活力的主干枝 2. 及时施肥，前期少量多次追施复合肥，及时补充氮、钾肥 3. 秋末冬初根据茶树恢复情况，开沟重施有机肥 4. 翌年春茶留养并适当定型修剪

续表

受害等级	补救措施
极度	1. 雨后旱情缓解后，进行台刈，及时施肥 2. 秋末冬初，茶树萌发出新芽管理方式同重度危害，无新芽长出的情况下，及时换种新茶苗

二、茶树寒害、冻害及其防护

寒害是指茶树在生育期间，因气温骤降遭受的自然灾害，最低日均温度一般在0℃以上，最常见的寒害是春季的倒春寒。冻害是指气温或土壤温度下降到0℃以下，茶树因体表或体内水分结冰、导致茶树机体受损。

暴雪后的茶园

（一）茶树寒害、冻害发生的气象因子和危害特征

根据降温速度、低温程度、空气湿度、降雨量、风力等气象要素的差异，寒害、冻害可以分为冰冻、风冻、雪冻和霜冻。

茶园寒害、冻害类型与受害特征

类型	气候条件	受害特征
冰冻	冬季气温持续低于0℃，并伴有降水，形成冻雨结冰	1. 前期茶树上部枝叶结冰，受害后叶片变为红褐色 2. 严重时，土壤深度结冰，茶树根、茎、叶都受害，整株死亡
风冻	冬季气温急剧下降低于0℃，大气湿度低、土层干燥，并伴随4 ~ 5级大风	1. 初期叶片呈青白色而干枯，继而转变为黄褐色 2. 高山茶园、迎风坡、山地风口等茶园易受灾
雪冻	冬季降雪后，气温在0℃徘徊，导致茶园出现覆雪—融化—结冰—解冻—再结冰	1. 积雪过厚会压垮茶树枝条，造成物理伤害 2. 反复融冻，叶片红变似冰冻状 3. 阳坡受灾程度大于阴坡

续表

类型	气候条件	受害特征
霜冻	春秋两季，茶树地上部分尚未休眠或已经萌动的情况下，夜间气温急剧下降到 0℃以下	1. 茶树嫩芽细胞因冰核挤压生机停滞，严重时，新芽局部细胞萎缩、叶片卷曲、褐变死亡 2. 严重情况下，顶部芽叶全部褐变死亡

茶园霜冻、冰冻状

（二）影响茶树寒害、冻害发生的非气象因素

影响茶园寒害、冻害发生的因素是多方面的。从茶树生理学角度来说，不同茶树品种细胞结构不同，抗寒、抗冻能力也不同，一般来说，中小叶种的抗寒能力大于大叶种。从茶园地理位置的角度来看，随着纬度和海拔的升高，遭受寒害、冻害的风险越高；迎风坡、北坡、山地谷口等风口受灾风险较高。从栽培管理水平角度来说，抗寒、抗冻能力成龄茶园大于幼龄茶园、健壮茶园大于衰老茶园、精细管理茶园大于粗放管理茶园。

（三）茶园寒害、冻害的预防与应急措施

剖析茶树寒害、冻害发生的原因后，生产实践中应按照各茶区的具体情况，因地制宜地采取有效措施预防寒害、冻害的发生。

1. 科学选择和规划茶园

新发展茶园避免高海拔山顶、风口，宜选择向阳、山腰缓坡；适当保留 / 种植遮阴树、防风林；合理矮化、密植，增强茶园抗寒能力；易受灾区域需选用抗寒性强的品种，科学搭配早、中、晚品种，避免“倒春寒”造成大面危害。

2. 加强管理

通过科学采剪、合理施肥，培养健壮树势（具体措施参见本书茶树树冠管理和土壤管理等相关内容）。

3. 关注气候变化，积极采取应急措施

寒潮来临前，可通过茶园洒水、顶部覆盖、行间铺草 / 培土等农技措施增加茶园

的保温抗冻能力；叶面喷洒化学防冻剂，提升茶树抗冻能力。降温当日可采取开启茶园防冻风扇、田间熏烟等措施，改善茶树冠层温度，减缓低温冲击。

4. 妥善开展补救措施

针对应急条件有限、应急措施无法阻止灾害发生的茶园，可在灾情结束后，根据茶园的实际受害情况采取适当的补救措施。

茶园寒害、冻害等级和补救措施

受害等级	受害症状	补救措施
轻度	树冠枝梢或叶片尖端、边缘受冻后变为黄褐色或紫红色，略有损伤，植株和叶片受害率低于 20%	1. 茶树自然修复，避免修剪后造成春茶减产 2. 春茶后尽早修剪、施肥，恢复树势
中度	树冠顶部枝梢全部受冻伤，秋梢变色，老叶呈水渍状、枯绿无光，少量干枯、落叶，植株和叶片受害率 50% 左右	1. 天气稳定转暖后，剪去顶部受害枝梢 2. 及时追施速效化肥，春茶留养
重度	茎干基部自下而上出现开裂，当年新梢全部受冻，植株和叶片受害率 80% 左右	1. 天气稳定转暖后，进行重修剪 / 台刈，杀菌消毒，及时追施速效化肥 2. 茶树全年留养 3. 秋冬季根据恢复情况，及时补种
极度	骨干枝和树皮冻裂，树液流出，叶片全部枯萎、凋落，植株枯死，根系腐烂，受害植株达 90% 以上	全面更新换种茶园

茶树越冬过程中受中度寒、冻害生态照

三、茶树湿害、涝害及其防护

茶树是喜湿怕涝作物，适宜的空气湿度，有利于茶树有效成分的积累，形成优良的品质。湿害指因土壤湿度过高，导致茶树根系生长发育不良，进而导致茶树生长迟缓、树势减弱，甚至整片死亡的现象。涝害指因长期连续强降雨或短时特大暴雨，导致地面积水、山洪等自然灾害，茶园被雨水部分或全部淹没，形成涝害。

茶树湿涝害枝条和根系危害状

（一）茶树湿害、涝害的症状

茶树湿害、涝害主要是由于地下部根系受害，进而影响茶树地上部分的生长。湿害是一个缓慢的过程，前期一般不易被发现。根据茶树根系受害情况，可将茶树湿害、涝害分成轻度受害、中度受害、重度受害和极度受害4类。

茶树湿害、涝害受害等级和症状

受害等级	受害症状
轻度	茶树地下40cm以下无正常生长吸收根，地上部分枝叶抗性低、易受旱热害、常发高湿度病害
中度	茶树地下30cm以下无正常生长吸收根，地上部分生长缓慢、分枝少、芽叶稀、植株矮小、产量低、抗性差
重度	茶树地下20cm以下根系多变黑枯死，侧根多平行或向上生长；地上部分芽叶生长缓慢甚至停滞，叶片变黄至脱落
极度	茶树根系几乎全部变黑枯死，根颈部再生少量吸收根；地上部分叶片脱落，出现成片整株枯死现象

（二）影响茶树湿害、涝害发生的非气象因素

茶树湿害、涝害的根本原因是土壤含水量过高。除自然降雨气象因素外，茶园土壤性质和局部地形也是影响湿害、涝害发生的重要环境因素。根据环境因素的不同，茶园湿害、涝害可分为积水型、地表径流型和地下水型。

（三）茶树湿害、涝害的预防与改善措施

根据茶树湿害、涝害的产生原因，生产实践中应重点做好前期预防工作。例如：新建茶园选址和规划应尽可能规避将水田、水塘等易积水地块改造成茶园；提前布局好茶园的排、蓄水系统；深耕改土提升土壤透、蓄水能力等措施。对于已经出现

湿害、涝害的茶园，根据湿害、涝害产生的原因，积极采取改善措施。

不同类型湿害、涝害茶园特点和改善措施

类型	受害茶园特点	改善措施
积水型	茶园局部区域因网纹层、粘结层、铁锰层、砾石胶结层等，透水、渗水性差导致土壤积水	1. 山区和丘陵地块，深耕改土，破坏 80cm 内不透土层水 2. 水田改造茶园，开深沟打破犁底层
地表径流型	平地或缓坡茶园，因地势低洼，雨后地表径流汇聚，形成临时积水	1. 茶园周边开挖排水沟，沟深 60 ~ 80cm 2. 雨水汇集处，每隔 5 ~ 10m 开沟排水，沟深约 50cm、宽 30cm
地下水型	山脚、河谷、湖塘下方等地茶园，地势低，地下水常年汇聚；或地下水位距离地面不足 0.5m 的平地茶园	不宜种植茶树，建议改换其他作物

素质拓展

学生讨论：近年来，气候变化引起的极端天气发生频率越来越高，如何从我做起减缓气候变化？

课后思考

模块二 · 项目四 · 任务二

参考答案

任务拓展训练

联系身边的茶叶合作社或茶农，调查近 20 年来气象灾害的发生情况，理论结合实际，现场走访茶园，因地制宜提出相关茶园培管改进措施，并完成调研表格《茶园气象灾害发生情况调查表》。

茶园气象灾害发生情况调查表

调查时间： 调查地点： 调查人员：

调查对象	气象灾害发生次数			受灾非气象因子	改进建议
	旱热害	寒冻害	湿涝害		
1					
2					

任务三　茶园草害防护

知识储备

茶园杂草广义上指茶园内茶树之外，与茶树相伴而生、自然生长的其他植物的统称，主要为草本植物，也包括部分小灌木、蕨类及藻类等；狭义上指茶园内生长的各类草本植物。杂草是茶园生态系统中植物多样性的重要组成部分，不同地区和不同管理模式下杂草的种类和数量差异巨大。在茶园生态系统中，杂草影响茶园中昆虫、微生物、小型哺乳动物等物种的种类和数量；可以不同程度地改变茶园表层土壤中的微生物种群；促进土壤中的矿质元素和有机质的循环；还可以减少土壤流失，降低土壤水分蒸发。但是，茶园杂草生长太旺，不仅影响茶园园相也对茶树生长产生明显的负面影响。杂草通过争夺茶园土壤中水分和矿物质养分、挤占地面有限生长空间、遮蔽阳光、缠绕茶树枝条、滋生病虫害等，抑制茶树正常生长，危害茶树健康。此外，杂草生长太旺对茶叶采摘、喷施农药等田间作业带来不便。因此茶园栽培管理中，协调和处理茶树与杂草之间的平衡异常重要。

一、茶园杂草的种类及其发生

茶树为多年生常绿植物，经过长久的人工栽培管理，一般栽培型成龄茶园树冠高度在 0.8 ~ 1.0m，幅度在 1.2 ~ 1.5m，行间距在 20cm 左右，喜酸性土壤，多种植在气候温和的丘陵山区。茶园中杂草种类繁多，主要为适宜在酸性土壤生长的旱地杂草。全国各地茶园生态环境不一致，茶园杂草种类变化较大。根据吴慧平等统计分析，截至 2018 年，中国累计报道茶园杂草种类共 412 种，8 个亚种，分属 72 科 251 属。

茶园杂草为害状

（一）茶园杂草的分类

杂草的分类方法较多，茶园杂草常根据亲缘关系、生物学习性和防控难易度进行分类。

1. 按亲缘关系分类

杂草与杂草之间存在着亲疏远近关系，这是植物长期进化的结果。亲缘关系越近，其形态特征、生物学习性就越相近。依据亲缘关系，杂草可分为两大类群：孢子植物杂草和种子植物杂草。孢子植物杂草又可分为藻类植物杂草、绿藻植物杂草和蕨类植物杂草三类。茶园常见的蕨类杂草有顶芽狗脊、狗脊、乌蕨和光脚金星蕨等。种子植物杂草包括裸子植物杂草和被子植物杂草，其中被子植物杂草是茶园杂草的主要类群。五类杂草的主要形态特征如下表所示。

不同类群杂草的主要形态特征区别

杂草群		主要形态特征
孢子植物杂草	藻类植物杂草	无花，以孢子繁殖。无根、茎、叶的分化
	绿藻植物杂草	无花，以孢子繁殖。有茎、叶之分，或有根、茎、叶的分化
	蕨类植物杂草	无花，以孢子繁殖。仅有茎叶之分，或有时仅为扁平的叶状体，不具真的根和维管束
种子植物杂草	裸子植物杂草	有花，以种子繁殖。胚珠裸露
	被子植物杂草	有花，以种子繁殖。胚珠产生于闭合的子房内

2. 按生物学习性分类

杂草的生物学习性主要根据杂草的生命周期和营养来源来区分，可分为一年生杂草、越年生（二年生）杂草、多年生杂草和寄生性杂草。

不同类型杂草的生长习性和代表品种

类群	生长习性	代表品种
一年生杂草	春、夏季发芽出苗，到夏、秋季开花，结实后死亡，以种子繁殖，幼苗不能越冬	稗、马唐、鳖豆、狗尾草、独行菜、看麦娘、小苜蓿、猪殃殃、益母草等
越年生杂草	夏、秋季发芽，以幼苗和根越冬，次年夏、秋季开花，结实后死亡，整个生命周期需要跨越两个年度	黄鹌菜、泥胡菜、早熟禾、凤花菜、荔枝草、野胡萝卜等
多年生杂草	可连续生存3年以上，一生中能多次开花、结实，部分品种可利用营养器官进行繁殖	车前草、蒲公英、艾、喜旱莲子草、狗牙根等

续表

类群	生长习性	代表品种
寄生杂草	必须寄生在茶树上，靠特殊的吸收器官吸取寄主的养分而生存	菟丝子、列当等

3. 按防控难易度分类

杂草防控是茶园种植管理过程中无法回避的问题。良好的土壤和生态环境不仅有利于茶树的生长，也利于杂草蔓延。生产实践中，常根据杂草的生长速度、繁殖能力、植株高度等植物学特性将茶园杂草分为良性杂草和恶性杂草。

良性 / 恶性杂草的特征和代表品种

类别	特性	代表品种
良性杂草	1. 固氮增肥 2. 高度不超过树冠 1/2 3. 根系浅、植株较软 4. 生长、繁殖速度慢 5. 不利于天敌滋生繁殖；多为一年生或越年生	马唐、鼠麴草、斑种草、虱子草、狗尾草、野胡萝卜、小苜蓿、看麦娘等
恶性杂草	1. 缠绕 / 高出茶树树冠 2. 根系深且密 3. 地上部分木质化、多年生且营养生殖能力强 4. 抗除草剂性能强	小蓬草、杠板归、苏门白酒草、菟丝子、五节芒、飞蛾藤、白茅、水蓼、牛筋草等

（二）杂草易发生的生物学特性

茶园杂草具有种类多、蔓延快、防控难等特性。归根到底是由于杂草的繁殖具有以下典型特征：①杂草的种子具有多实性、早熟性、早育性和连续性的特点。多实性是指杂草种子产量高，重量小；早熟性是指一年生杂草种子成熟周期短；早育性指部分杂草种子未成熟即有生活力；连续性是指杂草种子成熟期不一致，可以陆续成熟。②多年生杂草可通过茎、根和不定芽等营养器官快速繁殖。使多年生杂草富有竞争性并难以防除。③杂草具有休眠特性。进入休眠的种子和营养繁殖体即使环境条件适宜也不萌发，杂草通过休眠避免被不良季节、一次施药或一次耕作所消灭。

（三）茶园杂草发生的规律

我国茶区范围广，各地气候条件和土壤环境不同，各地茶园的优势种群也不一样。据研究报道，贵州茶园杂草优势种包括蕨、苏门白酒草、野茼蒿、柔枝莠竹、酢浆草、垂序（美洲）商陆、丛枝蓼、马唐、牛膝、胜红蓟、龙葵、繁缕、小蓬草等；四川茶园以蓼草、杠板归、野塘蒿、马兰、马唐、白茅、芳竹、狗牙根等为主；湖北咸宁茶园以马唐、白茅、狗牙根、早熟禾、雀舌草、野艾蒿、小蓬草、婆婆纳、猪殃殃等为主。同时随着季节的更替，茶园杂草在同年不同季节种群也有明显的变化。

中国茶园 10 个高频报道杂草及生态照

物种	科	生态照
小蓬草	菊科	
酢浆草	酢浆草科	
马唐	禾本科	
狗尾草	禾本科	
牛筋草	禾本科	
白茅	禾本科	
繁缕	石竹科	

续表

物种	科	生态照
香附子	莎草科	
苍耳	菊科	
杠板归	菊科	

茶园常见杂草发生的季节性规律

时间	主要杂草名称
4～5月	碎米荠、鼠麴草、通泉草、繁缕、小蓬草、看麦娘、早熟禾等
6～7月	辣蓼、小蓼、鸭跖草、马齿苋、一年蓬、莎草、马唐、狗尾草等
8～9月	小蓬草、辣蓼、马齿苋、一点红、不荠宁、酢浆草、漆姑草、莎草、马唐、狗尾草、牛筋草等

二、茶园杂草的综合防治

传统农耕时代茶园杂草，主要通过人工拔草、除草等方式进行防控。自化学除草剂推广使用后，高效、便捷的优势，使其快速得到广泛使用，但同时也导致茶园生态系统受损和茶叶质量安全下降等一系列问题。近年来，随着生态、绿色理念日益深入人心，茶园杂草管理越来越强调生态优先、综合防治的可持续发展理念。综合防治是通过杂草预防和杂草清除相结合的方法来减少茶园杂草的发生。

（一）茶园杂草的预防措施

茶园杂草的大量发生，必须具备两个基本因素：一是在茶园土壤中存在着杂草的繁殖体种子或根颈、块茎等营养繁殖器官；二是茶园为具备适合杂草生长的空间、光照、养分和水分等。改变或破坏这两个因素，都能够有效抑制茶园杂草的爆发。茶园杂草的预防是根据杂草发生的生物学特点，结合茶园耕作管理措施来减少杂草繁殖体产生的数量、降低茶园杂草的成活率，从而减轻茶园杂草的发生量。

1. 土壤翻耕

土壤翻耕包括茶树种植前的园地深垦和茶树种植后的行间耕作，它既是茶园土壤管理的内容，也是杂草治理的一项措施。在新茶园开辟或老茶园换种改植时，进行深垦可以大大减少茶园各种杂草的发生，对于茅草、狗牙根、香附子等顽固性杂草的防除有很好效果。茶树种植后的行间浅耕可以及时铲除一年生的杂草，深耕对多年生宿根型杂草及蕨根、菝葜等杂草效果较好。

茶园深耕

2. 行间铺草或防草布

茶园未封行前由于行间地面光照充足，杂草易滋生繁殖，影响茶树的生长。在茶园行间铺草，可以有效阻挡光照，被覆盖的杂草会因缺乏光照而黄化枯死，从而使茶树行间杂草发生的数量大大减少。茶园覆盖物可以是稻草、山地杂草，也可是茶树修剪枝叶。一般来说茶园铺草越厚，减少杂草发生的作用也就越大。

随着技术的发展，目前市场上出现了茶园专用的防草布。防草布铺在茶园行间可有效控制杂草的生长，一般使用周期可达 3 年以上，可大量节省除草用工。

茶园铺设山草或防草布

3. 间作绿肥

幼龄茶园和重修剪、台刈茶园行间空间较大，可以适当间作绿肥，这样不仅能增加茶园有机肥来源，而且可使杂草生长的空间大为缩小。绿肥的种类可根据茶园类型、生长季节进行选择。目前茶园常用的绿肥有大豆、绿豆、野豌豆、罗顿豆、花生、圆叶决明、白三叶、紫花苜蓿、鼠麦草、黑麦草、紫云英、柱花草、铺地木兰、百喜草或中药材牛膝、黄芪、元胡等。成龄茶园可以在行间种植白三叶、鼠麦草、黑麦草等绿肥。一般种植的绿肥应在生长旺盛期刈青后直接埋青或作为茶园覆盖物。生产实践中也有间作玉米、油菜、红薯、萝卜等农作物，虽部分作物（高秆 / 藤蔓）管理不当可能会对茶树生长产生一定的抑制作用，但预防杂草的作用也很明显。

生产中幼龄茶园间作各种作物

近年来，为更便捷地筛选适合当地自然环境的绿肥或良性杂草，自然生草技术应运而生。自然生草是对茶园自然生长出来的杂草进行筛选，通过连续刈割，清除恶性杂草，保留适宜本地条件、不怕连续刈割的野生自然草种，达到以草控草的效果。

茶园间作鼠茅草实现以草控草

4. 培养健康树冠

提高茶园树冠的宽度和叶层厚度不仅可以增加茶叶产量，同时可十分有效地抑制杂草的生长。实践表明，当茶树树冠对地面遮阴度达到 80% 以上时，茶树行间地面的光照弱，杂草发生的数量和种类大大减少；当遮阴度达到 90% 以上时，茶行间基本杂草几乎不会造成危害。

控草效果良好的茶树树冠和行间距（余玉庚摄）

（二）茶园杂草的清除措施

茶园杂草的消除应以保护生态优先，以"早除勤除、多措并举"为原则，通过物理、生物、化学等方法来清除生长过盛的杂草，以减轻杂草对茶树生长的影响。茶园杂草的清除措施包括物理切割、高温灼烧、除草剂等措施，减小杂草对茶树生长的影响。

茶园杂草主要清除措施

措施	操作方法、优缺点及注意事项	照片
人工除草	操作方法：依靠人工劳动力和传统农器具清除杂草。包括拔、割、浅锄削草和浅耕等方法 优点：简单、直接、无污染等 缺点：劳动强度大、费时费工等	
机械割草	操作方法：采用打草机、割草机等现代化田间管理器械清除茶园杂草地上部分的茎叶，抑制杂草的快速蔓延 优点：省时、省力、效率高等 缺点：控草时间短、割草频率高等 注意事项：宜配合定点根除恶性杂草，提高良性杂草的比例，促进以草控草。同时工作人员需熟练掌握机器的使用方法，并佩戴防护设备	

续表

措施	操作方法、优缺点及注意事项	照片
生物控草	操作方法一：利用动物、微生物清除茶园杂草。茶园内放养鸡、鹅、羊、牛等家禽取食杂草，实现种养结合，控制杂草的同时增加经济效益 优点：生态环保、双向收益等 缺点：粪便污染、压实土壤、踩坏茶树等 注意事项：控制养殖密度，避免外源饲料污染 操作方法二：开发和利用微生物除草剂 优点：无污染、无药害、专一性强、安全性高和防治长效等 缺点：产品数量有限，待开发推广	  
热除草	操作方法：通过快速加热植物体内的水分，使植物细胞破裂失去活性，最后死亡的方法。包括火焰除草、热水除草、蒸汽除草、红外线辐射除草、激光除草等。可作为茶园替代化学除草的潜在方法	
化学除草	操作方法：采用人工化学合成的除草剂防控茶园杂草 优点：便捷、效果好、节省人工、经济效益明显等 缺点：农药残留、破坏生态平衡、顽固性杂草猖獗等 注意事项：注重生态优先，充分利用各种杂草预防措施；进行合理使用，避免高频次、大范围使用除草剂，宜采取点对点化学农药防治恶性杂草；除草剂选用方法和使用注意事项，同“茶树病虫害防治”（模块二项目四任务一）中化学农药使用原则	

素质拓展

学生讨论：茶园有数百种杂草，在茶园管理中恨不能除之而后快；然而实际上很多茶园杂草也是宝贵的中药材，仅仅是由于它所处的环境不同，价值的定义也就不同。我们每一个人的人生都有各自的高光时刻，只是某一个时间段，因境遇不同而被忽视和低估。此时，不要放弃、不要抱怨，努力精进，提升自我，他日，我们必将大放异彩。

课后思考

模块二·项目四·任务三

参考答案

任务拓展训练

联系身边的茶叶合作社或茶农，调查茶园常见的杂草种类和名称，分析并记录哪些是良性杂草，哪些是恶性杂草，填写《茶园杂草发生情况调查表》。

茶园杂草发生情况调查表

调查时间： 调查地点： 调查人员：

调查对象	杂草种数	良性杂草		恶性杂草	
		种数	名称	种数	名称
1					
2					
3					
4					

备注：良性/恶性杂草的划分需结合文中的理论知识和茶农的田间管理经验进行综合评判，是一个相对性的种群划分概念，而非绝对。名称可采用俗名配合拍照记录。

项目五

茶园综合管护

思维导图

项目五 茶园综合管护

- 任务一　幼龄茶园的管理
- 任务二　投产茶园的管理
- 任务三　有机茶园建设与管理
- 任务四　生态低碳茶园建设与管理
- 任务五　绿色食品茶园建设与管理
- 任务六　低产茶园改造
- 任务七　特色茶园管理

学习目标

知识目标：

- 了解幼龄茶园的保苗、耕作、除草、覆盖、施肥、灌溉、间作技术；
- 熟悉投产茶园管理的重点内容和工作要求；
- 了解生态有机茶园、低碳茶园、绿色食品茶园的产地环境要求和投入品的使用规范；
- 了解低产茶园形成的原因及其改造技术和改造后的管理措施；
- 了解特色茶园的特异性茶树品种和特殊茶产品、茶园管理技术。

能力目标：

- 掌握幼龄茶园的保苗、耕作、除草、覆盖、施肥、灌溉、间作等技术操作；
- 能够根据茶树生长规律、生长情况和周围环境制定投产茶园的管理计划和方案，并掌握投产茶园的耕作、除草、覆盖、施肥、修剪等技术；
- 掌握有机茶园、生态低碳茶园、绿色食品茶园管理的措施与方法；
- 能够根据生产实际找出低产茶园的形成原因并提出有效的改造建议；
- 能够根据特色茶园建设目标，制定特色生产茶园田间管理计划。

素养目标：

- 将已学知识融会贯通，能够根据茶树的生育规律和生产实际，因地制宜，灵活运用，培养解决实际问题的能力；
- 树立生态低碳发展理念，在生活中践行低碳生活理念。

项目说明

茶园日常管护是茶叶生产的基础环节，也是确保茶叶产量和品质的基石。本项目重点关注处于茶树不同生长状态的幼龄茶园、投产茶园、低产茶园和分属不同质量管理体系的有机茶园、生态低碳茶园、绿色食品茶园、特色茶园等共七类茶园，结合茶树的植物学特性和不同类型茶园认证管理要求，系统地介绍各类茶园综合管护知识与技能，旨在培养学生根据不同茶园的实际情况分析和解决茶园管护中存在的问题的实际能力，为从事茶叶生产与茶园管理工作奠定坚实基础。同时，鼓励学生探索适合不同茶园的特色管护模式，帮助提升学生的创新能力，从而促进茶叶品质的提升、茶园的可持续发展和茶产业的多元化发展。

任务一　幼龄茶园的管理

知识储备

幼龄茶园管理是茶叶生产中基础但重要的工作，通过对幼龄茶园进行科学管理，使茶树具有坚强的树体骨架，为茶叶高产、稳产奠定良好的基础。幼龄茶园管理主要做好以下工作：保苗、耕作、除草、施肥、修剪、灌溉、间作等。

一、保苗

新茶园种植后，茶苗生长较弱，根系浅，抗旱力差，容易遭受旱害，造成不同程度的缺株，影响茶园的整齐。因此做好护苗，力争全苗，是新建茶园管理中最重要的工作之一。

（一）抗旱保苗

1. 培土

茶苗移植后，旱季到来之前，应抓紧时机进行培土。当表土层因干旱板结时，不宜进行浅耕松土，否则易松动茶苗根系。可在茶苗周围 30cm 左右培一层细土，以减少水分蒸发。

2. 铺草覆盖

在茶树幼苗期，茶苗抗逆性较弱，特别是在夏秋高温干旱环境下，轻者生长停滞，重者导致死亡。因此，在夏季干旱到来之前，茶园进行铺草覆盖，减少土壤水分的蒸发，避免茶苗受旱。采用铺草防旱比未铺草覆盖的移栽茶苗移植成活率要高 20% 以上。根据各地生产经验，茶苗铺草要在旱季之前，以早为宜。铺草范围可在茶树两旁各 30cm 左右进行，铺草厚度 10cm，草上压碎土。

幼龄茶树铺草覆盖

3. 遮阴

茶树在幼年阶段喜湿耐阴的特性表现明显，因此用杉枝、秸秆等进行遮阴，扦插在茶苗西南方向，避免阳光暴晒，对茶苗的生长有利。有条件的亦可采取遮阴棚覆盖处理。

幼龄茶园遮阴

（二）茶园防冻

1. 覆盖

根颈的保护对于幼龄茶园特别重要，是确保幼龄茶园安全过冬，提高幼龄茶园成活率的关键措施。幼龄茶园防冻可采用杂草、秸秆、草皮、谷壳等在茶树根部进行覆盖，厚度 5cm 以上；也可根颈培土，用肥土培根颈 5 ~ 10cm，均能起到抗寒保护作用。有条件的地方，可采取薄膜和遮阳网覆盖的办法，以保温保湿。

幼年茶园建园起垄时薄膜覆盖

幼龄茶园铺稻壳

2. 喷水灌溉

冷空气到来时水温一般高于气温，喷水、灌水可缓和土壤和空气的降温。一方面，随着空气湿度增大，夜间冷空气侵入较困难；另一方面，土壤湿润，则导热性增强，有利于土壤深层的热量向上传递，减缓地面降温。所以有条件的茶园在冬季进行喷水灌溉，可有效预防冻害。

（三）移植补苗

由于种种原因，幼龄茶园缺株、死苗现象会不同程度发生。为了保证早期成园和长远高产的需要，应在移栽后的第一个生长年秋末初冬或翌年早春进行补植。茶园补植宜用同龄、同高度茶树。缺苗率达 40% 以上的茶园则以并块为宜。

二、幼龄茶园耕作

（一）浅耕、除草

幼龄茶园浅耕常和除草结合起来，耕作次数和时间主要依杂草的多少而定，耕作深度在 5 ～ 10 cm。掌握在春季杂草生长的旺盛期、梅雨结束时、“伏旱”季节后进行，每年 3 ～ 4 次。缺水的山地茶园在“伏旱”季节严禁松土除草，防止幼苗根系刨松或损伤，这类茶园应在梅雨季节结束时彻底除草后，待到 9 月中下旬再集中除草。

对于 1 ～ 2 龄茶园，耕锄需距离根颈 10cm 左右。对于间作绿肥的幼龄茶园，可结合夏季和冬季绿肥的播种进行浅耕。

（二）深耕

幼年茶园的深耕，一般结合施基肥进行。对于种植前已经深翻过的幼龄茶园，不必进行深耕或年年深耕。

（三）幼龄茶园施肥

幼龄茶园因尚未开采，耗氮量不多，以培养庞大的根系和粗壮的骨架为主要目的，这个阶段，应特别增加磷、钾比重。氮、磷、钾三要素配合比例：1 ～ 2 年生茶苗一般宜采用 1 ∶ 1 ∶ 1 或 1 ∶ 2 ∶ 2。3 ～ 4 年生幼龄茶树宜采用 2 ∶ 1 ∶ 1 或 4 ∶ 3 ∶ 3，以后随着茶树长大直至投产，氮素的比重应随之增加。

幼龄茶园氮素参考用量

树龄	纯氮 (N) 用量 /(kg/ 亩)	以尿素计 /(kg/ 亩)
1 ～ 2	3.0 ～ 5.0	7 ～ 11
3 ～ 4	5.0 ～ 8.0	11 ～ 17
5 ～ 6	8.0 ～ 12.0	17 ～ 26

幼龄茶园施肥可按照基肥与追肥两类施用，二者比例 4 ∶ 6，基肥与追肥均以开沟施用为佳。

幼龄茶园施肥表（以江南茶区为例）

项目类别	基肥	追肥
施肥时间	10 月底至 11 月初施用	分三次施用 第一次：春茶萌发前 30d 左右为宜，可适当推迟，最迟不得低于萌发前 15d 第二次：5 月上旬，春茶结束后立即施用 第三次：7 月下旬至 8 月上旬施用
施肥方法	开沟施用为佳 1 ~ 2 龄茶园：在距茶苗根颈 10 ~ 15cm 处，开挖宽约 15cm，深约 15 ~ 20cm 的施肥沟，平行于茶行施入 3 ~ 4 龄茶园：在距茶树根颈 35 ~ 40cm 处开挖深约 20 ~ 25cm 的施肥沟后，在沟内施入基肥，然后覆土填平	开沟施用为佳 1 ~ 2 龄茶园，施肥沟距离茶树根颈处 10 ~ 15cm 3 ~ 4 龄茶园，施肥沟距离茶树根颈处 20 ~ 25cm
施肥及用量(每亩)	将 200 ~ 300kg 菜籽饼或农家肥 1000 ~ 1200kg 配合 40 ~ 50kg 茶树专用肥均匀施入沟中后及时盖土	三次用量比例为 5 ：2 ：3 以尿素为例：5 ~ 6 龄茶园三次追肥用量分别为 5 ~ 6.5kg、2 ~ 2.6kg 、3 ~ 4kg 其中 1 ~ 2 龄茶园亦可用稀薄的人畜粪尿熟化后浇施或添加尿素等肥料兑水浇施

三、幼龄茶园除草

幼龄茶园由于茶树覆盖度小，行间空隙大，杂草容易滋生，除草任务重，除草频次较投产茶园多。

（一）人工除草

人工除草可采用拔草、铲除或浅耕等方法。在新茶园开辟或老茶园换种改植时进行深垦，可以大大减少茶园各种杂草的发生。对于 1 ~ 2 龄茶树，根颈 10cm 以内的杂草，应用一只手护住茶苗根部土壤，另一只手轻轻拔除干净。攀爬在茶树上的杂草，也必须进行人工拔除，并将杂草深埋于土中，或者直接暴晒在茶行间。

（二）机械除草

幼龄茶园大行间或梯壁上的杂草可选用市面上常见的便携式动力除草机或手扶式多功能锄草机，除草时保持刀片、打草绳一定倾斜程度，使割下来的杂草尽可能落到茶树边。在使用除草机过程中，除草机的刀片或打草绳要尽量避免打到石块等坚硬物体，同时要定期清理内部碎草或缠绕在电机上的杂草，确保使用安全。

（三）覆盖抑草

幼龄茶园可在茶行中铺设防草布，分为全覆盖与部分覆盖两种方式。全覆盖指用防草布将茶行土壤完全覆盖，这种方式要求防草布宽度大于行距 10cm，铺展平整，尽量贴近茶苗根颈基部，每隔 2 m 用地钉固定。部分覆盖通常以茶树种植行为中心线，左右两侧覆盖宽度为 40 ～ 50cm，茶行中间露出 40 ～ 50cm 宽的土壤。

幼龄茶园行间可用山青（如作物、绿肥割青、秸秆或茶树修剪枝叶等）进行地面覆盖，一年四季均可进行。覆盖范围为茶树根颈两旁 30cm 左右处，覆盖厚度为 10cm 左右，以利于旱季控草保墒、冬季保温防冻。以稻草为例，每亩所需干草重量约 2t。

（四）以草控草

幼龄茶园可在行间间作白三叶、紫云英、黑麦草等，一般 10 月中下旬在行间撒播，每亩播种 1 ～ 1.5kg，幅宽以 40 ～ 50cm 为宜，草籽与茶树根部保留 20cm 以上间距。

（五）间作抑草

幼龄茶园可在行间间作绿肥，如茶肥 1 号、毛叶苕子、黄豆、满园花等含氮量较高的作物。夏季绿肥（如茶肥 1 号）宜在 4 月中下旬进行播种，冬季绿肥（如肥田萝卜、苕子等）宜在 10 月中下旬播种。一般种植的绿肥应在生长旺盛期刈青后直接埋青或作为茶园覆盖物，这样不仅增加茶园有机肥来源，而且可有效抑制杂草生长。

（六）化学除草

茶园化学除草技术具有田间使用简便、防除效果佳、人工投入少、管理成本低、经济效益高等优点。然而，自 1999 年欧盟扩大农药残留检测的范围以来，我国茶叶产品农残问题成为茶叶质量安全问题的核心问题。茶叶应以安全、健康、无污染的天然饮料展现在人们面前。因此，现如今在实际茶园生产中，推崇以农业防治、物理防治、生物防治等措施来防控杂草生长，但仍然有部分茶园使用化学除草剂。对此，应严格按照除草剂的防治对象、使用方法、施用时期等合理使用，保证茶叶的质量安全。对有机方式生产的茶园，不能使用化学除草剂。

人工除草

机械除草

地膜覆盖

茶园套种黄豆

四、幼龄茶园灌溉

幼龄茶苗生长较弱，根系浅，抗旱力差，容易遭受旱害。且由于幼龄茶园覆盖率低，地表多裸露，水土易流失，造成旱害。因此干旱天气下的茶园灌溉非常重要。

出现以下任一现象时，需进行灌溉作业：①土壤相对含水量低于 70% 时；②日平均气温 30℃左右，持续 1 周未有有效降雨；③清晨茶树叶片无露水，失去光泽，中午嫩叶有萎蔫现象。

（一）灌溉方式

1. 喷灌

一般采用低压喷头（近射程）和中压喷头（中射程）进行喷灌，喷洒均匀系数需在 80% 以上，喷头间距一般为射程的 1.0 倍。

2. 滴灌

采用低扬程离心泵加压或利用自然水头落差或者在高处修建蓄水池、水塔进行滴灌。第一次滴灌时要灌饱，使泥土湿度达到田间持水量。滴灌时需注意清洁过滤器，避免滴头和毛管堵塞。

3. 沟灌

有一定坡度或平地茶园，可采取沟灌。灌水前在茶行一侧开沟（或隔几行开沟），沟深 10cm 左右，宽 20cm 左右。灌水沟与引水沟衔接。灌溉后将沟覆土填平，使大部分泥土能够维持较蓬松的状态。

4. 浇灌

小面积抗旱适合进行浇灌。浇灌时结合稀薄水粪进行，效果更好。

（二）灌水量

喷灌每亩茶园需水约 $25m^3$，滴灌约 $10m^3$，沟灌约 $45m^3$，人工浇灌约 $10m^3$，以 0 ～ 30cm 土壤相对含水量为 75% ～ 90%，土握成团不散为灌溉适度的标志。

幼龄茶园灌溉

（三）浇灌时间

多利用上午 10 点之前和下午 5 点之后进行浇灌。

五、幼龄茶树修剪

幼龄茶树通过定型修剪抑制茶树顶端优势，促使幼龄茶树合轴式分枝的发生，调控树冠结构，控制茶树的生长高度，形成合理的树冠覆盖度，扩大采摘面，成为高产优质茶园。

幼龄茶树定型修剪方法及示意图

	修剪时间	修剪方法	示意图例
第一次	定植时	定植后马上在离地 12 ~ 15cm 处剪去主枝，剪口向内倾斜，尽量保留侧枝和外侧腋芽，保持剪口平滑，利于伤口愈合	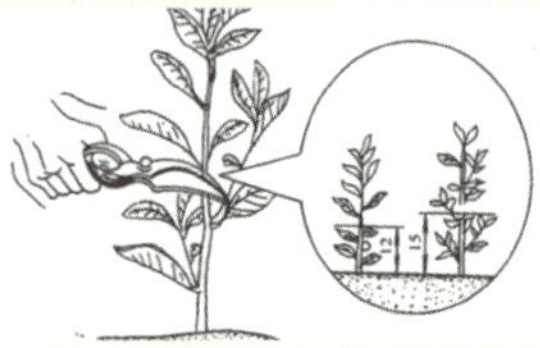
第二次	第一次定型修剪后一年，苗高达 35 ~ 40cm 时，一般在春季修剪	在第一次剪口上提高 10 ~ 15cm，即离地面 20 ~ 25cm 处平剪，注意保留外侧腋芽	
第三次	第二次定型修剪后一年，苗高达 50cm 以上，一般在春季修剪	在第二次剪口处提高 10 ~ 15cm，即离地 40 ~ 50cm 处用水平剪或修剪机剪去上部枝条，剪口要求光滑平整	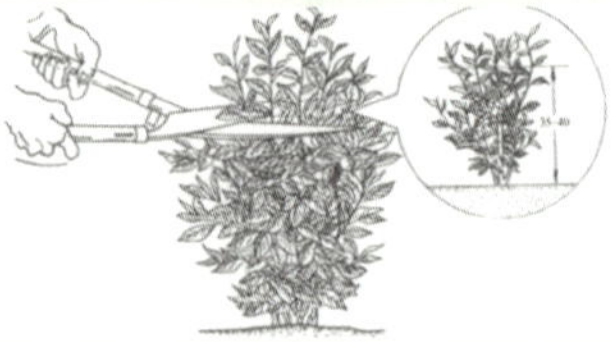

幼龄茶树经过三次定型修剪，其树冠会迅速扩展，形成坚强的骨架，这时可适当留叶采摘或打顶采摘。待第三次修剪后的一个或两个生长季结束后，茶蓬高度达

到 50 ~ 60cm，茶蓬宽度在 60cm 以上即可正式投产。

如果生长较差或采摘严重，茶蓬高度和宽度不够，可在第三次剪口基础上提高 5 ~ 10cm，进行一次补充性修剪，并使树冠略带弧形，达到投产茶园的高度和宽度，可正式投产。

素质拓展

为了提升幼龄茶园茶苗的成活率、提升茶园的土壤保水能力、降低幼龄茶园除草的人工成本，我国多地茶园都在推行幼龄茶园覆膜技术。随着我国农膜使用量的不断加大，农膜污染问题日益严重，生态茶园建设存在一定的潜在风险。如何提高幼龄茶园的抗草抗旱能力、提升农膜回收利用率、降低农业生产投入，成为农业生产当前需要思考并解决的重要生产实际难题。

◉ 任务内容

技能实训十八：幼龄茶园茶树的修剪

一、实训目的

通过对幼龄茶树的定型修剪实训，掌握茶树修剪操作的基本方法，体会定型修剪对培养适宜高度、幅度和较强育芽力冠面的作用。

二、实训内容

在同一地块中，通过对相同树龄，相同长势的幼龄茶树进行修剪和不修剪两个处理，其余按常规管理方法进行管理，定期（每隔 30 天）观察并采集一次茶苗长势相关数据，分析定型修剪对茶树生长的作用。

三、材料与工具

（一）材料

幼龄茶园。

（二）工具

枝剪、篱剪、钢卷尺等。

四、修剪方法

采用三次平剪法完成。第一次在定植后第一年进行，待茶苗茎粗（离地表 5cm 处）达 0.4cm 以上，苗高 25 ~ 30cm，有 1 ~ 2 个分枝时，离地面 10 ~ 15cm 剪去。第二次在苗高达 30 ~ 40cm 时，在第一次剪口上提高 10 ~ 15cm，离地面 20 ~ 25cm 处剪平。第三次在苗高 45 ~ 50cm 时，在第二次剪口上提高 10 ~ 15cm，离地面 30 ~ 40cm 处剪平。

五、数据采集

定期观察并采集茶苗长势相关数据，填写《幼龄茶园修剪情况调查表》。

幼龄茶园修剪情况调查表

处理	树高（cm）	树幅（cm）	主干粗（cm）	分枝数（条）	分枝层数
定剪					
不剪					

六、实训作业

按要求完成实训报告，写出实训小结（包括原理、过程、结论与收获）。

七、考核评价

实验结果按《幼龄茶园修剪实训考核评价表》进行考核评价。

幼龄茶园修剪实训考核评价表

考核内容	评分标准	成绩（分）	考核方法
实训布置	实训设计科学、合理（20分）		根据实训情况，按评分标准酌情评分
定型修剪	按技术要求完成3次定型修剪（30分）		
数据采集	实训数据采集方法正确，数据准确（20分）		
实训报告	分析报告完整，各项内容、技术要点、注意事项总结全面（30分）		
总成绩			

课后思考

模块二·项目五·任务一

参考答案

任务拓展训练

组成幼龄茶园调查小组走进附近茶区，调研当地幼龄茶园培管水平及后期成龄茶园生产效益，向茶农对比分析幼龄茶园培管技术的重要性，及其对以后茶园产出效益的影响，从而提升茶农对幼龄茶园培管技术的科学、完整认识，帮助茶农做好建园工作、幼龄茶园培管工作，获得更好的现实收益。

任务二 投产茶园的管理

知识储备

投产茶园的重点管理内容可分为土壤管理、树冠管理、安全生产管理三大部分。土壤管理主要包括耕作、除草、施肥等。树冠管理主要是修剪。安全生产管理指茶园气象灾害与防护，包括：茶树寒害、冻害及其防护，茶树旱、热害及其防护，茶树湿害及其防护。

一、土壤管理

（一）耕作

茶园耕作是茶园土壤管理的重要方式，有疏松土壤、除草、防治病虫和调节土壤水、肥、气、热的作用，因此各投产茶园应根据实际生产情况、环境气候等合理安排土壤耕作。

投产茶园土壤耕作

耕作类型	时间	深度	目的
浅耕	一般每茶季结束后，结合追肥进行。应避免在持续高温干旱天气下进行	不宜过深，一般 10cm 以内	保持茶园表土疏松、无杂草
中耕	一般在春季茶芽萌发前进行	一般为 10 ~ 15cm	以利表土吸收太阳辐射，提高土温，促进茶芽提早萌发，同时可防春季杂草
深耕	在全年茶季结束时进行，此时进行深耕，对茶树断根的再生恢复有利 在生产上，投产茶园深耕应与施用基肥相结合，以减少劳力 茶园行间深耕要因地、因园制宜	丛间、行间要深，为 20 ~ 30cm，丛下要浅，为 10 ~ 15cm，宽度以 40cm 左右为宜	改善土壤的物理性质，可减轻土壤的容量，增加土壤孔隙度，提高土壤蓄水量，加深和熟化耕作层，加速下层土壤风化分解，将水不溶性养分转化为可溶性养分

茶树成龄后地上部树冠扩大而逐渐封行，地下部根系扩大并布满整个行间，尤其是在 15 ~ 40cm 的土层中，相邻两行茶树根系交互生长，因此无论深耕、浅耕都会给茶树根系造成不同程度的损伤，在一定程度上影响茶树生长。

山区茶园可选用小型旋耕机、微耕机等进行耕作，平地茶园可采用乘坐式多功能耕作机、履带自走式多功能耕作机等设备。

（二）施肥

投产茶园施肥必须遵循以下 5 项原则：①有机肥为主，有机肥与无机肥相结合；②氮肥为主，三要素相配合，注意全肥；③重施基肥，分期追肥，基肥与追肥相结合；④根据肥料性质和茶园特点施肥；⑤根际施肥为主，并与根外施肥相结合。在投产茶园施肥管理中，常与耕作、除草、灌溉等结合起来进行。

投产茶园应根据茶树对养分的吸收利用率和产量水平来定施用量。施肥量需按照以下原则进行，每采摘 100kg 鲜叶，施入纯氮 6 ~ 7kg，过磷酸钙或钙镁磷肥 10 ~ 12kg，硫酸钾 4 ~ 5 kg。也可以采用测土配方施肥，定期测定土壤中各种肥料要素含量，当某种元素含量过低时，就应补充该种元素。投产茶园施肥仍按照基肥与追肥两类施用，二者比例建议 4 ∶ 6。

投产茶园施肥

项目	基肥	追肥
施肥时间	长江中下游茶区：9 月上旬至 10 月下旬施用 江北茶区：8 月下旬开始施用；南方茶区：9 月下旬开始施用，11 月下旬结束 早施基肥，利用率更高	分 3 次施用，以春茶追肥为主，夏、秋茶追肥为辅 第一次（又称催芽肥）：春茶萌发前 30d 左右为宜，可适当推迟，最迟不得低于萌发前 15d 第二次：5 月上中旬，春茶结束后立即施用 第三次：6 月下旬至 7 月上旬，夏茶结束后施用
施肥方法	开深沟施 在树冠边缘垂直下方，即离茶树根颈 50cm 处开沟施入，沟深 20 ~ 30cm，将肥料均匀撒入沟中，施后及时盖土	开浅沟施 沟深 10cm 左右，施入肥料后及时盖土
施肥及用量 / 亩	150 ~ 200kg 菜籽饼，配施 50 ~ 60kg 茶树专用肥（$N-P_2O_5-K_2O-MgO$ 为 18-8-12-2 或类似比例）	三次用量比例建议 4 ∶ 3 ∶ 3 以亩产鲜叶为 150kg 的茶园为例，三次尿素追肥用量分别为 4.5 ~ 5.5kg、3.5 ~ 4.0kg、3.5 ~ 4.0kg

二、树冠管理

修剪对投产茶园茶树树冠的培养具有十分重要的作用，根据茶树的生育特性、树势和生产情况，科学运用相关修剪技术，能有效促进高效、优质茶树树冠形成。投产茶园修剪应选择恰当的修剪时机，把握合适的修剪方式和修剪周期等。

修剪前、后注意天气变化，避免修剪后遇到持续高温、干旱、多雨、寒冻等恶劣天气，提前做好积水窖注水、茶行铺草等茶园抗旱、抗寒预防措施。

修剪后及时施肥，肥料以营养较全面的复合肥为主。同时修剪后树体抽发的新芽嫩梢抗病能力低，易感染病虫害，应及时关注茶园病虫害发生情况，积极采取绿色防控措施。

投产茶园的修剪技术

修剪技术	修剪目的	修剪适期	修剪深度	修剪周期	修剪方法	剪后管理
轻修剪（应用最多、最广泛）	冠面调整，维持生产力 在当年留养的枝条上适当剪除部分枝叶，以保持长势的稳定和发芽基础的相对一致，使树冠面整齐，保持树冠旺盛的长势和一定发芽密度，培养良好的采摘面，提高茶叶产量和质量	生产大宗茶为主的茶园，宜在春茶萌发前的3月上旬（惊蛰前后）进行，此时根部养分储藏量大，气温正处于回升期，雨水充足，便于茶树修剪后恢复生机 以生产名优茶为主的茶园，应在春茶结束后的4月底至5月上旬修剪。不宜在秋茶后和春茶前开展轻修剪 秋季轻修剪在10月中下旬前进行，避免茶树后期抽发的新梢不能老熟越冬而遭受冻害	修剪程度轻，一般在上一次剪口上提高3～5cm，或剪去树冠面上3～10cm的叶层	一般每年进行一次	采用篱剪或修剪机修剪，要求修剪器具锋利，剪口平滑，避免枝梢撕裂 树冠以浅弧形和水平形为宜	1. 及时追肥 2. 病虫害绿色防控
深修剪	冠面调整，维持生产力；去除鸡爪枝、细弱枝、结节枝，使茶树重新形成新的、具有旺盛生产力的枝层，提高产量和品质	一般在春茶结束时（5月中旬）进行，既兼顾了春茶产量，又有利于茶树修剪后的恢复	以剪除"鸡爪枝"为原则，一般剪去树冠表面10～15cm的枝叶	大宗茶投产茶园，对产量要求较高，深修剪周期一般控制在5年左右 对茶叶品质要求较高的茶园，特别是采摘名优茶的茶园，深修剪周期应适当缩短，一般控制在2～3年。夏秋茶留养不采的名优茶园甚至可以每年一次	采用篱剪或修剪机修剪，要求同上 结合清蔸亮脚（疏枝）及边缘修剪，保持茶行间预留20cm左右的通道	1. 修后应留养一季，夏茶、秋茶适当打顶轻采；对于树势较弱的茶树，则夏、秋茶均应留养，以利于树势的恢复，提高来年春茶产量 2. 及时追肥 3. 做好抗旱、防寒工作

续表

修剪技术	修剪目的	修剪适期	修剪深度	修剪周期	修剪方法	剪后管理
重修剪	树冠再造，用于半衰老茶树或未老先衰但主枝尚强壮的茶树，剪去树冠大部分，仅留主枝粗干及少数侧枝，促使这些枝条上的不定芽重新萌发，形成采摘面，以恢复生产力	一般在春茶结束时（5月中旬）进行，如考虑茶树势恢复，可提前至4月下旬	一般剪去树冠的1/3～1/2，通常是在距离地面30～45cm处剪去地上部分		同上	1. 留养为主，并进行定型修剪 2. 及时追肥 3. 注意茶树生长情况和天气变化，提前做好积水窖注水、茶行铺草等茶园抗旱、抗寒预防措施
台刈	树冠再造，用于衰老茶树，剪去树冠全部枝条，利用根颈部不定芽的萌发，重新培养树冠骨架和整个分枝结构	春茶前或春茶后进行	在离地面5～10cm处剪去全部地上枝干	仅针对衰老茶园或需要嫁接改种的茶园，一般投产茶园不推荐台刈	用台刈机切割，要求剪口平滑倾斜，避免砍破桩头而感染病虫，或滞留雨水，影响新芽萌发。台刈后，茶树发出大量新枝后进行疏枝，仅留下5～8个壮枝	
定型修剪	投产茶园中针对经过重修剪或台刈改造的茶树进行的定型修剪	早春	台刈茶园：台刈后的第二年，在距离地面30cm处进行第一次定型修剪，待树高达到50～60cm时，在距离第一次定型修剪剪口上12～15cm处进行第二次定型修剪			

三、安全生产管理（极端天气应对）

（一）茶园防冻

投产茶园管理方面，冻害的预防和管理十分重要。应根据气象预报，提前做好预防措施。一般采取茶丛覆盖、行间覆草，有条件的地方可在茶树蓬面覆盖草帘保护茶芽，也可采取薄膜或遮阳网覆盖的办法，有利于防风、防霜、防冰冻。寒潮到来时，可及时灌水或喷灌，以减轻寒害、冻害。由于离地 6 ~ 10m 处的气温一般比茶蓬叶温要高 5 ~ 10℃，可在茶园离地 6.0 ~ 6.5m 处安装防霜风扇送风机，将逆温层上的暖空气吹至茶蓬上，以提高茶树周际温度，达到防霜的目的。每公顷茶园建议安装防霜风扇 30 ~ 40 台。

冻害结束后需要加强受冻茶园的科学管理，及时清理积雪或者积水，做好树冠修整、养护，有助于及时恢复茶园生机。冻害程度较轻的茶园，建议采用轻修剪，即在冻死的干枯枝叶下 1cm 处剪除上部枝梢，尽量保持采摘面。冻害程度较重的茶园，应进行深修剪或重修剪，必要时需要台刈，以剪除全部受冻枝，促进新梢萌发和树势更新。

（二）茶园抗旱

1. 干旱预防措施

（1）修筑渠塘，及时灌溉抗旱。丘陵山区茶园利用有利地形，修筑水沟、渠道、蓄水池和山塘，提升排、蓄水能力，有条件的茶园建设灌溉系统。当茶园耕层土壤相对含水率降到 70%左右，或者日平均气温达 30℃以上且 7 ~ 10d 不下雨时，采用喷灌或地面沟灌等方式及时灌溉补水。灌溉时间建议选在清晨或傍晚，灌溉后建议进行茶园覆盖，提高保墒效果。

（2）遮阴、覆盖。有条件的采用搭架等方式实施遮阳网覆盖，减弱光照强度，缓解干旱。遮阳网应高出茶树蓬面 50cm 以上，避免紧贴茶树造成灼伤。或者在茶树行间铺设稻草、麦秆等覆盖物，能够有效降低地温，减少土壤水分蒸发。覆盖物厚度在 8 ~ 10cm 为宜，铺设后需做好茶园防火工作。

（3）减少不必要的作业。高温、干旱天气下，应减少茶园作业，避免采摘、修剪、施肥、耕作等田间作业对茶树造成不必要的伤害。

2. 旱灾后管理

（1）及时修剪。受害较轻的，如只是部分叶子焦枯，可以不作处理让茶树自行修复。受害严重的，如出现茶树枝条枯死的，应在枯死部位下方 1 ~ 2 cm 处进行修剪，减少茶树的能耗和蒸腾作用。

（2）合理施肥，恢复树势。投产茶园在干旱后可开沟施用复合肥或有机肥，施肥量根据茶树种植密度、长势等确定。一般每亩可施复合肥 20 ~ 30kg，有机肥 500kg 以上，也可适当喷施叶面肥。

（3）适时补蔸。发生茶树死亡的，干旱过后应及时补苗，避免缺株断行。

（三）茶园洪涝灾害

1. 洪涝灾害预防

及时关注天气预报，暴雨前检查、疏通茶园排灌沟渠，确保排水正常。缺少排水沟渠的茶园，应在园内及四周抢挖排水沟，低洼或地下水位过高茶园，需开挖 1m 以上深沟排水。

2. 受涝茶园抢修补救

（1）尽快排除地表水。茶园遭受洪涝灾害后，尽快组织排除地表水，减轻渍害、涝害影响。平地茶园应在四周开挖围沟，中间开挖十字沟或厢沟排水，将地下水位降至 1m 以下。

（2）尽快修复基础设施。抓紧修复受损道路、沟渠、泵站等基础设施，疏通沟渠，保证水、路畅通，防止次生灾害的发生。垮塌茶园要迅速组织修复、重建，尽快恢复园相。

（3）及时清园、消毒。被洪水冲泡的茶园，尽快清除树冠上的污泥杂物，保持树冠清洁卫生。挖除堆积在茶树下的泥土泥沙，扶正倒伏树体，培土覆盖根系，保护茶苗直立成活。茶树受涝后，易被病菌感染，发生大面积病害，需及时消毒。常用药剂有 75% 甲基托布津 800 倍液、50% 代森锌 750 倍液、25% 吡唑醚菌酯 1000 倍液等。

（4）及时修剪。对水淹时间过长、伤根严重、叶片出现明显枯萎症状的茶树，在表土干燥后，应及时重修剪或深修剪，减少水分蒸发和养分消耗，防止整株死亡。露根、伤根茶树要及时培土，剪除带泥沙的拖地枝和断枝等。

素质拓展

一般投产茶园茶树是长势健壮、育芽能力较强的茶树，但是在面对自然灾害，如寒冻害、高温干旱、洪涝灾害等极端天气时，仍然难免遭遇伤害，需要茶园管理者提前做好天气预测，及时采取预防措施，以降低茶园受损程度。在日常生活中，不管个人多么优秀、能力多强，都应该做好意外情况发生的预案，提前预测可能存在的意外情况，及时采取干预或调整措施，尽量降低意外情况可能带来的不良后果。尤其是在面对重大决策或者重要事件上，切不可过于乐观、盲目自信。

课后思考

模块二·项目五·任务二

参考答案

任务拓展训练

根据你所在区域的气候特点，土壤情况、环境情况等，结合茶树的生长特性和规律，尝试制定一份针对本区域内的“投产茶园培管月历”。

__________省__________市__________县（区）投产茶园培管月历

月份	茶树物候期	重点工作内容	具体实施步骤
1			
2			

任务三 有机茶园建设与管理

知识储备

有机茶是在原料生产过程中，遵循自然规律和生态学原理，采取有益于生态环境的农业技术，不使用人工合成的农药、肥料及生长调节剂等物质，在加工过程中不使用人工合成的食品添加剂，经认证机构审查颁证的茶叶及相关产品。有机茶生产符合当前茶产业生态优先、绿色发展的理念。

一、有机茶园产地环境要求

有机茶生产基地，必须空气清新、水质纯净、土壤未受污染、土质肥沃、周围林木繁茂，生物多样性指数高，具有较强的可持续生产能力。有机茶园与交通干线的距离应在 1000 米以上。

有机茶园环境空气质量、土壤环境质量、灌溉水质量应符合《有机茶产地环境条件》（NY 5199—2002）的要求。

▶ 拓展阅读

有机茶产地环境条件要求

二、有机茶园园地规划

有机茶园的建园规划应遵循：有利于保持水土，保护和增进茶园及其周围环境的生物多样性，维护茶园生态平衡，发挥茶树优良种性，便于茶园排灌、机械作业和田间日常作业，促进茶叶生产的可持续发展。

有机茶园园地规划、道路设置、排灌系统等基础建设参照本书模块一项目四内容。

有机茶园管理中原则上优先使用自有茶场就地生产的有机肥，因此在有机茶园规划、建设时还应考虑积肥坑建设，每 2 ~ 3hm^2 茶园应修建一个积肥坑，生产者平时可将各种有机物料（如杂草、秸秆、畜粪、绿肥等）堆积于坑内，经堆制腐熟后供茶园施用。

三、种苗选择

有机茶园生产中所用种子和苗木应来自有机农业生产系统，但在有机生产的初始阶段无法得到认证的有机种子和苗木时，可使用未经禁用物质处理的常规种子和苗木（种苗质量应符合国家标准《GB 11767—2003 茶树种苗》中规定的 1 级、2 级标准）。禁止使用基因工程繁育的种子或苗木。

四、有机茶园的生态建设

（一）绿化带、防护林建设

有机茶园四周和茶园内不适合种茶的空地应植树、造林或种草，茶园的上风口应营造防护林，树种选用常绿且与茶树无共同病虫害的经济型或观赏型树种为宜（如桂花、香樟、合欢、杜英、大叶冬青等）。为了适应茶园机械化操作，常通过绿化带和防护林将茶园分隔成 3hm^2 左右为一个单元的相对独立的区块。

茶林间作茶园

（二）隔离带和栖息地

有机茶园与常规农业生产区域之间应有明显的边界和隔离带，以保证有机茶园不被污染。隔离带以山林和自然植被等天然屏障为宜，也可以是按照有机农业生产方式人工营造的树林和农作物。缓冲带上种植的茶树不能认证生产有机茶。

在有机茶园周边设置天敌的栖息地，提供天敌活动、产卵和寄居的场所，提高生物多样性和自然控制能力。

设有自然植被隔离带的有机茶园

五、有机茶园的土壤管理

（一）定期监测

定期监测土壤肥力水平和重金属元素含量。一般要求每 2 年检测一次，根据检测结果，有针对性地采取土壤改良措施。若检测结果不满足有机认证的要求，将被中止有机认证，待土壤检测达标后方可重新申请认证。

（二）土壤改良

采用合理耕作，多施有机肥等方法维持和改良土壤结构，提倡放养蚯蚓和采用有益微生物等生物措施，改善土壤的理化和生物性状（微生物不能是基因工程产品）。土壤 pH 值低于 4.0 的茶园，宜施用白云石粉等矿物质调节土壤 pH 值至 4.5 ～ 6.5 范围；土壤 pH 值高于 6.0 的茶园，可选用硫黄粉调节土壤 pH 值至适宜的范围。

（三）套种绿肥

有机茶园中的幼龄茶园或大行距茶园，可以套种绿肥，以保持土壤肥力，增加区域内的生物多样性，但间作的绿肥必须按有机农业生产方式栽培。注意间作绿肥应不影响茶树生长，应合理密植，因地制宜。高秆绿肥需要及时刈割埋青。

茶园间作玉米、鼠茅草

（四）茶园施肥

1. 施肥准则

（1）有机茶园应通过适当的耕作与栽培措施维持和提高土壤肥力，包括：①回收、再生和补充土壤有机质和养分，来补充因植物收获而从土壤带走的有机质和土壤养分；②采用种植豆科植物、免耕或土地休闲等措施进行土壤肥力的恢复。

（2）应优先使用本茶场就地生产或其他有机方式生产的有机肥，商品化有机肥、有机复混肥、叶面肥料、微生物肥料等在使用前必须明确已经得到有机认证机构的颁证或认可。

（3）可使用生物肥料。为使堆肥充分腐熟，可在堆制过程中添加来自自然界的微生物，但不得使用转基因生物及其产品。矿物源肥料、微量元素肥料和微生物肥料（应是非基因工程产物）只能作为培肥土壤的辅助材料。微量元素肥料应在确认茶树有潜在缺素危险时以叶面肥喷施。

（4）禁止施用各种化学合成的肥料，禁止使用城市垃圾和污泥、医院的粪便垃圾和含有有害物质（如毒气、病原微生物、重金属等）的工业垃圾。

（5）人畜禽粪尿等使用前必须经过无害化处理，严禁使用未经腐熟的新鲜人粪尿、畜禽粪便。

（6）所有无机或有机肥料应按照对环境和茶叶品质不造成不良后果的方法使用，同时应截断一切因施肥而携入的重金属和有机污染物的污染源。

2. 肥料种类

有机茶园的施肥以有机肥为主，辅以矿物源肥料、微量元素肥料和微生物肥料等。

（1）有机肥。指无害化处理的堆肥、沤肥、厩肥、沼气肥、绿肥、饼肥及有机茶专用肥。

（2）微生物肥料。微生物肥料，如根瘤菌肥料、固氮菌肥料、磷细菌肥料、硝酸盐细菌肥料、复合微生物肥料等。

（3）矿物源肥料。如矿物钾肥、矿物磷肥、磷矿粉、煅烧磷酸盐（钙镁磷肥、脱氧磷肥）、石灰、石膏。

（4）有机复混肥。加入适量的微量营养元素制成的有机肥料。

（5）叶面肥料。包括微量元素的叶面肥料（以铁、锰、锌、硼等微量元素及有益元素为主配制的肥料）和含有植物生长辅助物质的叶面肥料（用天然有机物提取液或接种有益菌类的发酵液，再配加一些腐殖酸、藻酸、氨基酸等配制的肥料）。

（6）其他肥料。不含有毒物质的食品，纺织工业的有机副产品，以骨粉、骨酸废渣、氨基酸残渣、畜禽加工废料、糖厂废料制成的肥料。

3. 有机肥源的建立与无害化处理

茶园建立畜禽（如猪、羊、鸡、鸭）养殖场，养殖的种类与数量应从实际出发，并尽量按有机农业方式饲养，以此积蓄栏粪肥，为茶园提供有机肥源。

但在有机肥料中，有些粪便常带有各种病原菌、病毒、寄生虫卵及恶臭味等，有些杂草常带有各种病虫害传染体及种子等，因此在用于有机茶生产前一般都要经过处理，变有害为无害。目前有机肥料无害化处理方法有物理方法、化学方法和生物方法 3 种：物理方法可采用暴晒、高温处理等方法，但养分损失大，工本高；化学方法采用化学物质除害，但在有机农业生产中不允许采用；生物方法通过接种种菌后堆腐和沤制肥料，是有机食品生产过程中唯一可采用的方法。

4. 有机茶园施肥技术

（1）重施基肥。有机茶园的基肥以经无害化处理的农家有机肥为主（包括厩肥、堆肥、绿肥、泥炭、牲畜粪尿、饼肥等）。有条件的可选用有机茶专用肥。

基肥施用量要足，一般每亩施农家肥（畜栏肥、堆肥等)1000 ～ 2000kg，或用有机肥（饼肥或商品有机肥）200 ～ 400kg，配合天然矿质磷、钾肥（如磷矿粉、钙镁磷肥等）或微生物肥料，于当年秋、冬季（11 ～ 12 月）开沟深施。

（2）合理追肥。有机茶园追肥结合茶树生育规律和实际生产情况，一般全年追肥 3 次。只能施速效性的有机肥（如经过充分腐熟的堆沤肥，经无害化处理过的人、畜、家禽肥或沼气池中的废液等），也可选用商品有机茶专用肥，每亩 100kg 左右。

（3）正确施用叶面肥。叶面肥根据茶树生长情况合理使用，但使用的叶面肥必须在农业农村部门登记，并获得有机认证机构的认证。叶面肥在茶叶采摘前 10d 停止使用。

有机茶园允许和限制使用的土壤培肥和改良物质

类别	名称	使用条件
有机农业体系生产的物质	农家肥	允许使用
	茶树修剪枝叶	允许使用
	绿肥	允许使用

续表

类别	名称	使用条件
非有机农业体系生产的物质	茶树修剪枝叶、绿肥和作物秸秆	限制使用
	农家肥（包括堆肥、沤肥、厩肥、沼气肥、家畜粪尿等）	限制使用
	饼肥（包括菜籽饼、豆籽饼、棉籽饼、芝麻饼、花生饼等）	未经化学方法加工的允许使用
	充分腐熟的人粪尿	只能用于浇施茶树根部，不能用作叶面肥
	未经化学处理木材产生的木料、树皮、锯屑、刨花、木灰和木炭等	限制使用
	海草及其用物理方法生产的产品	限制使用
	未掺杂防腐剂的动物血、肉、骨头和皮毛	限制使用
	不含合成添加剂的食品工业副产品	限制使用
	鱼粉、骨粉	限制使用
	不含合成添加剂的泥炭、褐炭、风化煤等含腐殖酸类的物质	允许使用
	经有机认证机构认证的有机茶专用肥	允许使用
矿物质	白云石粉、石灰石和白垩	用于严重酸化的土壤
	碱性炉渣	限制使用，只能用于严重酸化的土壤
	低氯钾矿粉	未经化学方法浓缩的允许使用
	微量元素	限制使用，只作叶面肥使用
	天然硫黄粉	允许使用
	镁矿粉	允许使用
	氯化钙、石膏	允许使用
	窑灰	限制使用，只能用于严重酸化的土壤
	磷矿粉	镉含量≤ 90mg/kg 的允许使用
	泻盐类（含水硫酸盐）	允许使用
	硼酸盐	允许使用
其他物质	非基因工程生产的微生物肥料（固氮菌、根瘤菌、磷细菌和硅酸盐细菌肥料等）	允许使用
	经农业部登记和有机认证的叶面肥	允许使用
	未污染的植物制品及其提取物	允许使用

六、有机茶园的病、虫、草害防控

有机茶园的病、虫、草害防治遵循“防重于治”的原则，从整个茶园生态系统出发，以农业防治为基础，综合运用物理防治和生物防治措施，创造不利于病、虫、草滋生，而有利于各类天敌繁衍的环境条件，增加生物多样性，保持茶园微域生物平衡，减少各类病虫草害所造成的损失。

（一）农业调控

1. 合理间作

在茶园周围可种植杉、棕、苦楝等防护林和行道树，采用茶林间作或行间铺草等方式均可给天敌创造良好的栖息、繁殖场所，但注意不少果树、林木上的多种害虫，如蚧虫、粉虱、刺蛾、蓑蛾、卷叶蛾等也危害茶树，故应注意间作和遮阴树种的选择。

2. 及时采摘

在采摘季节要及时、分批、多次采摘，可减轻蚜虫、茶小绿叶蝉、茶细蛾、茶跗线螨、茶橙瘿螨、茶丽纹象甲等多种害虫的危害。

3. 正确施肥

加强茶园水肥管理，增强树势，提高茶树抗病虫能力。结合秋季深耕施基肥，清理茶树根部附近的落叶，破坏表土中害虫的越冬场所；同时将深土层越冬的害虫如地老虎、象甲等暴露在土表，降低土壤中越冬害虫的种群密度。

4. 修剪调控

通过合理修剪、疏枝，剪去茶丛中上部病虫枝条、茶丛下部过密枝条，保持茶园通风透光，减轻茶园病虫害。及时清除病虫枝，修剪下来的病虫枝先集中堆放在茶园或附近，待天敌飞回茶园后再处理。

5. 杂草防除

有机农业生产中，禁止使用化学除草剂。对于茶园恶性杂草，可采取人工除草，至于一般性杂草，不必除尽，保留一定数量杂草，有利于天敌栖息。有机茶园还可采用地膜覆盖、铺草覆盖、修剪枝叶覆盖等方式防除杂草。

（二）物理防治

针对茶园虫害宜选用人工捕杀、灯光诱杀、色板诱杀、性诱杀或糖醋诱杀。如采用机械或人工方法捕杀茶毛虫、茶尺蠖、茶蓑蛾、茶丽纹象甲等具有群集性、移动慢或假死特点的害虫；用杀虫灯诱杀茶尺蠖、黑毒蛾、茶毛虫等鳞翅目成虫；采用色板、信息素诱捕器诱杀黑刺粉虱成虫和茶小绿叶蝉等害虫。

（三）生物防治

1. 保护天敌

保护和利用当地茶园中的草蛉、瓢虫和寄生蜂等天敌昆虫，以及蜘蛛、捕食螨、蜥蜴和鸟类等有益生物，减少人为因素对天敌的伤害。在进行茶园耕作、修剪等人为干扰较大的农活时，给天敌一个缓冲地带，减少天敌损伤。

2. 培植植物治虫

通过种植能够毒杀、驱除、引诱害虫或诱集天敌的植物在茶园的四周、行间，以防治作物的害虫。

3. 有条件地使用生物源农药

例如，使用如微生物源农药、植物源农药、动物源农药等。

▸ 拓展阅读

有机茶园病虫害防治允许、限制使用的物质与方法

七、有机茶园转换

有机茶生产的转换期至少为收获前的 36 个月，转换期内应按照有机茶标准的要求进行茶园管理。处于转换期的有机茶园如果使用了有机茶生产中禁止使用的物质，应重新开始转换。

八、生产记录和档案管理

建立完善的农事活动档案，包括生产过程中肥料、农药的使用和其他栽培管理措施。档案应专人负责，并保存 5 年以上，记录应清晰、完整、详细。

▸ 拓展阅读

我国有机茶的发展历程和现状

素质拓展

学生讨论：我国多数茶园位于远离城市的山区，环境优美；市面上的有机肥料、生物农药品类丰富；茶园病虫害物理防治方法、生物防治方法多样；我国种茶历史悠久且茶园培管经验丰富，但为什么很多茶园都达不到有机茶园的认证标准？

理论和现实之间存在着巨大的鸿沟，我们不能想当然地认为科学技术能够马上应用于现实并产生立竿见影的效果，尤其是农业生产中必须考虑从事农业生产的劳动者的自身素质和农产品的市场经济评估和潜在风险。

课后思考

模块二 · 项目五 · 任务三

参考答案

任务拓展训练

建立有机茶调研小组，实地走访当地有机生产茶园，通过查看其生产过程的记录性资料、购置的生产物资、采取的相关培管措施，到茶园去观察园相、茶树长势、基础设施建设，了解有机茶园建设的具体过程，形成对有机茶园建设过程和所需成本的客观认知，并针对该茶园存在的现实问题或潜在问题给予科学的管理建议。

任务四　生态低碳茶园建设与管理

知识储备

一、生态低碳茶园建设

（一）生态低碳茶的概念

以茶树为核心，科学构建和管理茶园及周边生态环境，创造适宜茶树生长、环境优美的茶园生态系统，综合运用一系列固碳减排技术措施，增加茶园生态系统碳固定，降低茶园管理以及茶叶加工过程的碳排放，最终获得优质、安全、低碳，且通过专业机构认证的茶叶产品。

（二）生态低碳茶园建设基本要求

茶园边界应清晰，土地相对集中连片，茶园水土保持良好，园、林、路、水布局合理。

管理过程中积极采取生物多样性利用、固碳减排等技术体系。

生态低碳茶园建设基本要点

建设项目	基本要点
茶园环境的选择	茶园环境优美，布局合理，植被覆盖度高，生态系统稳定
	茶园远离工厂区、垃圾场等污染源；近5年内未发生过污染事故或生态破坏事件
	茶园土壤符合《土壤环境质量农用地土壤污染风险管控标准（试行）》（GB 15618-2018）的要求，灌溉用水水质符合《农田灌溉水质标准》（GB 5084-2021）的规定，环境空气质量符合《环境空气质量标准》（GB 3095-2012）的规定
	茶园区域内水体清洁，无富营养化和污染现象
茶园建设规划	茶园坡度宜小于25°，坡度大于15°的宜建成等高梯级园地；园内无大面积地表裸露地块，无水土流失隐患
	茶园生态用地面积宜占茶园总面积的10%以上；在茶园内适宜地方积极植树种草，形成以茶树为核心的多物种组成的复合生态系统
	茶园干道、支道、步道等道路规划建设合理，适宜机械化作业
	茶园隔离沟、横沟、纵沟、沉积坑、蓄水池、灌溉等水利设施完善，能蓄能排，有效防控茶园水土流失

生态低碳茶园

二、生态低碳茶园管理

生态低碳茶园培管技术要点见下表。

生态低碳茶园培管技术要点

培管内容	技术要点
茶园种植管理	1. 茶园种植抗逆、优质、高产、适制性好的茶树优良品种 2. 茶树种植规格符合《标准茶园建设规范》（NY/T 2172—2012）的规定 3. 茶树树体健壮，冠层宽广、叶层深厚
茶园土壤管理	1. 土壤肥沃、疏松，土层深厚，茶树冠层宽广的茶园宜实行免耕或减耕 2. 宜使用有机肥，种植绿肥，修剪物还园等措施，维持或不断提高土壤有机质含量 3. 宜采取测土配方、茶叶专用肥等技术，严格控制化肥用量。茶园氮肥（折合纯 N）总量控制在 250kg/ha 以下，且其中不少于 30% 来自有机肥。化学类氮肥用量（折合纯 N）总量控制在 175kg/ha 以下；钾肥用量（折合 K_2O）控制在 75kg/ha 以下；磷肥用量（折合 P_2O_5）控制在 75kg/ha 以下 4. 优先使用本园区或本地的有机废弃物自制堆肥，堆肥应符合《畜禽粪便堆肥技术规范》（NY/T 3442—2019）和《畜禽粪便还田技术规范》（GB/T 25246—2010）的规定，购入的商品有机肥料应符合《有机肥料》（NY/T 525—2021）的规定，生物有机肥应符合《生物有机肥》（NY 884—2012）的规定 5. 不使用人工合成的激素类植物生长调节剂类物质，不使用城市污水、污泥及其制成的肥料，化学肥料使用应符合《化肥使用环境安全技术导则》（HJ 555—2010）和《肥料合理使用准则 通则》（NY/T 496—2010）的规定
茶园病虫草害防控	1. 遵循“预防为主，综合治理”的植保方针，从茶园整个生态系统出发，综合运用各种防治措施，创造不利于病虫草等有害生物滋生和有利于各类天敌繁衍的环境条件，保持茶园生态系统的平衡和生物多样性，将有害生物控制在允许的经济阈值以下 2. 构建良好的茶园生态系统，制定区域性有害生物绿色防控措施，以生态调控为基础，宜优先采取物理防治与生物防治措施，必要时再使用化学防控，减少化学防治次数 3. 按防治指标喷药防治；合理选用农药品种，有限制地使用高效、低毒、低残留农药品种，采用低容量喷雾。化学防治次数不超过 2 次 / 年。农药使用应符合《农药安全使用规范 总则》（NY/T 1276—2007）的规定，不得使用国家明令禁止在茶园内使用的农药 4. 采用以草控草、人工除草等措施防控茶园草害，不得使用化学除草剂
茶园固碳措施	1. 提倡茶园地面覆盖，覆盖物质包括未经有害或有毒物质污染的杂草、修剪枝叶、树皮木屑和作物秸秆等 2. 茶树修剪物还园，覆盖在茶树行间，抑制杂草，提高土壤的蓄水保水性能，提高土壤碳储量 3. 茶园行间、梯壁留草或种草。梯壁绿草使用镰刀或割草机割除，覆盖于茶园行间，在裸露的茶园梯壁梯坎，应种植护坡植被 4. 茶园四周或茶园内不适合种茶的区域植树种草，主要道路、沟渠两边种植行道树。行道树宜选择具有观赏或经济价值的树种，每公顷宜种植 50 株以上

续表

培管内容	技术要点
收获、加工、储存、包装和运输	1. 采摘鲜叶应使用竹制品等天然物质制作的容器，避免使用塑料制品。机采茶园提高机械化采摘效率，尽可能降低能源消耗 2. 加工场所和设备清洁卫生，鲜叶存放及加工全程实现不落地操作，确保茶叶质量安全 3. 加工采用清洁能源，提高能源利用效率 4. 采用绿色、节能、高效加工设备 5. 加工工艺及流程合理、高效、节能，保证茶叶品质的同时尽可能降低能源消耗 6. 产品在贮存和运输过程中，应标识清楚，避免受到污染或与其他产品混淆 7. 包装材料应符合国家有关规定，宜使用生态、循环与可降解材料，避免过度包装，符合《限制商品过度包装要求 食品和化妆品》(GB 23350—2021)的规定

三、生态低碳茶评价方法

（一）产品要求与认证标识

茶叶质量应符合《食品安全国家标准 食品中污染物限量》（GB 2762—2022）和《食品安全国家标准 食品中农药最大残留限量》（GB 2763—2019）的规定，实施认证的产品还应符合相关认证规定的质量要求，出口产品还应符合出口目的国规定的质量要求。

生态低碳茶标志

生态低碳茶标志仅应用于按照本标准要求生产、加工并获得认证的茶叶。生态低碳茶标志的图形与颜色要求如右图所示。

（二）管理体系要求

为了保证产品的质量安全，应加强对产品的质量监控。在茶叶生产过程中，对每项工作逐步建立严格的书面记录存档，以便可以在追溯时备查，使得生产的茶叶实现全天候可追溯，以满足广大消费者的知情权和监督权。应建立并保持清晰准确的系统记录，并配备相关记录人员。如果出现茶叶质量问题，消费者可以直接找到生产单位，生产单位可以通过内部收录的数据查出质量问题的根源，及时进行整改，为确保茶叶质量安全提供了保障。

记录至少保存 5 年，应包括但不限于茶园肥料施用记录（时间、名称、种类、养分含量、数量、方式、花费等）；茶园病、虫、草害控制管理记录（时间、种类 / 方式、对象、用量、花费等）；茶园修剪、耕作管理记录（时间、燃油消耗、花费等）；所有茶园管理投入品的台账记录（来源、数量、去向、库存等）；产出情况记录（鲜叶产量、采摘方式、用工花费、干茶种类、干茶产量、产值等）；加工所用能源类型及用量记录；销售记录及标识的使用管理记录。并逐一检查是否符合生态低碳茶基本条件的规定，无不符合项的判定为生态低碳茶。

▸ 拓展阅读

生态低碳茶基本条件（规范性附录）

素质拓展

绿色生态茶园就是在践行“绿水青山就是金山银山”的发展理念。推动绿色发展、建设大美茶乡。在有序推动绿色低碳转型的同时，大力推进绿色低碳技改等项目，扎实做好“治山理水、显山露水”的文章，加快实现经济发展“高质量”和生态环境“高颜值”。

课后思考

模块二 · 项目五 · 任务四

参考答案

任务拓展训练

建立生态低碳茶小组，走访当地茶园，了解其生产过程、生产效益及生产理念，根据当地茶叶销售实际情况和销售预期进行效益评估。从经济效益、生态效益两个方面引导茶农开展生态低碳茶园建设工作，着力为当地茶园可持续发展、消费者的身体健康和长期培育打下坚实的品质基础。

任务五　绿色食品茶园建设与管理

知识储备

绿色食品，是指产地环境质量符合《绿色食品 产地环境质量》（NY/T 391—2021）的要求，遵照绿色食品生产标准，生产过程遵循自然规律和可持续发展原则，产品质量符合绿色食品产品标准，并经专门机构许可使用绿色食品标志的，无污染的，安全、优质、营养类产品。

绿色食品分为AA级和A级，AA级绿色食品与有机食品要求相近，在生产过程中不得使用化学合成的肥料、农药、兽药、渔药、添加剂等物质。A级绿色食品可限量使用限定的化学合成生产资料，但有严格的标准。

一、产地环境要求

绿色食品茶生产基地应选择在无污染和生态条件良好的地区，基地选点应距离公路、铁路、生活区50m以上，距离工矿企业1000m以上。同时绿色食品生产基地应具有可持续的生产能力。

绿色食品茶园空气质量、土壤环境质量、灌溉水质量应符合《绿色食品 产地环境质量》（NY/T 391—2021）的要求。

空气质量要求（标准状态）

序号	项目	日平均	1h平均
1	总悬浮颗粒物（TSP）/(mg/m³)	≤ 0.30	–
2	二氧化硫（SO_2）/(mg/m³)	≤ 0.15	≤ 0.50
3	二氧化氮（NO_2）/(mg/m³)	≤ 0.08	≤ 0.20
4	氟化物(F)/(μg/m³)	≤ 7	≤ 20
注：日平均指任何一日的平均浓度；1h平均指任何一小时的平均浓度。			

土壤质量要求

序号	项目	浓度限值
1	pH值	4.0 ~ 6.5
2	镉/(mg/kg)	≤ 0.30
3	汞/(mg/kg)	≤ 0.25
4	砷/(mg/kg)	≤ 20
5	铅/(mg/kg)	≤ 50
6	铬/(mg/kg)	≤ 120
7	铜/(mg/kg)	≤ 50

灌溉水质量要求

序号	项目	浓度限值
1	pH值	5.5 ~ 8.5
2	总汞/(mg/L)	≤ 0.001

续表

序号	项目	浓度限值
3	总镉 /(mg/L)	≤ 0.005
4	总砷 /(mg/L)	≤ 0.05
5	总铅 /(mg/L)	≤ 0.1
6	铬（六价）/(mg/L)	≤ 0.1
7	氟化物 /(mg/L)	≤ 2.0
8	化学需氧量（CODCr）/(mg/L)	≤ 60
9	石油类 /(mg/L)	≤ 1.0

二、园地规划与建设

绿色食品茶园规划与建设应有利于保护和改善茶区环境的生物多样性，维护茶园生态平衡，发挥茶树优良种性，便于茶园排灌、机械作业和田间日常作业，促进茶叶生产的可持续发展。

绿色茶园园地规划、道路设置、排灌系统等基础建设规则参照本书模块一项目四内容。在绿色食品茶园规划时还应注意以下几项。

（1）隔离带建设。在绿色食品茶园与常规生产区域之间应设置有效的隔离带或物理屏障，以防止绿色食品产地受到污染。隔离带以山、河、溪或自然植被等天然屏障为宜，也可以是人工营造的树林和农作物（农作物应按绿色食品生产方式种植），两者交界处应有明显可识别的界标。对于面积较大且集中连片的基地，每隔一定面积应保留或设置一些林地。

（2）积肥坑建设。绿色食品茶园规划、建设时还应考虑积肥坑建设，每 2 ~ 3hm^2 茶园应修建一个积肥坑，生产者平时可将各种有机物料（如杂草、秸秆、畜粪、绿肥等）堆积于坑内，经堆制腐熟后供茶园施用。

三、茶园生产管理

绿色食品茶园种苗选择、种植方法、土壤管理等方面可参照本模块项目五任务三内容。AA 级绿色食品茶与有机食品要求相近，在生产过程中不得使用任何化学合成的添加剂，茶园管理参照有机茶园进行。A 级绿色食品茶园管理要求低于 AA 级绿色食品茶园管理要求，在茶园施肥，病、虫、草害防治时允许限量使用限定的化学合成生产资料。因此，本部分重点针对 A 级绿色食品茶园施肥和病、虫、草害防治进行阐述。

（一）茶园施肥

绿色食品茶园的施肥要求、肥料种类和质量要求必须符合《绿色食品 肥料使用准则》（NY/T 394—2023）的规定。施肥原则如下。

（1）坚持有机与无机养分相结合，逐渐提高作物秸秆、畜禽粪便利用比例，通过增施有机肥或有机物料，改善土壤物理、化学与生物性质。

（2）实施化肥减控，无机氮素用量不得高于当季作物需求量的一半，根据有机肥磷、钾投入量相应减少无机磷、钾肥使用量。

（3）因地制宜根据土壤肥力状况和作物养分需求规律，适当补充钙、镁、硫、锌、硼等养分。

（4）使用安全、优质的肥料产品，有机肥的腐熟应符合《畜禽粪便堆肥技术规范》（NY/T 3442—2019）的要求，肥料中重金属、有害微生物、抗生素等有毒、有害物质限量应符合《肥料中有毒有害物质的限量要求》（GB 38400—2019）的要求。

（5）严禁使用生活垃圾，未经处理的污泥和含有害物质（如病原微生物、重金属、有害气体等）的工业垃圾；未经发酵、腐熟的人畜粪尿；成分不明确或含有安全隐患成分的肥料；添加有稀土元素的肥料；转基因品种及其副产品为原料生产的肥料；国家法律、法规禁用的肥料。

施肥方法如下。

（1）基肥：每年 10 ～ 11 月，将有机肥结合深耕施入。每亩茶园施饼肥或商品有机肥 200 ～ 400kg，或施腐熟农家肥 1000 ～ 2000kg，必要时可施用矿物源肥料、微生物肥料，A 级绿色食品茶园基地可选择配施部分有机 - 无机复混肥、无机肥料和土壤调理剂。

（2）追肥：可结合生产规律、采摘情况进行多次追肥。采用速效有机肥，如经过充分腐熟和无害化处理的堆沤肥、畜禽粪肥等，也可用有机茶专用追肥。

（二）病、虫、草害防治

绿色食品茶园病、虫、草害防治坚持遵循“预防为主，综合治理”的总体原则，通过保持和优化茶园生态系统为基础，不断提高茶园生物多样性，从而维持茶园生态系统的平衡，建立有利于各类天敌繁衍，不利于病、虫、草害滋生的茶园生态环境。绿色食品茶园病、虫、草害防治采用农业防治为主，优先使用物理防治与生物防治，具体方法参照本模块项目四内容。A 级绿色食品茶园的管理，必要时允许合理使用低风险农药。

绿色食品茶园宜使用低毒、低残留、高效的农药品种，严格执行安全间隔期规定。农药使用必须符合《绿色食品 农药使用准则》（NY/T 393—2020）的规定。农药残留量应符合《食品安全国家标准 食品中农药最大残留限量》（GB 2763—2016）的要求。

▶ 拓展阅读

AA 级和 A 级绿色食品茶园允许使用的农药清单

四、生产记录和档案管理

建立完善的农事活动档案，包括生产过程中肥料、农药的使用和其他栽培管理措施（如《绿色食品茶园生产记录表》）。绿色食品认证茶园需每年接受相关认证机构的检查，各类相关记录是认证检查的重点内容，也是市场监督管理部门不定期抽查的主要依据。

绿色食品茶园生产记录表

时间	地块	田间农事记录						采摘	加工	入库贮藏	备注
		施肥	病虫害防治	投入品名称、批号	修剪	耕作	灌溉				

绿色食品茶认证涉及茶叶种植、生产加工和销售的各个环节。茶园管理中需要及时记录和保存的文档材料主要包括：茶园基地信息登记表、茶园土壤监测报告、农资（肥料、农药、黄板、地膜等）采购记录、农资出入库记录、农资采购票据 / 合同、施肥记录（肥料品种、地块、使用时间等）、病虫草害防治记录（方法、物质、地块、使用时间等）、鲜叶采收记录（时间、地块、重量、人员等信息）及其他相关记录等。相关记录需设置专人专柜保存，保存时间不低于 5 年。

素质拓展

针对不同等级农业生产基地管理，国家经常修订《农药合理使用准则》及相关标准，为什么修改得如此频繁？

（1）农业生产的物资更新非常快，一些新型农药、化肥产品具有更高效、更环保的特点，值得推广应用。相关规范的重新修订能够及时限制高毒、高残留、高风险的化肥农药的使用，更有助于茶园的健康、可持续生产。

（2）国际市场对农产品的要求越来越高，制定的商品准入标准越来越高。如果农业生产还停留在旧的生产标准之上，则农业产品将无法推向国际市场。

（3）消费者越来越注重食品安全、身体健康问题，对市场必须做好农产品生产规范和标准有更高的呼声。

课后思考

模块二·项目五·任务五

参考答案

任务拓展训练

通过电话联系、网络查询、文献查阅等方式对自己所在地的茶园基地、茶叶产品认证情况做一项调研，了解自己所在地区的茶园绿色认证茶园的面积、产品认证数量、所涉及茶企的情况，思考在整个茶产业快速发展的背景下，当地茶产业应该如何定位和打造更高效的茶园基地。

任务六　低产茶园改造

知识储备

一、低产茶园的概念与形成原因

（一）低产茶园的概念

茶树是一种多年生的木本叶用经济作物，自然生长寿命可达几十年、几百年甚至上千年之久。但是栽培茶树的经济年限一般不太长，其产量在种植的前 15 年左右逐年上升。栽培后的 15 ~ 30 年，在管理良好的条件下，可以保持较高的产量。此后，随着栽培茶树生物学年龄的增长，树势逐渐衰退，单产下降，即使在良好的肥水管理条件下，也无法改变产量逐年递减的局面，形成低产的衰老茶园。还有另一种情况，按茶树的生长年龄，应该属于单产上升期或者高产期，但由于茶园立地条件不良、栽培技术不佳、品种不优等原因，导致茶园单产低、品质差，这类茶园属于半衰老或未老先衰的低产茶园。

低产是一个相对的概念。我国茶区辽阔，气候多样，环境条件复杂，茶园管理水平不一，所以不同地区茶园的单产差异很大。在气候适宜或管理水平较高的地区，低产的临界值高一些，次适宜区则适当低一些。如江南茶区把 80kg/ 亩定位低产茶园，江北茶区则以 60kg/ 亩作为低产茶园。同一纬度的高海拔茶园比低海拔茶园适当低一些。同样由于不同历史时期的茶园管理水平不同，茶园产量也会不同，低产的标准也有差异。因而不能用固定的指标来界定不同地区、不同生产单位、不同时期的茶园是否为低产茶园。一般在确定茶园低产临界值时，凡单位面积产量及产值均低于当地或者本单位的平均水平时，可视为低产茶园。

（二）低产茶园形成的原因

低产茶园在改造前应该弄清楚造成茶园低产的原因，才能采取针对性措施进行改造，做到有的放矢。归纳起来导致茶园低产的原因主要有以下几个方面。

1. 茶园建设基础差

部分茶园选址不当，地形比较复杂，立地条件差，坡度比较陡，道路和排蓄水设施不完善。或者茶园所在地土壤贫瘠，土层浅薄、有机质缺乏，水、肥、气、热不协调。没有按照生态茶园管理模式进行规划，生态环境恶劣，茶园建成后水土流失严重。园地开垦不符合规范要求，开梯级时表土在下，心土在上，忽略土壤熟化环节，梯面表层土壤肥力差。种植前没有开挖种植沟，底肥不足影响了茶树的长势甚至成活率降低，出现缺行断丛。以上均会造成茶园低产或者无产。

建园基础差的茶园

2. 树龄过大

有些茶园为20世纪八九十年代或更早时期种植，茶树树龄长，树势衰弱，鸡爪枝增多，发芽迟，叶片小，且多是对夹叶或单片叶，叶质比较差。同时根系也表现出衰老，根系分布范围缩小，吸收根大量死亡，养分和水分无法正常输送，枝干不断干枯死亡，绿叶层减少，以致茶树的产量和品质大大降低。

长期无人管理的荒废茶园老茶树

3. 品种结构不合理

有些茶园在引种时，没有充分考虑品种的生物学特性和当地的自然条件，导致茶树表现不佳，如发芽期不一致、芽叶大小不均、颜色黄绿不一，产量不高，效益低，且难以实现机械化管理。

茶园培管不当导致芽叶发黄、稀疏

4. 茶园栽培措施不当

许多分散经验的茶园管理粗放，长期不施肥或施肥过多，导致土壤板结，肥力下降，茶树花果较多，茶园过早出现枝条稀疏、绿叶层薄、对夹叶比较多等未老先衰的现象，茶园的产出能力减弱。部分茶园存在不修剪或者修剪不当等现象，尤其是忽视定型修剪，投产茶树树型结构不合理，没有形成良好的采摘蓬面，茶园单产不高。大部分低产茶园不进行中耕，只有极少部分茶园结合除草进行一次浅耕，久而久之土壤耕作层变得浅薄板结，通透性和保水、保肥性变差，土壤养分不足，根系活动减弱，影响树势。还有的茶园病虫害防治不力，对病虫害没有引起足够的重视，茶树苔藓、地衣、茶饼病、茶小绿叶蝉等大面积为害，没有对症防治，影响了产量。

管理不当茶园

5. 缺株断行严重

部分早期种植的茶园，采用大行距稀植、零星丛植的方式种植，后期又缺乏科学管理，导致茶丛稀疏，株行距过大且缺丛严重，土地利用率低。这类茶园没有合理的茶树群体结构，绿叶同化面积小，光能利用率低，干物质积累少，茶树生产机能衰弱，单产低。

茶行缺株茶园

6. 采摘不合理

由于茶园前期投入大，有些茶园管理者为了使茶园尽早产生经济效益，在幼龄期就开始大量采摘鲜叶，或者进行掠夺式的强采、滥采，这种不合理的采摘严重损伤了树体，导致茶树枝干细弱，树冠未老先衰，叶层变薄，营养面积越来越小，光合作用减弱，产量降低。

幼龄茶树强采导致树势衰弱的茶园

二、低产茶园改造技术措施

（一）树体改造，复壮树势

为迅速恢复茶园面貌、提高产量，需要对茶树树体进行科学的改造。根据茶树不同生长情况，分别采用不同的改造方法。树势衰老、病虫害严重的茶园，宜采用台刈的方法；采摘过度造成树势矮小，未老先衰的茶树，宜采用蓄养或重修剪的方法；茶树枝条生长不一致的，可以对茶树进行疏枝修剪。

低产茶园树体改造措施

茶园条件	改造措施	操作要点	示例图
幼龄茶树或台刈后的茶树，由于采摘不合理（早采或者强采），肥培管理不善，造成茶树矮小，树势未老先衰	蓄养	1. 一般树势矮小（70cm 以下），通过一年的蓄养，其间对生长较旺的新梢进行打顶，有利于树高树幅的增加 2. 茶树比较高大（70cm 以上）的，只需春茶不采，当年夏秋茶可以留叶采摘以恢复树势	
1. 茶树树龄不大，但是由于幼年期定型修剪差，采摘不合理，肥水管理跟不上，导致树势未老先衰，发芽能力变弱，绿叶层稀薄，芽叶几乎全部成对夹叶，新梢细弱短小 2. 采摘以后，树冠面呈现一层小枝，局部出现枯枝，但骨干枝仍有较强的活力	重修剪	1. 剪去树高的 1/3 或 1/2 2. 保持同一块地或同一茶行留茬高度大体一致，以便后期管理	
1. 树龄较大的茶树经过多年采摘，树势逐渐衰老，发芽能力变弱，主干出现枯枝，根颈部萌发枝条，有自然更新的现象 2. 枝干上寄生着苔藓或地衣，呈灰白色，生机显著减退	台刈	1. 一般在距地面高 10 ~ 15cm 的地方，将茶树枝条全部砍掉 2. 台刈时，切口力求平滑，不要砍破树桩，以免造成树桩干枯，导致新生枝条生长不良	

（二）改善土壤管理，提高园地肥力

土壤是茶园生产的基础，高产茶园一般具有土层深厚、有机质含量高、保水保肥能力强、水肥气热比较协调的性状。深翻改土可以使耕作层变厚，土壤变松，土

壤蓄水能力增强，同时使根系得到充分的发育，是低产茶园改造的有效技术措施。深翻改土宜选在树冠改造当年的秋末冬初进行，深耕厚度 30 ~ 50cm，尽量做到表土和底土互换，促进土壤熟化，逐步加厚耕作层。同时增施有机肥，配合磷、钾肥使用，增加有机质，改善土壤结构，提高土壤肥力。深耕虽然会损伤部分根系，但茶树断根后会很快发出新的吸收根，半年后就可以形成健全的有效吸收根系，利用深耕对根系更新的作用可以促进树势更新。

（三）补植缺株，合理密植

有些低产茶园缺株断行，茶丛数量不足，使得茶园绿叶覆盖率低，进行光合作用的面积少，茶园产量低，并且水土流失比较严重，生态环境恶化，园相较差。对此类低产茶园进行改造时，应该补植茶株，增加茶丛覆盖度。通常对茶行距不超过 1.5m 的低产茶园进行补株齐行，在茶丛间隙较大的地方补栽茶株，使之变成条状茶行。对于原行距达到 2 ~ 3m 的低产茶园，除了补株齐行外，行间还要加补一行。一般采用大苗补栽或归并补缺效果较好，补苗来源是将多年生荒苗重剪以后进行移植，不足的就选 2 年生的良种茶苗进行移补。补植前，必须开沟，重施有机肥，促进茶树早生快发提早封行。同时应搞好以水土保持为主体的茶园基础建设，如茶树行间铺草，整理排蓄水系统，修理园内道路，营造防护林等，从而改善茶园的生态环境，达到增产的目的。

（四）改植换种，重新建园

有些低产茶园茶丛稀疏零乱，树势老，缺丛达 60% 以上。这样的茶园，可以采用改植换种的方法进行改造。引进适应当地气候的良种茶苗，移栽至老茶丛之间，在新种植的茶苗投入生产前，原来的老茶丛仍然进行采摘和管理，待新茶丛生长定型并正式投产后，逐渐挖掉老茶丛，再进行补株齐行。对于缺株非常严重且茶树年龄比较大的低产茶园，可以挖掉老茶树，更换良种，按照新茶园进行改植建设，并按照新茶园的管理方式进行管理。

三、低产茶园改造后的培育管理

低产茶园在进行改造后，要发挥各项技术措施的作用，必须加强改后的培育管理，主要做好以下几个方面。

（一）勤于中耕，科学施肥

低产茶园一般土质较差，缺肥明显，重修剪和台刈后的茶园与幼龄茶园一样，必须勤于中耕，疏松土壤，为茶树生长复壮提供良好的条件，低改后每年应进行 3 ~ 4

次中耕。低产茶园改造后，要在施氮肥的基础上增加磷、钾肥的比重，特别要增施有机肥。这样不仅可以提供茶树所需的全面养分，还具有改土的作用。施肥量可根据茶园的具体情况和茶树的生长需求进行合理调整。

茶园进行重修剪或者台刈后，茶园覆盖面减少，土壤裸露，水土流失风险增大。因此可在茶行间种植绿肥，既能够保持水土和防治杂草，还能够增加土壤肥力。有研究表明，在山区贫瘠茶园套种绿肥后，土壤中碱解氮、速效磷、速效钾含量均有不同程度提高，绿肥套种以及压青或沤制后施用，其有机质能有效改善茶园土壤团粒结构，土壤变得疏松肥沃。同时绿肥本身含有的多种微量元素和营养物质，不但能为茶树的正常生长提供各种营养成分，还能增加环境的物种丰富程度。

（二）及时修剪，打顶养蓬

经过台刈或重修剪改造后的茶树，初期需经过多次定型修剪来培养骨干枝，并采用轻修剪来养蓬。新萌发的枝条生长没有规则，往往会生长许多细弱浓密的小枝，使茶蓬闷闭，难以形成健壮宽阔的采摘面。因此，在修剪新枝的同时，必须进行疏枝，将低层生长细弱的枝条全部剪去，使之通风透气，养分集中，直至树冠达到采摘标准后才能正式投产。

采取清蔸亮脚修剪措施后的茶园

（三）合理采摘，培养树冠

树冠更新以后，新生枝条生长旺盛，可采用“采养结合，以养为主”的措施培养丰产树冠。在树冠改造后的 1 ~ 2 年内，应把采摘看作是培养树冠的一项技术措施，在茶树高度未达到 70cm，树冠宽幅未超过 1m 时，只能采用打顶采摘的方法，即采高留低，采中留边，采密留稀，以抑制主枝生长，增加分枝密度，提高生产枝数量。只有树冠高度、宽幅达到投产标准时，才可正式开采。

（四）加强植保，防治病虫害

茶树改造后，新生枝叶幼嫩茂盛，抵抗力弱，容易发生各种病虫害。因此，要加强病虫的检查和防治工作。应坚持以预防为主、综合防治的原则，采取生物防治、物理防治以及科学使用农药等方式进行综合防治，以保证茶叶质量和茶树的健康生长。

茶树修剪发新芽后在茶园插黄板防治害虫

四、低产茶园改造后的生态建设

一些低产茶园环境条件差、水土流失严重、肥力水平低下。在进行低产改造后，无法长期保持高产优质的生产水平，因此必须改善茶园生态环境，因地制宜地建立良好的茶园复合生态系统，让茶园生态系统的各种生物之间、生物与环境之间形成良好的互利关系，才能让低产茶园变成高产优质的可持续发展茶园。

（一）完善基础配套设施

在茶园生态建设过程中，需要建设科学的排水蓄水系统，根据当地的地质、地貌，设置相关的排水沟。可依照茶园面积，建设相应数量的蓄水池，以满足干旱季节对茶园进行灌溉的需求。对于有条件的茶园，可以建设喷灌以及浇灌等灌溉设施，使茶园生态水平以及茶叶综合品质得到全面提升。

茶园铺设滴灌管道

（二）合理实施茶园间作套种

为建立和保护茶园复合生态系统，可在茶园周边种植防护林与隔离带，以防止茶园受到风雪、寒风等不良天气的影响。可在茶行间种植遮阴树，种植的间距为 10 ~ 12 m。并在茶园道路两侧种植绿化树，种植间距为 3 ~ 5 m。遮阳树和绿化树应选择适合当地环境的乔木或者灌木，在保障茶园美观性的同时还能全方位改善茶园的微生态系统。梯级茶园需要在茶园梯壁位置种植护梯植物，也可利用绿肥及树苗保护茶园原有的花草，避免雨水冲击，达到牢固梯壁的效果，使茶园具备良好的保水及保梯能力。对于茶园杂草，不可斩草除根，应定期割除。

茶园套种观赏性小乔木

（三）病虫害综合防控

低产茶园改造后，容易发生各种病虫害。在茶园生态建设过程中，应推行病虫害综合防控技术，以防为主，防治结合，优先采用农业防治、物理防治、生物防治技术。科学应用化学防治技术，尽量少用或不使用化学农药。

1. 农业防治

改植换种的茶园可以选择抗病虫害能力强的茶树品种，合理密植。合理修剪，及时清除病虫枝，防止病虫害扩散，增强茶园通风透光性；及时采摘，抑制芽叶病虫害的发生；增施有机肥和适量钾肥，提高茶树抗性；做好冬季清园，减少越冬病虫害基数，施用石硫合剂和波尔多液等进行封园。

2. 物理防治

可以利用害虫的趋性对茶树害虫进行诱杀，利用多样化的措施进行害虫防治，如色板、生物性息素及频振式杀虫灯等。

3. 生物防治

通过人工释放或者保护蜘蛛、捕食螨、瓢虫、寄生蜂等茶园害虫的天敌，减少茶园虫害发生；使用微生物源、植物源、动物源和矿物源等生物农药，如苦参碱、印楝素、藜芦碱、除虫菊素、苏云金杆菌等。

4. 化学防治

做好病虫害监测预警，控制化学农药使用次数和用量，对茶叶限用或禁用农药，严格执行农药使用的安全间隔期，交替使用高效、低毒、低残留的农药。

素质拓展

学生讨论：低产茶园改造是茶园可持续发展的一项重要内容，分小组讨论，还可以采用哪些技术手段来实现茶园的可持续发展。

本项讨论旨在增强学生的生态保护意识和对新知识、新技术的探究兴趣，树立茶园绿色、生态、可持续发展的观念。

课后思考

模块二·项目五·任务六

参考答案

任务拓展训练

调查一定区域内的生产茶园，根据生产状况分析是否为低产茶园，若确定为低产茶园，请结合实际情况，填写《茶园低产情况调查表》，分析造成这片茶园低产的原因，并提出相应的改造方案。

茶园低产情况调查表

调查时间：　　　　　　调查地点：　　　　　　调查人员：

调查对象	茶园基本信息				是否为低产茶园	低产原因分析	改造建议
	亩产	亩均茶丛数量	株高	茶园施肥情况			
1							
2							

任务七 特色茶园管理

知识储备

茶树作为一种特殊的经济作物，具有品种丰富、芽叶特色鲜明、受环境因素影响大的特点。为更好地突出和发挥品种优势、设施优势、区位优势，以满足消费者需求、提升茶园经济效益，品种特色茶园、生产性特色茶园应运而生，如抹茶茶园、设施大棚茶园、黄金芽茶园。针对各类特色茶园的建设要求，需要采取不同的生产管理技术，才能更好地发挥出特色茶园的生产优势。

一、抹茶（碾茶）生产茶园管理

抹茶，是采用覆盖栽培模式下生产的优质鲜叶为原料，经过蒸汽或热风杀青、干燥处理，再经过研磨工艺加工而成的微粉状茶产品，具有口感细腻、功能性成分保留充分的特点，可广泛应用于食品、保健品、化妆品、饲料等各领域，附加值高、市场需求大。随着消费者对绿色、健康、有机食品越来越注重，加上抹茶健康、时尚理念的推广，国内抹茶茶园建设进入发展高峰期。因为抹茶是叶片的完全利用，大多是直接食用，所以对抹茶原料即茶鲜叶品质要求比较高，因而对茶树品种、栽培技术、环境条件要求很高，具有其独特的栽培生产特性。具体信息详见《抹茶》（GB/T 34778—2017）、《抹茶用茶树栽培技术规程》（DB 32/T 3862—2020）。

（一）茶园选址与规划

茶园位置直接影响茶叶的品质。优质茶园应选在海拔适中、土壤肥沃、植被丰富、生态环境好的地方，土壤 pH 值宜在 4.0 ~ 5.5。茶园所在区域植被覆盖率高，周边、上风口及水流的上游无污染源，与工厂区、垃圾场等污染源的直线距离应不小于 2km，与城镇、高速公路等的直线距离应不小于 500m，中间无自然遮挡的应设置隔离带或缓冲区。种植茶树的地块宜选择平地或 10° 以下缓坡，茶园规划合理，便于机械操作。具备完备的排水、蓄水系统。

（二）茶树品种选择

茶树品种要求叶绿素含量高、氨基酸含量高、叶面积大而薄、持嫩性强（长到一芽五至七叶，不形成对夹叶）、酚氨比低、产量高的无性系良种。经生产实践证明，除了日本的朝日、早绿、薮北、奥绿外，我国的龙井 43、中茶 108、福鼎大白茶等茶树品种也比较适合制作抹茶。

（三）茶园覆盖技术

抹茶（碾茶）生产茶园覆盖是茶园田间管理最重要的技术环节，是抹茶特殊品质“碾茶香”形成的关键技术。适度遮阴会增加茶叶中氨基酸的含量，并使茶多酚的含量减少，同时适度遮光会使茶树新梢变柔软、叶绿素增多，形成抹茶色泽翠绿，香气清高，滋味浓醇的品质特征。

大棚覆盖的抹茶（碾茶）生产茶园

茶园覆盖主要方法有大棚覆盖和直接覆盖两种，大棚覆盖是在用木头、竹子、水泥柱或者金属管组成的架子上铺麦秆、稻草、遮阳网等进行遮阴覆盖，此方法铺设难度较大，人工成本较高。直接覆盖即用遮阳网等覆盖材料对茶园进行简易覆盖，此方法的优点是成本低，操作方便。

抹茶（碾茶）生产茶园覆盖遮阴技术

遮阴方式	开始遮阴时期	遮光率	遮阴时间	操作要点
大棚覆盖	新梢一芽一叶初展期	70% 左右	10d 左右	1. 遮阴棚应与茶树采摘面保持 50cm 以上的距离，以便新梢生长，为便于管理，棚高应在 1.8 ~ 2m 为宜 2. 覆盖茶园在茶叶采摘前除去覆盖物，要求边去除覆盖物边采摘，否则新梢容易被阳光灼伤，从而影响茶叶品质
	新梢一芽二三叶初展	95%~98%	10d 左右	
直接覆盖	新梢长至一芽二叶初展期	85% 左右	20d 左右	1. 在高温的情况下慎用直接覆盖，夏季阳光直晒，遮阳网本身温度较高，容易烧伤叶片 2. 要根据气候及茶园长势情况，把握好覆盖时机和覆盖时间，保证茶叶品质和产量的平衡

虽然覆盖遮阴可以提升抹茶（碾茶）的品质，但是不易过度覆盖，过度覆盖的茶园，如遮光率过高，或者覆盖时间过长，不仅会使茶叶产量明显下降，而且新梢品质也会显著下降。

（四）抹茶（碾茶）生产茶园田间管理技术

1. 土壤管理

土壤是茶树生长的基础，其理化和生物性状的好坏直接关系到茶树的生长发育，进而影响茶叶的产量和品质。抹茶（碾茶）茶园管理措施主要包括茶园铺草、耕锄和灌溉等技术。

抹茶（碾茶）生产茶园土壤管理技术

土壤管理技术	作用	技术要点
铺草	保持水土，抑制杂草，调节土温，增加土壤有机质	第 1 次在春茶结束，施入追肥和锄草后进行；第 2 次在秋茶结束后，将第一次草料翻埋入土，再铺新草。铺草厚度在 5 ~ 10cm
耕锄	疏松土壤，改善土壤的通气透水条件，促进微生物分解有机物，使土壤有效养分的含量增加。清除杂草，促进根系更新	浅耕：深度在 5cm 左右，浅耕每年 3 ~ 5 次，可与施追肥和除草等作业结合进行 深耕：每年 1 次，一般在秋茶结束后与施基肥同时进行，深度应在 20cm 以上
灌溉	满足茶树对水分的需要，降低茶园温度，提高空气湿度，从而促进茶树生育	采用浇灌，喷灌、滴灌等技术，使茶园土壤湿度维持在田间持水量 70% ~ 90% 的范围内
施肥	补充土壤肥力，维持茶树正常生长发育，养成良好树势，提高茶叶产量和品质	施肥采用“一基三追”的方式多次进行。氮肥的分配比例为：基肥和催芽肥各 30%，追肥 40% 关键性施肥措施，以速效氮肥为主，应在采摘前约 40d 施用，以促进新梢萌发 追肥：在每季茶叶采摘后进行，施用含氮、磷、钾的复合肥，以促进新梢生长 基肥：一般安排在 10 月至 11 月中下旬，以施用有机肥为主，配合施用磷肥和钾肥，并结合土壤耕作进行 为充分提高氮肥的利用率，纯氮施用量每次不得超过 25kg/ 亩

2. 病虫害防治

由于抹茶（碾茶）茶园独特的栽培管理措施，茶园的病虫害相对较严重，新梢易受三角包卷叶蛾、螨的损害，另外由于覆盖导致通风不畅，茶园容易产生病害。

因此，应及时关注病虫害发生情况，尽早防除。抹茶（碾茶）生产茶园的病虫害防治应以农业防治为基础，积极推行生物防治和物理防治，最后辅助以化学防治。首先将茶叶生产中栽培技术措施如采摘、修剪、施肥和耕作等结合应用于病虫防治；其次应大力保护天敌，使用生物农药来防治害虫，维护茶园的生态平衡；最后，当上述措施无法奏效时，才采取化学防治，化学防治时应注意选用低残留、降解快的农药，并适当延长农药的安全间隔期。

3. 修剪

制作抹茶（碾茶）要求鲜叶有较多的叶片数量，同时又有较高的嫩度，因此茶树新梢的持嫩性尤为重要。这要求生产茶园除了覆盖遮阴外还要及时进行修剪整枝，以维持茶树良好的树势。一般春茶结束后，需对树冠进行修剪。具体方法视茶树树势由强而弱，分别采取轻修剪、深修剪等措施。但受气象条件和树势等因素影响，具体修剪方式会有所不同。夏秋季可以以机采代替轻修剪。

抹茶（碾茶）生产茶园修剪技术

修剪次数	修剪时间	修剪方式
第 1 次修剪	春茶采摘结束后进行	剪掉采摘面以下 3 ~ 10cm 的叶层，修剪长度可根据长势进行调整
第 2 次修剪	夏茶采摘结束后进行	采茶切面以下的 5cm 处进行修剪
第 3 次修剪	秋茶采摘结束后进行	采茶切面以下的 5cm 处进行修剪，必要时进行深修剪，在冠面以下 10 ~ 15cm 处进行

4. 采摘

抹茶（碾茶）原料一般在新梢生长至一芽三四叶，甚至一芽四五叶后才进行采摘。采摘过早，鲜叶不够成熟，成品味道清淡而且还有些许刺激感，滋味欠醇和；采摘过晚的叶片则会变老导致品质大大降低。采摘过程中要保持芽叶完整，不带老叶，高档抹茶应注意不采雨水叶，采下的鲜叶应及时运送到工厂加工。由于采摘期比较集中，开采前要做好前期采摘判断和人工数量的准备工作。

二、设施茶园管理

设施茶园是现代茶叶生产中的重要组成部分，通过人为控制环境条件，为茶树生长提供最佳的生长空间，从而实现茶叶的高产、优质和高效益。利用设施栽培茶树是保护茶树安全度过不利自然条件和提高经济效益的重要措施之一。茶树设施栽培在我国北方茶区已形成一定规模，成为北方茶区的支柱产业。

（一）设施茶园的建设

1. 选址与规划

设施茶园的选址应考虑生态条件、土壤条件、水利条件、交通条件等因素。优先选择土壤深厚、肥沃、排水良好、无重金属和农药污染的区域。同时，应确保茶园周围无工业污染源，空气和水源清洁。在规划上，要合理规划茶园道路、水利系统、防护林带等基础设施。茶园道路应便于机械化和日常管理，水利系统要确保灌溉和排水顺畅，防护林带则能减少风害和水土流失。

2. 设施建造与规格

设施茶园普遍采用温室或大棚结构，利用覆盖材料如塑料薄膜、遮阳网等来调节茶园内的光照、温度和湿度条件。在设计温室和大棚时，需确保结构稳固、透光性良好、保温隔热性能优越。同时，必须配备通风设备和灌溉系统，以便根据茶树的生长需求进行精确的环境调控。

北方茶区通常选择在 10 月下旬开始搭建棚架，包括设立立柱和在立柱上架设拱架，纵横向则使用钢筋或竹坯进行固定。到了 11 月中旬，在搭好的棚架上覆盖无滴膜，并确保薄膜拉紧固定，四周用泥土压紧。小雪前后，再盖上草苫以保温。大棚的构造分为全透明塑料大棚和单坡面日光温室（北侧为土墙或保温墙体）两种类型。大棚的规格通常为：长度 30 ~ 50m，跨度 8 ~ 10m（可容纳 6 ~ 8 行茶树），高度 2.5 ~ 3m，棚园面积约为 667m²。大棚的两端需留设进出门以便管理。

山东日照设施茶园

3. 品种选择与定植管理

在建立设施茶园时，可以选择在建棚后直接定植，或者选择符合特定条件的现有茶园进行建棚。茶树的种植需要规范操作，一般采用双行矮化密植的方式，具体株距为 20cm，大行行距为 1.5m，小行行距为 30cm。在品种选择上，应优先考虑产量高、品质优、适制性好的早生种。北方设施茶园常用的品种包括安徽槠叶种、龙井 43、白毫早和福鼎大白等。

对于新建茶园，需要对土壤进行深翻处理，深度需达到 80cm 以上。随后按照种植基线开沟定植，沟的宽度和深度均为 40cm。在沟内施入腐熟的有机肥，并掺入一定数量的无机肥。有机肥的用量为每亩施用 1000kg，或者施用饼肥 100 ~ 150kg 和复合肥 50kg。

（二）设施栽培管理技术

1. 覆膜与撤膜

在北方茶园，覆膜作业通常定于 11 月中下旬进行，旨在保护茶树安全越冬，而撤膜则安排在次年 4 月中下旬，以迎接春季的生长周期。覆膜过程中，需确保薄膜紧绷无皱褶，并采用压杆或卡簧固定。小雪节气前后，应加盖草苫或保温被以增强保温效果。覆膜期间，需密切关注温湿度的变化，特别是在晴朗的中午时段，适时通风降温，避免高温灼伤幼苗。撤膜前一周至十天，应逐步增大通风量，通过白天敞开通风口、夜晚关闭的方式，使茶树逐渐适应外界环境。

2. 光照管理与追肥

由于大棚环境相对封闭，易导致光照不足，影响茶树生长。因此，在晴朗天气下应及时揭开草苫，保持覆盖膜的清洁度，以提高透光率。在棚室后部安装反光幕也是增加光照强度的有效手段。此外，早春（2 月上旬）是茶树越冬芽萌发的关键时期，需及时追施复合肥，每亩用量为 30 ~ 40kg。同时，根据茶树生长情况，适时喷施叶面肥，注意在茶叶采摘前 20d 停止喷施，并重点喷洒叶片背面以促进养分吸收。为提升茶叶产量与品质，大棚茶园还需重视 CO_2 的补充，可通过碳酸氢铵与硫酸反应释放 CO_2，一般在上午 9：00 至 11：30 施用，碳酸氢氨用量在 3 ~ 5g/m^2 时，大棚内 CO_2 浓度可达 1g/kg。同时也可增加有机肥施用量，以自然方式提升棚内 CO_2 浓度。

3. 温湿度管理

大棚茶园的温度管理至关重要，需确保棚内温度维持在 15 ~ 25 ℃的适宜范围内，最高不超过 30 ℃，最低不低于 8 ℃。晴朗中午时段，若棚内温度过高，需及时开门或打开通风口进行降温处理，当温度降至 20 ℃时则需关闭通风口以保持适宜温度。夜间温度下降迅速时，应加盖草苫以增强保温效果。在遭遇寒冷阴雨天或大风天气时，需密切关注温度变化，必要时采取人工加温措施，确保夜间温度不低于 8℃，为茶树生长创造稳定的温度环境。

大棚覆膜后，由于膜层阻隔，茶园土壤接收的自然降雨量显著减少，因此覆膜前需确保茶园充分灌溉，使土壤水分达到饱和状态。然而，大棚内的封闭环境又导致水分不易排出，当空气湿度达到饱和时，会增加病虫害发生的风险。为有效降低空气湿度并抑制病虫害，应采取综合措施：一是结合通风降温进行换气排湿，保持棚内空气流通；二是通过行间铺草、覆盖地膜等方式，减少地表水分蒸发，将空气湿度维持在 70% ~ 80% 的理想范围内。同时，根据茶园土壤墒情，覆膜后除初次灌溉外，还需每隔 5 ~ 20d 进行一次适量浇水，可采用喷灌或人工喷雾器进行精细灌溉。

4. 病虫害防控

鉴于茶园害虫多具冬眠习性，大棚冬茶期间受害程度相对较轻，通常无须施用农药。对于少数严重病害如茶赤叶斑病，应优先考虑使用高效、低毒、低残留的农药，并严格把控施药量和安全间隔期，以减少对环境和茶叶品质的影响。更推荐采用农业防治和生物农药等绿色防控手段，如合理修剪、增强树势、利用天敌等，尽量避免化学农药的使用。

5. 耕锄与地面覆盖管理

针对大棚内气温高、杂草易滋生的问题，秋茶采摘后应结合施肥进行一次彻底的耕锄作业，以清除杂草和疏松土壤。随后，在茶行间铺设山地杂草、作物秸秆等作为覆盖物，厚度控制在 10 ~ 15cm，并适当压土固定。这些覆盖物不仅有助于降低土壤水分蒸发、保持土壤湿度和温度，还能在次年秋季深翻时改良土壤结构、提升土壤肥力。

6. 茶树修剪技术

茶树的修剪是保持树形优美、提高茶叶品质的关键措施。秋茶后应进行轻修剪和边缘修剪，将树冠蓬面整理成弧形，同时保持行间 15 ~ 20cm 的间隙，以促进通风透光和养分积累。春季修剪应推迟至春茶采摘后进行（约 5 月中下旬），并根据茶树生长情况每隔 2 ~ 3 年进行一次深修剪，5 ~ 8 年进行一次重修剪。修剪时应严格控制树高在 60 ~ 70cm，彻底剪除鸡爪枝和瘦弱枝，以增强树势和提高春茶产量。需注意的是，应避免在秋冬季节进行深修剪，以免影响翌年春茶的产量。

7. 茶叶适时采收

大棚茶叶的采收应突出“早”，坚持早采、嫩采的原则，以加工出高品质的名优茶。当茶园中有约 5% 的新梢达到一芽一叶初展时即可开始采摘。前期可留鱼叶采摘，后期则留一叶采摘。揭膜后，春茶应继续留一叶采摘，而夏秋茶则可根据实际情况决定是否采摘，以保持叶面积系数在 3 ~ 4，确保大棚茶园有足够的光合面积来提高来年茶叶的产量和品质。

三、黄金芽品种茶园的管理

黄金芽茶树品种为光照敏感型、黄色系白化变异品种，其氨基酸含量较高，干茶亮黄、汤色明黄、叶底纯黄、滋味鲜爽、香气浓郁。具有较高的经济价值，目前很多地区已经开始种植此品种。

黄金芽生产茶园

（一）建园

黄金芽茶树适宜生长在气候温和、雨量充沛、土壤肥沃且排水良好的环境中，茶园宜选在背靠西南，年光照量相对较少，交通相对便利的山地或缓坡地，坡度应不超过25°，土壤pH值在4.5 ~ 5.5。为方便管理，茶园应设计主道、支道和园道。同时建立相应的排水灌溉设施。

选择生长健壮、无病虫害、根系发达的黄金芽茶树种苗。优先考虑无性繁殖的扦插苗，以保证品种的纯正性和一致性。

（二）黄金芽品种茶园管理

1. 茶树修剪

茶苗种植后要定期进行修剪，以养成高产优质树冠，修剪方式与时间与常规茶园基本一致。

2. 搭棚遮阴

与绿色系品种不同，黄金芽品种新梢都是黄绿色，易受强光高温灼伤。另外，新种植的茶树苗叶、茎都比较嫩，木质化程度不够，在高温强光条件下蒸腾作用较盛，很可能造成植株失水枯萎。因此，幼龄茶园需要搭建遮阴棚，拱棚中间高度70cm，拱棚与茶苗距离保持20cm以上，两端揭开，有利于通风透气。

黄金芽幼龄茶园的遮阴管理技术

种植时间	遮阴度	遮阴时间
第 1 年	75%	全年覆盖
第 2 年	75%	夏秋季半年覆盖
第 3 年	50%	夏秋季半年覆盖

3. 土壤管理

黄金芽茶园的土壤管理主要包括灌溉、施肥、耕锄等技术，其管理技术与常规茶园基本一致。

4. 病虫害防治

坚持“预防为主，综合防治”的方针，结合茶树的生产管理，采用生物防治、物理防治和化学防治相结合的方法进行综合防治。

5. 鲜叶采摘

黄金芽品种主要以人工采摘为主，当茶园中有 10% 左右的新梢达到采摘标准即可开采，此时应安排好劳动力，及时分批按标准采摘，同批芽叶长短大小应匀齐一致。采用提手采的方法进行采摘。杜绝掐、捋、抓等不正确的采法，不采残、破、碎、虫、冻伤和无芽叶。采摘下来的鲜叶用清洁卫生、透气性良好的细孔竹篓、塑料篓盛放，不得用编织袋或密闭的塑料袋等软包装材料，不得挤压，避免阳光直射，采后应及时运往加工厂加工。

黄金芽新梢一芽一叶和一芽二叶

▶ 拓展阅读

中国重要农业文化遗产实录——茶文化

素质拓展

设置模拟场景，如茶园病虫防治、施肥管理、采摘等茶园管理场景，同学们分组进行模拟演练，通过模拟茶园管理的各个环节，提升学生的实践能力。演练结束后，对各小组的表现进行评估，指出存在的问题和改进的方向。

课后思考

模块二·项目五·任务七

参考答案

任务拓展训练

某公司看准抹茶开发市场，但从头建立抹茶茶园基地生产周期过长，希望利用现有投产茶园开展抹茶生产。请调研当地茶园生产现状，根据抹茶生产茶园管理要求，完成以下《抹茶茶园情况调查表》，并给出现有茶园改造抹茶茶园的改造建议。

抹茶茶园情况调查表

序号	调研项目	调研结果	是否符合抹茶生产要求	改造建议
1	茶园地理位置			
2	茶树品种			
3	海拔			
4	生态环境			
5	茶园水分情况			
6	茶树长势			
7	茶园产量			
8	施肥情况			
9	病虫害防治措施			
10	茶园覆盖情况			
11	当地采摘习惯			

项目六

茶叶质量安全追溯管理

思维导图

项目六 茶叶质量安全追溯管理
- 任务一 茶叶质量安全管理
- 任务二 茶叶质量安全追溯管理制度的建立

学习目标

知识目标：

· 了解茶叶质量安全概念及相关法律法规；

· 了解茶叶质量追溯管理制度的管理机制。

能力目标：

· 掌握茶叶种植、加工、流通和销售过程中的主要质量安全风险来源及关键控制点，并能够设计有效生产管控方案；

· 能够运用国家颁布的茶叶质量安全追溯管理制度的要求及操作技术，建立符合企业实际发展需求的企业追溯管理制度。

素养目标：

· 建立制度管理的运营理念，学会利用制度帮助体系更好地良性、高效运转；

· 通过质量安全知识的学习，倒逼自己夯实专业技能，促进产业高质量发展。

项目说明

中国是茶叶生产消费大国，也是茶叶出口大国，2022 年全国茶园总面积和茶叶生产总量居全世界第一位，分别占世界总量的 60% 和 45%。茶叶作为一种直接加工、直接冲泡饮用的饮料食品，其质量安全是茶产业发展的生命线。重视茶叶的质量安全，建立茶叶质量安全追溯体系既是对茶叶消费者生命健康负责，也是维护茶叶生产、加工、流通和消费市场正常秩序所需，更是确保茶叶产品质量安全，提升品牌形象的重要手段。

任务一 茶叶质量安全管理

知识储备

一、茶叶质量安全的概念

茶叶质量安全是指以科学可行的方法、采用先进高效的生产技术和试验示范的综合成果为基础，结合相关区域的茶叶产业和茶叶消费实际，以有利于人体身心健康及营养保健为重心，确定相对合理的内在品质技术参数和农药残留及重金属残留限量指标。茶叶质量安全即关系到我国茶叶产业高效、健康、可持续发展，也关系到全国乃至全球消费者的身体健康和营养保健。

中国是世界上最早发现和利用茶叶的国家，茶叶是我国传统饮品，也是我国出口的主要经济农产品之一。新中国成立之初，居民生活水平较低，解决温饱是国家和全民关注的重点，全国茶叶采用统购统销模式，并大量用于出口创汇发展经济。自 20 世纪 90 年代开始，国家经济实力和居民生活水平得到大幅提升，食品和农产品的质量安全逐渐受到消费者的关注。

农产品、食品和茶叶质量安全事故的频频发生，引起了国家、政府和消费者的广泛关注。食品安全事故不仅危及全民健康，同时对相关产业会造成致命性乃至毁灭性打击。为进一步规范、完善食品质量安全，国家相继出台了法律法规，相关职能管理部门加强了食品安全监管。

二、茶叶质量安全相关法律法规

（一）茶叶质量安全标准体系

我国茶叶质量安全标准体系的建设是一项系统工程，需要全国人民和广大茶叶生产者、加工者、销售者及茶叶消费者的团结协作、共同努力。建立、健全和完善茶叶质量安全标准体系，应以建立、健全统一的茶叶标准为基础，以构筑标准化茶叶生产体系为突破口，以完善茶叶产品质量安全管理体系为保障，以相关系统理论为指导，采取积极安全有效的措施，解除茶叶生产、加工、包装、流通和销售体系各环节可能存在的安全风险。

（二）茶叶质量安全标准体系的分类

茶叶质量安全标准体系的分类见下表。

茶叶质量安全标准体系的分类

序号	类型	相关标准
1	国际标准	国际食品法典委员会标准 CAC、欧盟标准 EN、欧盟法规 EC、国际标准化组织 ISO 等
2	国际区域标准	欧洲标准化委员会（CEN）发布的欧洲标准 EN、非洲地区标准化组织（ABSO）发布的 ARS 等
3	国家标准	中国 CN、美国 ANSI、英国 BS、法国 NF、德国 DIN、日本 JIS 等
4	中国国家标准	国家标准 GB、国家计量技术规范 JJG、国家计量检定规程 JJG、国家环境质量标准 GHZB、国家污染物排放标准 GWPB、国家污染物控制标准 GWKB、国家内部标准 GBn
5	行业标准	我国常见的茶叶行业标准有以“NY/T—”等为代号的绿色食品茶、有机茶生产等
6	地方标准	我国常见的地方标准代号由“DB”加上省、自治区、直辖市行政区域代码前两位数字表示，如“DB43”代表湖南省地方标准
7	团体标准	团体标准由社会团体自主制定发布，一般命名规则为“T/社会团体缩写”，团体标准一般为推荐性标准，旨在推动茶叶产业的标准化、规范化和品牌化发展，提升茶叶产品的质量、安全和市场竞争力
8	企业标准	有企业、事业单位按照所需协调、统一的技术要求、管理要求和工作要求自行制定的标准。常见的企业标准代号有“Q”等字样，企业标准必须高于国家和行业标准
9	国家标准化指导性文件	常用“GB/Z”表示，如“GB/Z 21722—2008”等

根据标准的性质可分为：基础标准、技术标准、管理标准、工作标准等。

根据法律的约束性可分为：强制性标准、推荐性标准。

根据标准化的对象和作用可分为：产品标准、方法标准、安全标准、卫生标准、环境保护标准等。

（三）我国茶叶质量安全相关的法律法规

茶叶属于饮料食品类农产品，适用于《中华人民共和国农产品质量安全法》《中华人民共和国食品安全法》以及其他相关的法律法规。相关法律对包含茶叶在内的农产品农药残留超标、污染物超标等监管有明确、详细的规定，一些茶叶主产区、优势区也制定了相关地方标准、管理条例，着力加强茶产业保护和发展。

1.《中华人民共和国农产品质量安全法》

2006 年 4 月 29 日，第十届全国人民代表大会常务委员会第二十一次会议审议通过《中华人民共和国农产品质量安全法》，2006 年 11 月 1 日正式实施。

《中华人民共和国农产品质量安全法》以强化产地检测、源头控制为出发点，加强生产过程的有效控制、强力推行标准化生产和规范化管理，以强化农产品质量安全管理责任和农产品质量安全追溯制度建设为突破口，积极推进农产品的绿色、有机和农产品地理标志产品等质量安全认证、发布相关农产品质量安全检测信息、构建完整的农产品质量安全监管体系，保障农产品消费者的知情权，保证农产品质量安全，提高农产品市场竞争力。

《中华人民共和国农产品质量安全法》的颁布执行将茶叶等农产品的质量安全工作赋予了法律意义，以更好地保障农产品从农田到餐桌的质量安全，维护农产品消费者的身体健康等合法权益，促进农业产业和农村经济的高效、健康发展，维持农业产业的可持续性。

2.《中华人民共和国食品安全法》

2009 年 2 月 28 日，第十一届全国人民代表大会常务委员会第七次会议通过了《中华人民共和国食品安全法》（2018 年 12 月 29 日第一次修正、2021 年 4 月 29 日第二次修正）。《中华人民共和国食品安全法》明确了食品质量安全监督体制、食品质量安全实行分段监管的各职能部门监管职责、地方政府的领导责任，建立了食品质量安全风险检测和评估制度，明确了食品质量安全标准基本原则、食品生产经营质量安全规范，强化了食品质量安全监督管理机制、食品检验工作，规范了食品进口的质量安全监管制度，健全的食品质量安全事故处理机制，加大了对违法行为的打击力度。《中华人民共和国食品安全法》的实施，从制度上改善了我国食品质量安全现状，切实提高了食品质量安全的整体水平，提升了公众食品安全意识。

3. 其他相关法律法规

与茶叶有关的其他法律法规还有《中华人民共和国认证认可条例》《中华人民共和国环境保护法》《中华人民共和国水污染防治法》《中华人民共和国产品质量法》等。

（四）欧盟、日本茶叶质量安全标准体系发展现状

近年来，环境污染问题严重，欧盟、日本等国为了保护生态环境及民众食品安全纷纷设置绿色贸易壁垒，以高标准的技术性贸易措施满足国内环保、安全、健康及产业保护需要，我国出口创汇受到较大冲击。

欧盟是目前世界上农药 MRLs 标准最严格的地区之一。欧盟自 2000 年 7 月 1 日实行新的茶叶农残限量标准以来，且几乎每年都要加以修订，从而成为出口欧盟茶叶农残要求最严格的地区。1988 年规定的农残仅有 6 种；2004 年年初，新增到 134 种；2006 年 1 月起，增加到 210 种；2014 年 8 月 25 日正式实施的 EU87/2014 指令，茶叶检测指标增加到 480 多个，其中 6 个必测指标，含量都不能超过 0.1mg/L。2023 年欧盟茶叶农残标准（MRLs 值）涉及 508 项。对此，陈宗懋院士在国际上积极呼吁，针对一些脂溶性农药放宽检测标准，因脂溶性农药大多难溶于水，而人们饮茶时只饮用茶汤，很少吃茶渣，出口的茶叶农残检测方法以干茶粉碎后检测，因此个别脂溶性农药检出率较高。日本针对进口农产品的新规定《食品中残留农业化学品肯定列表制度》，把现行的“茶汤检测法”改为“全茶溶剂检测法”，并明确规定设限外农残超标将视为违法，检测方法的变更及农残检测最低限值的变化影响了中国茶叶的出口。

三、茶叶质量安全的风险来源

茶叶产品的质量安全直接影响到消费者的身心健康，是茶叶产品的市场核心竞争力。影响茶叶产品质量安全的因素很多，茶叶的种植端、生产端、储存和流通端以及销售端都存在一定的茶叶产品质量安全风险。

（一）种植端风险

1. 种植端

种植端指茶树田间种植到茶树鲜叶采摘后进入工厂加工前的全过程。种植端质量安全的优劣是形成茶叶质量安全的基础。种植端的风险来源涉及：茶园基地生态环境质量安全、茶园种植投入品质量安全、鲜叶质量安全等。

2. 茶园生态环境质量

茶园生态环境质量包括：①大气环境质量，如临近工业企业、采矿业和主要交通路线的茶园，周边工业废气和汽车尾气等都会污染茶园大气环境，进而积累在鲜叶叶表或土壤中导致茶叶质量安全不达标；②土壤质量安全，指茶园新建或后期被污染导致土壤不达标，经茶树吸收进入鲜叶进而导致茶叶质量不达标，常见的有土壤重金属超标；③水质，包括自然降水的水质以及灌溉用水水质。生态环境质量安

全具有涉及面广、潜伏期长、可控性低和修复难度大等特点，重点需要在建园初期排除相关质量安全风险。

茶林相间的茶园

3. 茶园投入品质量安全

茶园投入品主要指肥料、农药等人为投到茶园的农资产品。种植过程中因各种原因使用了不合格、添加违禁物品、含有隐性成分等情况的肥料和农药或未按照产品说明科学使用（安全间隔期等），导致土壤重金属和鲜叶农药残留超标等情况。

4. 鲜叶质量安全

鲜叶采摘、运输过程中混入的污染物。常见的有鲜叶采摘时混入杂草等其他植物、茶花、茶果等非鲜叶类物质；运输过程中因盛装运输工具导致的塑料、汽油、机油、泥土等污染物；以及采摘人员行为活动，食物残渣等导致的污染。

（二）生产端风险

1. 生产端

生产端指茶鲜叶进入工厂加工范围后至完成成品最终包装的全过程。主要涉及工厂环境卫生安全、生产原料质量安全等。

2. 工厂环境卫生安全

工厂环境卫生安全包括茶叶加工机械设备的构成材料、鲜叶加工厂房的卫生清洁、有害生物的防控等。常见的工厂卫生安全风险有粉尘超标、微生物超标、机油泄漏、煤炭或柴火烟雾污染、蚊虫尸体残留和毛发污染、清洁剂残留、防蚊虫等卫生杀虫剂残留、工作人员不文明操作带入的烟头等。

3. 生产原料质量安全

生产原料质量安全包括生产原料不达标、以次充好、违规使用添加剂等。常见的有精制过程中部分初制原料质量不合格，导致整批产品质量不合格；为提升茶叶色、香、违规添加增色剂、甜味剂等违禁物品。

（三）储存和流通端风险

储存和流通端是指茶叶半成品或成品储存和生产商、销售商之间运输的全过程。包括仓储环境卫生不达标、货物交叉污染、温湿度不适宜导致茶叶霉变，运输过程中的日晒、雨淋、交叉污染以及不法分子的违规添加等。常见的污染源有毛茶落地堆放、毛茶包材不符合食品要求、仓库蛇虫鼠蚁污染、运输车辆混装或未清洁、茶叶霉变等。

（四）销售端风险

销售端指茶叶从销售商到消费者实现商品销售的最后一个环节。目前国内销售的茶叶有散装和预包装两种不同形式，其中散装茶叶风险更高。常见的销售端茶叶质量安全包括以次充好、缺斤短两、霉变、交叉污染、包装破损等。

四、茶叶质量安全监督管理机制

根据《中华人民共和国农产品质量安全法》《中华人民共和国食品安全法》相关规定及说明，国家建立农产品质量安全监测制度。县级以上人民政府农业行政主管部门应当按照保障农产品质量安全的要求，制订并组织实施农产品质量安全监测计划，对生产中或者市场上销售的农产品进行监督抽查。明确县级以上人民政府农业农村主管部门和市场监督管理等部门应当建立健全农产品质量安全全程监督管理协作机制。

我国茶叶产品质量安全监督管理机制是在现有食品质量安全管理体制基础上进行合理调整，整合各政府职能部门的食品安全管理机构，按照茶叶这一食品类别在各部门进行分工，组成一个独立的茶叶食品质量安全管理机构，根据《中华人民共和国农产品质量安全法》《中华人民共和国农业法》《中华人民共和国环境保护法》《中华人民共和国水污染防治法》《中华人民共和国食品安全法》《中华人民共和国产品质量法》以及相关茶叶法律法规的要求，依照茶叶农产品产业链的各个环节进行分工，服从统一的农产品质量安全监管体系。政府各职能部门和相关茶叶企业，各司其职、各负其责。

（一）健全茶叶质量安全责任机制

（1）明确茶叶质量安全工作坚持预防为主、风险管理、源头治理、全程控制的原则。

（2）明确茶叶生产经营者对其生产经营的茶叶质量安全负责，要求生产经营者诚信自律，接受社会监督，承担社会责任。

（3）落实地方人民政府的属地管理责任和茶叶相关管理部门的监督管理职责，县级以上地方人民政府对本行政区域的茶叶质量安全工作负责；各级农业农村、市场监督管理等有关部门依法依责承担茶叶产品质量安全监管工作。

（4）构建协同、高效的社会共治体系，注重发挥基层群众性自治组织在茶叶质量安全管理中的优势和作用，鼓励其建立茶叶质量安全信息员制度，协助开展有关工作。

（二）强化茶叶质量安全风险管理和标准制定

（1）完善茶叶质量安全风险监测制度，国务院农业农村主管部门负责制订风险监测计划，省级农业农村主管部门负责制订本行政区域风险监测实施方案，县级以上地方农业农村主管部门负责组织实施。

（2）完善茶叶质量安全风险评估制度，国务院农业农村主管部门设立专家委员会负责风险分析和评估。

（3）明确茶叶质量安全标准的内容，包括与茶叶质量安全有关的茶叶产地环境和生产过程管控要求、茶叶关键成分指标要求等。

（三）完善茶叶生产经营全过程管控措施

（1）建立产地监测制度，要求县级以上地方农业农村主管部门会同生态环境、自然资源等有关部门制订监测计划，加强茶叶产地安全调查、监测和评价工作；与土壤污染防治法衔接，将现行法规定的“农产品禁止生产区域”修改为“特定农产品严格管控区域”。

（2）加强茶叶地理标志农产品保护和管理，鼓励采用绿色生产技术和全程质量控制技术，提高茶叶品质。

（3）建立内控管理制度，茶叶生产企业应当建立茶叶质量安全管理制度，鼓励、支持茶叶生产企业、农民专业合作社、农业社会化服务组织建立和实施危害分析和关键控制点体系。

（四）完善茶叶质量安全监督管理措施

（1）规范监督抽查工作，县级以上农业农村主管部门应当制订质量安全监督抽查计划，确定抽查的重点、方式和频次，组织开展监督抽查；要求检测人员具备相应专业知识和技能、恪守职业道德，严禁检测机构出具虚假检测报告。

（2）加强茶叶生产日常检查，重点检查产地环境、农业投入品等内容；建立农产品生产经营者信用记录制度。

（3）完善监督检查措施，开展茶叶质量安全监督检查时，有权采取进入生产经营场所进行现场检查，查阅复制茶叶生产记录等资料，抽样检测，查封扣押不符合质量安全标准的产品、农业投入品和用于违法生产经营的设施设备等措施。

（4）强化考核问责，上级人民政府应当督促下级人民政府履行质量安全监管职责，对落实不力、问题突出的地方人民政府，可以对其主要负责人进行责任约谈。

（5）完善应急措施，国务院农业农村主管部门会同有关部门制定国家农产品质量安全突发事件应急预案，县级以上地方人民政府制定本行政区域的农产品质量安全突发事件应急预案。

（6）强化行政衔接，县级以上农业农村、市场监督管理、公安等有关部门应当做好执法衔接和配合。

素质拓展

了解中国、欧洲、美国对茶叶农残标准（MRLs 值）有何异同，以及相关标准、出口政策的变化对中国茶叶出口的影响，思考从哪些环节入手，加强茶产业质量安全管理。

课后思考

模块二·项目六·任务一

参考答案

任务拓展训练

组成茶叶质量安全建设兴趣小组，通过电话、微信或实地走访的形式联系相关行政管理部门，了解当地在茶叶质量安全建设方面有怎样的具体要求、督促措施和未来规划，形成自己对当地茶叶质量安全建设情况的总体认识。

任务二 茶叶质量安全追溯管理制度的建立

知识储备

我国农业和农产品食品行业大多以小农户的传统生产模式为主，生产、经营者知识水平有限，综合素质参差不齐，经营规模小，线长面广，增加了农产品质量安全监督管理的难度和农产品质量安全溯源系统推广的难度。我国从 2002 年开始对农产品进行溯源研究，构建商品条码食品安全追溯管理平台及相关配套设施建设，2009 年制定了《农产品质量安全追溯操作规程 通则》（NY/T 1761—2009），逐步形成了国家、省、市、县相互配套、互为补充的农产品质量安全监督检测和抽检体系，为农产品质量安全的监督管理提供了强有力的技术支撑，增加了农产品食品产业链的透明度，保护了消费者的知情权、选择权等合法权益。

建立健全茶叶质量安全监督管理制度，完善茶叶从茶园到茶杯的溯源管理体系，对促进茶产业的健康、高效、可持续发展，提高茶叶企业的产品市场竞争力和出口创汇能力，满足国民和世界饮茶消费者日益增长的对茶叶营养与保健功能的消费需求，促进茶叶清洁化生产技术水平和茶产业的转型升级。

一、茶叶质量安全可追溯体系的概念与基本要求

（一）概念与基本要求

1. 茶叶产品质量安全追溯体系

茶叶产品质量安全追溯体系指通过现代化信息管理技术手段，如可视监控、茶叶产品标识标签及条码、大数据网络的分析等技术，实现对茶园基地的原料生产（茶园生态环境保护、茶园生产管理、病虫草害防控）、茶鲜叶的采摘和初精制加工、茶产品成品的仓储流通和包装销售管理等全过程的质量监控与追踪以及信息记录、保存管理，从而为每一件商品茶叶建立唯一的“电子身份证”——商品追溯码。消费者通过直接扫描茶叶商品追溯码，可查询该商品茶叶产品从“茶园到茶杯”全过程的主要信息，追溯每件茶叶商品的生产、加工、包装、销售过程。基于此，茶叶生产者、经营者、销售者需确保每一件产品信息的真实性、完整性、唯一性，方便消费者识别，并杜绝假冒伪劣，实现产品品牌、产品质量的全程可视化和可追溯性，帮助快速建立和提升产品品牌形象、打通市场销售渠道。

2. 茶叶质量安全可追溯体系的基本要求

可追溯性，是指能够识别和收集有关茶叶产品的种植、加工、储运和销售过程中的所有有关活动信息，记录该茶叶产品质量安全各项指标和检测信息，采集储藏和销售信息并实现共享的体系。该体系的建立健全和完善，可实现对茶园种植、茶鲜叶采摘和初精制加工、茶叶产成品的仓储和流通以及茶叶销售全程质量安全的跟踪溯源。

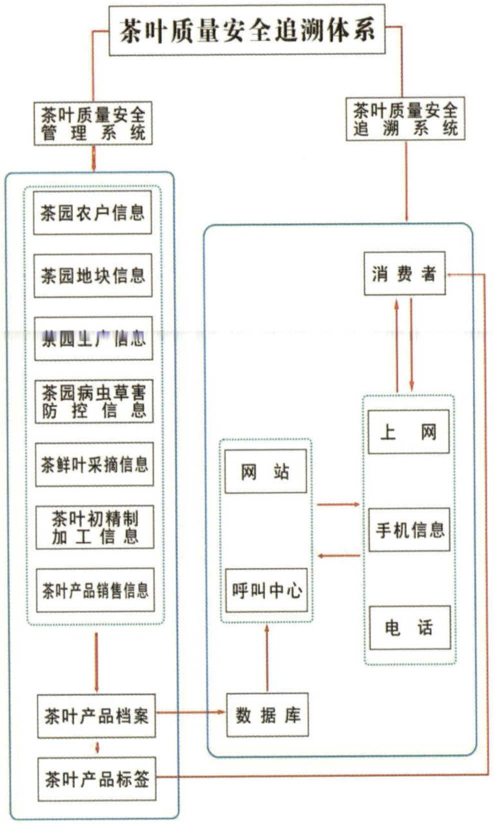

茶叶质量安全追溯体系示意图

（二）建立茶叶质量安全追溯体系的作用

1. 确保产品质量

通过对从茶树种植、茶鲜叶采摘和初精制加工、茶产品仓储流通和销售等全过程标识和信息监控体系，能够及时发现并处理茶叶产品生产、加工、仓储流通和销售等全程中的违规行为和疑似问题产品，保障茶叶产品生产、加工、仓储流通和销售全程信息可追溯、质量可控制、安全可管理。

2. 方便识别

消费者和经销商通过扫描每件产品的唯一追溯码，可以快速有效地识别产品真伪，详细了解茶叶生产、加工、仓储、流通和销售的真实全过程，知道该产品的生产日期、原料来源、产品质量等级等信息，增强对茶叶产品的信任度和消费欲望。

3. 杜绝安全隐患

通过对茶园种植、茶鲜叶采摘与初精制加工、仓储、流通和销售各环节的信息化监控，企业可以有效从管理制度和追溯体系等方面规范茶叶原料生产、加工、仓储、流通和销售各环节的基本流程，提高茶叶食品质量安全管理水平，杜绝管理漏洞和质量安全问题。

4. 便于监管

茶叶产品生产、加工、仓储、流通和销售等全过程追溯信息能够为农产品质量安全监管部门监督执法和疑似质量安全问题追责提供可靠的监管、执法、处罚依据。

5. 增强后发优势

茶叶产品从“茶园到茶杯”的全程信息记录和保存，一方面可以为企业申报茶叶绿色食品、有机食品认证和相关质量管理体系认证打下坚实的基础；另一方面，可以提高生产者、经营者的品牌形象和市场美誉度，帮助有效拓展产品的线下分销和线上网络电子销售渠道，切实增强企业的市场竞争力，创造良好的企业发展前景。

二、茶叶质量安全可追溯体系的各环节相关责任和要求

茶叶质量安全追溯管理制度的建立依据《中华人民共和国农产品质量安全法》《中华人民共和国食品安全法》《农产品追溯要求 茶叶》（GB/T 33915—2017)《农产品质量安全追溯操作规程 茶叶》（NY/T 1763—2009）和相关法律法规，并结合企业发展实际科学合理制定。

茶叶质量安全可追溯体系主要包括茶园基地状况、茶鲜叶采摘与初精制加工、成品茶仓储管理和产品流通销售等四大关键生产环节信息，四大关键生产环节的信息采集与档案管理务必记载详尽、求真务实。

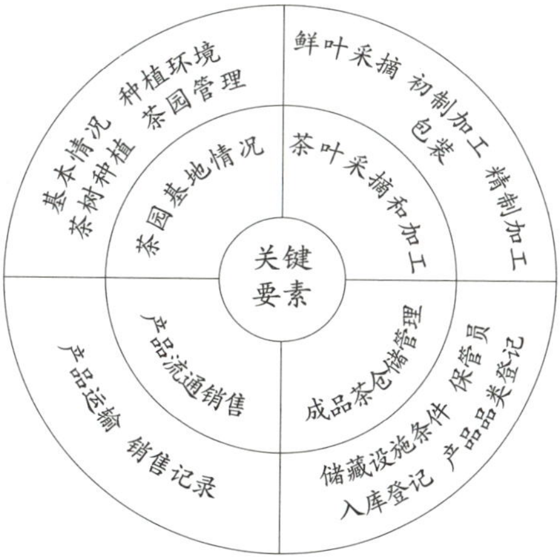

茶叶质量安全追溯体系的
四大关键要素及内容

1. 茶园基地状况

茶园基地状况包括基本情况、种植环境、茶树种植、农事管理等要素。

（1）基本情况。指茶园管理者和种植者档案、茶园基地和地块代码信息等。

（2）种植环境。指茶园所处地理位置（经纬度、海拔、茶园坡度、茶园坡向等），茶园基地及四周的温、光、气、热及土壤质地，特别是年均温湿度、年均降雨量、年均积温、土壤结构及肥力状况、茶园周围森林植被和微域生态环境等。

（3）茶树种植。指茶园种植的茶树品种、种植规格、种植数量、种植时间、茶树生长情况等。

（4）农事管理。指茶树修剪、土壤肥水管理、病虫草害防控等一切茶园农事活动情况及茶园肥培管理所使用的农业投入品种类、用量及施用次数等。

2. 茶叶采摘和加工

茶叶采摘和加工包括鲜叶采摘运输、初制加工、精制加工、成品茶包装等。

（1）鲜叶采摘运输。须详细记录采摘的基地及地块代码、采摘批次、鲜叶等级、鲜叶数量、装运工具、采摘人员、记录人员等信息。

（2）初制加工。须记载加工批次（与采摘批次相对应）、加工数量、加工成品茶等级、各加工工序的关键控制点、加工人员、记录人员等信息。

（3）精制加工。须记载精制加工方法、产品批次（与初加工批次相对应）、精制加工人员、记录人员等信息。

（4）成品茶包装。须记载包装材料、包装规格、成品茶批次（与精制加工批次相对应）、包装人员、记录人等信息。

3. 成品茶仓储管理

成品茶仓储管理包括入库地点、储藏条件、入库日期、入库批次（与包装及初精制批次相对应）、仓储间清洁的方式方法及保管人员等信息。

4. 产品流通和销售

产品流通和销售包括运输的茶类、名称、数量、等级、运输工具、运输日期、到达地点及销售数量、包装规格、经销商信息、销售金额、消费者信息等。

三、可追溯体系的相关国家平台及操作方法

（一）国家农产品质量安全追溯管理信息平台

国家农产品质量安全追溯管理信息平台登录界面

（二）国家农产品质量安全追溯管理平台操作方法

1. 平台注册流程

选用国家追溯平台的农产品生产经营者应当登录国家追溯平台，填写主体信息，上传证明材料，提交注册申请。国家追溯平台优先支持农业农村部认定的“二品一标”农产品、品牌农产品，以及风险较高的重点农产品及其生产经营主体。县级农业农村部门应当自申请之日起 5 个工作日内，完成申请资料审核。审核通过后，开通国家追溯平台使用权限，生成农产品生产经营者唯一的电子身份标识码。注册信息发生变化的，农产品生产经营者应当及时更新。

2. 国家追溯平台

由农业农村部统一建设，供各级农产品质量安全监管、执法、检测机构和农产品生产经营者开展追溯业务的全国性农产品质量安全综合信息化平台。

3. 农产品追溯基础性指标

包括但不限于产地生产（屠宰、加工）主体、生产基地、产品种类、数量单位、收获（屠宰、加工）时间、质检情况等信息，以及由此自动生成的产品追溯码。国家追溯平台据此生成带二维码的农产品追溯标签和食用农产品合格证两种凭证，供农产品生产经营者自主选择。

4. 质检情况

农产品生产经营者通过自检或委托第三方检测机构对产品质量安全情况进行检测的结果，可以是定量检测结果或速测结果。两种检测结果都需加盖公章再扫描上传到国家追溯平台。具备条件的，可将检测设备进行关联，使检测结果直接上传到

国家追溯平台。

5. 信息管理

县级以上农业农村部门要指定信息员，负责机构主体注册基础信息采集、管理员账号发放与管理、业务培训以及主体注册信息审核等。县级以上农业农村部门应当通过在线监控、定期检查和随机抽查等方式，对追溯实施情况进行管理。

6. 注册管理

由农产品生产经营者所在地县级农产品质量安全监管机构牵头负责，乡镇监管机构配合。县级以上农产品质量安全监管机构主体注册管理工作由上级农产品质量安全监管机构负责，检测机构以及有业务需求的农产品质量安全执法机构主体注册管理工作由本级农产品质量安全监管机构负责。

7. 注册制度

农产品生产经营者主体注册实行申请审核制度。申请加入国家追溯平台的农产品生产经营者，应当登录国家追溯平台，创建用户账号，填写主体基础信息，包括但不限于主体名称、证件类型、企业注册号（主体社会信用代码）、组织机构代码、营业期限、所属行业、主体类型、主体属性、注册所在地、详细地址、经纬度坐标（自动生成）、法定代表人姓名、法定代表人证件类型、法定代表人证件号码、法定代表人联系电话、联系人姓名、联系人证件类型、联系人证件号码、联系人电话、联系人电子邮箱；上传相关证明材料，包括但不限于主体证照信息（营业执照）、法定代表人证照信息。

8. 信息员

信息员指由县级以上农产品质量安全监管机构、检测机构以及有业务需求的农产品质量安全执法机构指定，承担机构主体注册信息管理、账号分配与权限管理、账号日常监控和管理、地方动态信息采集与报送等任务的人员。

9. 农产品流通管理

农产品生产经营者在农产品进入批发市场、零售市场或生产加工企业前的交易中，应当请下游主体先登录国家追溯平台，从首页“个人中心”调出电子身份标识码，然后登录使用本方国家追溯平台移动 APP“我要销售”扫描下游主体电子身份标识，选择交易产品批次，填报交易数量，确认交易。下游主体应当及时核对并确认交易信息。如有必要，也可以按原操作程序提交退换货信息。下游主体未在国家追溯平台注册的，上游主体应当登录国家追溯平台首页“我要销售”，选择交易产品批次，然后点击“流通销售”，并准确填报下游主体名称、主体地址、联系人姓名、联系电话、销售时间、销售数量、单位等追溯信息，再确认交易。

10. 入市销售管理

农产品在进入批发市场、零售市场或生产加工企业时，有业务需求的农产品生产经营者可以登录国家追溯平台“我要销售”，选择交易产品批次，然后点击“入市销售”准确填报客户主体名称、主体地址、联系人姓名、联系电话、销售时间、销售数量、单位等追溯信息，再确认交易。

四、可追溯体系的相关监督检验机构

在农产品可追溯体系中，有多种监督检验机构发挥关键作用，确保可追溯体系的完整性、有效性及公信力。

（一）农业农村部

这是最主要的监管机构之一。它在农产品种植环节发挥重要监督作用，检查农产品产地环境，包括土壤质量、灌溉用水质量等是否符合标准；监督农药、化肥等农业投入品的使用是否合规，从源头上保障农产品质量和可追溯信息的真实性。

（二）市场监管部门

侧重于农产品进入市场后的监督检验。它检查农产品在销售过程中的质量，包括是否符合食品安全标准；监管农产品包装上的标识是否规范，追溯码是否有效等，还会对农贸市场、超市等销售场所进行监督管理。

（三）出入境检验检疫部门

对于进出口农产品的质量和可追溯信息严格把关。检验农产品是否符合进口国或我国的质量安全标准、动植物检疫要求等，确保跨境农产品可追溯体系的完整。

（四）第三方检测机构

这些机构独立于农产品的生产和销售方，具有专业的检测能力。它们通过认证认可，按照国家标准或国际标准对农产品的品质、农药残留、重金属含量等指标进行检测。为农产品生产企业提供公正、客观的检测数据，帮助完善可追溯信息，并且其检测报告也可以作为监督的依据。

（五）行业协会

行业协会在农产品可追溯体系监督中也起到辅助作用。它们制定行业自律规范，督促会员企业建立和完善可追溯体系；组织企业间的交流与培训，提高行业整体对可追溯体系的认知和执行水平；有时也会联合第三方检测机构对会员企业的农产品进行抽检，以维护行业的声誉和消费者权益。

▶ 拓展阅读

美国、日本农产品追溯体系的流程模式

素质拓展

在建立茶叶质量安全追溯体系过程中，每一个生产者都不能置身事外，都是追溯清单上的主体责任人。生活当中，我们每个人都需要扮演好自己的角色，尽到自己的责任和义务，我们的一言一行都是自我品行和素质的外露。在茶叶生产中，只有抓好每一个生产环节，才能给消费者带去一杯健康的茶；人生过程中，只有时刻注意警醒自己端正为人，才能成为一个符合社会主义核心价值观的有志青年。

课后思考

模块二·项目六·任务二

参考答案

任务拓展训练

组建茶叶质量安全追溯管理宣传小队，联系当地的茶叶加工厂、茶叶生产企业宣传茶叶质量安全追溯体系建设的必要性和重要性，并从具体的表格设计、填写等工作方面开展实地调研和实地指导工作。同时，各年级学生加强该项工作的持续性，积极与茶叶加工厂、茶叶企业建立长期辅助联系，争取在3~5年时间里帮助企业形成一套完整、有效的茶叶质量安全追溯体系管理制度。

模块三

常见
茶园机械

项目一

茶叶采剪与运输机械

思维导图

项目一 茶叶采剪与运输机械

- 任务一　采茶机械
- 任务二　茶树修剪机械
- 任务三　茶园运输机械

学习目标

知识目标：

· 了解常见采茶、修剪和运输机械的种类和工作原理。

技能目标：

· 掌握常见采茶、修剪和运输机械的操作方法和使用技巧；

· 能够根据茶园规模、地形等信息选择适合的机械。

素养目标：

· “工欲善其事，必先利其器”，养成积极学习工具的思维，帮助自己提升工作、生活、学习效率。

项目说明

茶树的采摘、修剪以及采摘后的运输是茶园生产中十分重要的环节。近年来，随着我国茶园面积的不断增长以及农业劳动力的不断减少，茶园生产劳动力短缺的现象日益加剧，这也使得茶园机械的使用在快速发展。了解常见的茶叶采摘机械、修剪机械以及运输机械的工作特点，有的放矢地采取科学、适宜的生产机械和作业方式，对确保茶园长效、高产、稳产具有重要作用。

本项目介绍茶叶采摘机械、修剪机械及运输机械的工作原理、操作技巧和适用场景，帮助学生了解不同茶叶采剪与运输机械的工作特点，掌握相关的使用条件和使用技巧。

任务一　采茶机械

知识储备

一、常见采茶机的种类和工作原理

采茶机是一种用于从茶树顶梢采收新嫩茶叶的机械设备，可以大大提高茶叶采摘的效率和质量。根据采摘方式的不同，可将采茶机分为选择性采茶机和非选择性采茶机两大类。常见的采茶机属于非选择性采摘类，主要分为单人式、双人式以及乘用型采茶式等，其中单人式采茶机根据动力形式又分为电动便携式和燃油式。目前国内外大宗茶机械化采摘主要依靠单人式和双人式采茶机，其技术相对成熟，主要通过切割刀片间的相对运动实现往复切割。这种“一刀切”的方式无法对茶树芽叶进行选择性采摘，而名优茶由于对芽叶的嫩度和完整度有着极高的标准，故采茶机不适于名优茶的采摘，目前包括日本、印度在内的高档优质茶原料仍依靠手工采摘。选择性采茶机目前在作业效率还有待改进，产业化应用尚存在一段距离。

二、常见采茶机的操作方法和使用技巧

掌握正确的操作方法和使用技巧，不仅能够充分发挥采茶机的效能，减少操作过程中的失误，还能确保茶叶的质量和产量。由于不同类型的采茶机工作过程差异较大，因此需要对不同类型采茶机的操作方法和使用技巧进行介绍。首先，明确每类采茶机的特定操作要求和使用环境。操作之前，仔细阅读并理解采茶机的使用说明书，确保对设备的各项功能和操作要求有清晰的认识，方能开始作业。

常见采茶机的操作方法和使用技巧

采茶机类型	操作方法和使用技巧	备注
便携式单人电动采茶机	一、操作方法 1. 开机准备：在使用电动采茶机之前，需要检查机器是否正常，特别是刀片部分是否有损坏或磨损，如有损坏，应及时更换损坏部件。选择一个平整、稳定、安全的工作地点，确保有充足的光线和通风 2. 启动机器：按下开机按钮，刀具处于运动状态则表示开机成功 3. 开始采摘：将采茶机底部插入茶树叶片中，手臂往复运动将新鲜的茶叶放入采茶袋中。重复此过程直到工作结束 4. 关机与清理：按下关机按钮，刀具停止运动表示关机成功。清理机器，特别是刀片部分，注意手部安全 二、使用技巧 1. 安全防护：操作时必须穿戴好个人防护装备，避免受伤。机器运转时，确保手或其他物品不在危险区域 2. 维护保养：定期清洗机器，特别是刀片，确保机器性能。如需更换零件，应使用同品牌、同型号的零件 3. 电源管理：定期检查电源线，确保电源安全无损伤，避免线头裸露等问题	 锂电采茶机 手持式电动采茶机的组成及工作原理
单人燃油式采茶机	一、操作方法 1. 启动采茶机：按照说明书的指示打开开关，确保机器正常启动 2. 调整机器：根据机手的身高、茶树高、宽幅，调整机器把手到最适位置 3. 采茶作业：主机手背负采茶机动力，手拿采茶机头，由茶树边缘向中心采摘。副机手手持集叶袋，配合主机手采摘。采口高度根据留养要求掌握，一般在上次采摘面上提高 1 ~ 2cm 进行采摘 4. 控制速度：待刀片运转到一定速度后再进行采收，保持采茶机动力中速运转，每分钟前进 30m 左右，并根据茶芽的生长密度适时调节行走工作速度 5. 安全操作：在换袋、出叶、调头、换行、间休等非有效作业时间，要关小油门，停止刀片运转，防止伤人 6. 关闭机器：采茶完成后，及时关闭机器	

续表

采茶机类型	操作方法和使用技巧	备注
单人燃油式采茶机	二、使用技巧 1. 安全防护：操作时务必远离火种，加油区不准吸烟和生火。与作业无关人员须远离机器。机手应穿防滑鞋或安全鞋，不穿松大易被异物挂住的衣裤 2. 维护保养：每次使用后应检查机器有无螺钉松动，散热部位是否清洁等。长期不使用时，应做好维护工作，以防风吹雨淋、自然锈蚀造成损坏 3. 故障排除：如遇运转中停机等故障，应先检查燃油是否充足，火花塞电极是否积炭短路，并及时解决	
双人采茶机	一、操作方法 1. 准备阶段：确保机器的水箱有足够的水，并保持机器的清洁。两位操作人员需充分了解采茶机的使用方法以及相关安全注意事项 2. 启动与设置：一位操作人员（通常称为主机手）负责控制机器的开关，并设置采茶的参数，如采茶时间和温度等。打开机器的电源开关，待机器启动后，根据实际需要选择适当的采茶参数 3. 采茶作业：主机手与副机手分别在茶行的两侧作业。主机手背向机器前进方向倒退作业，掌握机采切口的位置。副机手面向前进方向，体位与主机手保持 40 ~ 50cm 的距离，确保采茶机与茶行保持一定的夹角（通常是 15° ~ 20°）。去程应采去树冠面叶片的 60%，回程再采剩余的 40%。需要来回两个行程才能完成一行茶树的采摘 4. 集叶处理：集叶手（可由副机手或第三名操作人员担任）负责协助机手采茶或装运采下的茶叶，走在主机手一侧的茶行间。当集叶袋装满时，应及时换袋，以保持采茶效率 二、使用技巧 1. 安全防护：操作人员应穿戴适当的防护装备，如防滑鞋、工作服等。在机器运转时，禁止触摸刀片和其他运动部件，以防受伤 2. 速度控制：采茶机的前进速度应适中，一般建议为每分钟约 5 ~ 10m，以保持采摘效率和鲜叶质量。机器运转时应保持中速，动力转速控制在 4000 ~ 4500 转 /min 为宜 3. 维护保养：定期检查机器的螺钉是否松动，保持散热部位的清洁。长期不使用时，应妥善存放并进行必要的维护工作 4. 团队协作：主机手和副机手之间应保持良好的沟通，确保采摘作业协调同步。在换行或休息时，应关闭机器或调低油门，确保安全	 双人弧形采茶机  双人平形采茶机

续表

采茶机类型	操作方法和使用技巧	备注
乘用型采茶机	一、操作方法 1. 启动前的准备：检查采茶机的外观，确认没有磨损或松动的部件。特别注意刀片，确保没有变圆或裂开，如有问题应及时更换。确保手把固定，燃料充足。对于乘用型采茶机，还需检查座椅、控制系统等是否完好无损 2. 启动：打开点火开关，按压手油泵几次，使燃料流入汽化器并排出空气。将油门手柄复位至最低档，打开风门，然后轻轻拉动启动手柄，感觉有阻力时用力拉直至发动机启动。启动后，稍微加大油门，待机器预热 3. 作业操作：根据作业人员身高及茶树行高、宽度，调整机器把手（或驾驶位置）到合适高度。安装好收集袋，确保茶叶能够顺利收集。在茶园中作业时，注意避开铁丝等坚硬杂物，以免损坏机器或造成危险 4. 停机：将油门手柄调至最低速位置，降低汽油机的转速，进行 2 ~ 3min 的冷机运转。关闭电路开关，完成停机 二、使用技巧 1. 安全防护：操作人员必须穿戴好防护装备，如头盔、工作服、防滑鞋等。在机器运转时，禁止将手或其他物品靠近机器，以防受伤 2. 燃料与机油：使用规定的汽油和二冲程汽油机专用机油的混合油作为燃料，注意混合比例（如新机使用 20h 内，混合油容积比为汽油与机油 20 ∶ 1，使用 20h 后改为 25 ∶ 1） 3. 维护保养：定期检查并紧固松动的螺钉和部件。保持散热部位的清洁，以确保机器散热良好。按照使用说明书的要求，定期对机器进行维护保养 4. 团队协作与沟通：对于乘用型采茶机，可能需要多名操作人员协同作业，因此团队成员之间应保持良好的沟通。在作业过程中，注意相互配合，确保人、机安全	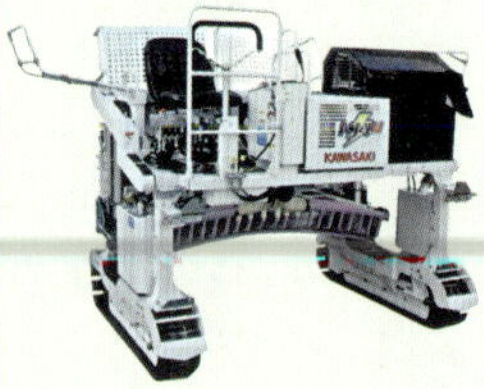

三、常见采茶机的适用场景

在农业机械化不断发展的今天，采茶机作为茶叶采摘的重要工具，已经广泛应用于各种茶叶生产场景。然而，由于茶园地形、茶树品种、茶叶采摘标准、采茶机结构外形等因素的不同，选择合适的采茶机显得尤为重要。因此，了解各类采茶机的适用场景将有助于更好地理解采茶机的应用，并为未来在茶叶生产中的实际应用提供有益的指导，以便在实际应用中做出明智的选择。

常见采茶机的适用场景

采茶机类型	适用场景	作业场景图示
便携式单人电动采茶机	适用于丘陵山地茶园，特别是中大型机械难以进入的区域，其轻便、易携带的特点使得茶农能够在复杂的山地环境中灵活操作，提高采摘效率	
单人燃油式采茶机	适用于山地、梯田、陡坡以及其他复杂地形中的茶园作业：由于这些地区往往地形崎岖，大型机械难以进入和操作，而单人操作的燃油式采茶机则能灵活应对，提高采摘效率	
双人采茶机	适用于大规模茶园的采摘作业，特别是在茶树种植较为整齐、行距较大的茶园中表现尤为出色。在这些场景下，双人采茶机能够充分发挥其高效、便捷的优势，为茶园管理带来实实在在的效益	
乘用型采茶机	适用于大面积的平地茶园：由于其高效的采摘能力，每小时可采收 3 ~ 5 亩茶园，因此能够快速处理大面积的茶叶采摘工作，显著提升采摘效率 适用于多功能作业需求：乘用型采茶机并不限于采摘作业，还可以进行茶树修剪、修边和茶园耕作施肥等。这种多功能性使得它适用于需要综合田间管理的茶园	

素质拓展

学生讨论：随着科技的发展，你期待未来的茶树采摘机械会有哪些改进和创新？

学生通过讨论，提出不同的观点，一方面提升学生的课堂主体意识，可以帮助学生更深入地理解茶树采摘机械的相关知识；另一方面可以让学生感受到科技创新永无止境，只要善于思考、大胆想象、多多交流，就能迸发出好的想法。

◉ 任务内容

技能实训十九：单 / 双人采茶机的使用与维护

一、实训场地

选择平整、茶树生长良好的茶园作为实训场地，确保实训过程中有足够的茶叶资源供学生练习。在茶园边缘设置安全区域，用于采茶机的存放、充电及故障排查，确保实训过程中的设备安全。

二、实训机器

便携式单人电动采茶机、单人燃油式采茶机或双人燃油式采茶机、存放鲜叶的竹筐。实训前，检查采茶机的电池电量、油箱燃油量、刀片锋利度及安全防护装置是否完好，确保机器处于良好状态。

三、实训要求

（一）安全要求

（1）学生必须穿戴好安全防护装备，包括头盔、手套、工作服等。

（2）严格遵守电动采茶机的操作规程，确保人身和设备安全。

（3）禁止在酒后、疲劳或精神不集中状态下进行实训。

（二）技能要求

熟悉单/双人采茶机的结构、功能、工作原理及使用方法，能够独立完成采茶机的开机、调速、采摘、停机等操作流程。在茶园中进一步熟悉和掌握茶树采摘机械的操作技巧，包括启动、采摘、停机等流程，并进行实地采摘训练。采摘后的茶树新梢应整齐地放置在竹筐中。

（三）团队协作

（1）学生需分组进行实训，每组分配一台采茶机及必要的辅助工具。

（2）鼓励团队成员之间相互协作，共同完成采摘任务。

（四）环保意识

实训过程中注意保护茶园环境，不乱扔垃圾，不破坏茶树。

四、实训步骤

（一）理论讲解

介绍采茶机的基本知识、结构组成、使用方法及注意事项。

（二）示范操作

教师进行现场示范操作，展示电动采茶机的正确使用方法。

（三）分组练习

学生分组进行实操练习，教师巡回指导，纠正错误操作。

（四）总结反馈

实训结束后，各小组进行总结汇报，填写《单/双人采茶机的使用训练任务评价表》，教师点评并反馈实训情况。

单 / 双人采茶机的使用训练任务评价表

班级：　　　　　姓名：　　　　　日期：

序号	评分要点	分值	评价方式		
			自评	互评	师评
1	开机与调速操作情况	15			
2	采摘效率	15			
3	采摘的芽叶质量	15			
4	团队的合作情况	15			
5	茶树的损伤情况	15			
6	安全意识	15			
7	环保意识	10			
总分		100			
课堂评价总结及建议					

课后思考

模块三 · 项目一 · 任务一

参考答案

任务拓展训练

利用课堂所学组成互助小组，到附近茶农家中调研采茶机械的使用、维护情况，并实地帮助茶农开展机械的检查、保养工作，提升采茶机械的使用效率，建立良好的互助小组关系。

任务二　茶树修剪机械

知识储备

一、常见茶树修剪机械的种类和工作原理

在茶树种植与管理中，修剪是至关重要的一环，它能促进茶树健康生长，提高茶叶产量和质量。为了高效、精准地修剪，多种茶树修剪机械被广泛应用于茶园中。茶树修剪机主要用于茶树的轻修剪、定型修剪、深修剪、重修剪、台刈等作业场合。

与传统的手工修剪相比，茶树修剪机械能够显著提高作业效率，保证树冠整齐，形成理想的茶树采摘面，有助于实现机械化采茶。常见的茶树修剪机械包括单人修剪机、双人修剪机、圆盘锯以及乘用型修剪机等。按照动力的来源也可分为燃油型修剪机、电动型修剪机。单人或双人修剪机，顾名思义通常由单人或双人作业，其操作简单，作业灵活，适用于中小型茶园。圆盘锯也是通过旋转的圆盘进行修剪，也是单人操作。则更为轻便，方便茶农在茶园中灵活移动，进行局部或精细修剪。而乘用型修剪机则是操作人员坐在机器上进行茶树修剪，这类机械不仅修剪效率高，而且修剪质量稳定，大大减轻了茶农的劳动强度。

在工作原理上，茶树修剪机械都采用了类似的切割机制。通过电力或燃油驱动，经过传动系统使刀片往复运动或高速旋转，从而实现对茶树枝叶的切割。随着科技的不断进步，茶树修剪机械的种类和功能也在不断更新和完善。这些机械的应用不仅提高了茶园管理的效率和水平，也为茶农带来了更多的便利和收益。

二、常见茶树修剪机械的操作方法和使用技巧

随着现代农业机械化水平的不断提高，茶树修剪机械已成为茶园管理中不可或缺的工具。茶树修剪机械的高效利用，不仅能够确保茶树的健康生长，还能够通过优化树冠结构、提高光合效率等方式，促进茶叶的产量和品质提升。

常见茶树修剪机械的操作方法和使用技巧

茶树修剪机类型	操作方法和使用技巧	备注
单人茶树修剪机	一、操作前准备 1. 检查机器：使用前应检查整台机器的螺栓、螺母等紧固件，确保所有部件完整、无损坏。同时，检查加油口，加足机油，确保机器正常润滑。检查刀头，确保刃头锋利、耐用，适合修剪工作 2. 穿戴防护装备：佩戴防护手套、耳罩、护目镜等安全装备，确保操作安全 3. 充电或加油：如果是锂电池驱动的修剪机，需确保电池充满电；如果是油动修剪机，则需按正确比例混合燃油并加入油箱 二、操作步骤 1. 选择修剪位置：根据茶树行的高、宽度，选好修剪位置，将机器插入位置	 单人电动式茶树修剪机

续表

茶树修剪机类型	操作方法和使用技巧	备注
单人茶树修剪机	2. 启动前准备：对于电动修剪机，确保刀片附近无障碍物，刀片应背向人手，脸应避开刀片，防止意外发生。对于油动修剪机，则需先按几次手油泵，使燃油进入化油器，排出空气，再适当关闭风门，用力按住汽油机，拉动起动绳启动 3. 修剪茶树：将刃头放在需要修剪的位置上，以适当的角度开始修剪。修剪时可以适量调整机器的角度，以保持切割位置的合适角度和深度 a. 蓬面修剪时，左手握茶树修剪机汽油机侧把手，右手握刀杆把手 b. 修边时，两手分握汽油机侧面的两把手，刀片呈直立，稍向内倾斜，切割茶树的侧枝 4. 修剪结束：修剪完成后，对于油动修剪机，先将油门置于低速位置，然后关闭汽油机。对于电动修剪机，关闭电源即可 三、使用技巧 1. 安全距离：使用机器时应时刻保持安全距离，避免伤害自己或他人 2. 机器维护：注意机器的维护，定期清洁、保养，延长机器寿命。每次使用前后都应检查机器状态，确保正常运行 3. 人机配合：作业时，机手与辅助人员要密切配合。调头、换行等非有效作业时要关小油门，停止刀片运转，以防伤人 4. 注意环境：作业时要高度注意茶树上的金属及坚硬物体，应在平时或事前清除，以免损坏刀具。同时，避免机器与金属、石头等硬物接触，以免伤害机器和用户	 单人燃油式茶树修剪机
双人茶树修剪机	一、操作前准备 操作前准备与单人燃油式茶树修剪机一致 二、操作方法 1. 启动与预热：在启动机器后，先进行短时间的低速运转，以检查机器是否处于完好状态 2. 修剪操作： a. 确定修剪高度后，主机手倒退行走，并观察和掌握修剪位置和深度 b. 副机手前进走，且比主机手滞后 40 ~ 50cm，使机器刀片与茶行保持约 60° 的夹角 c. 在修剪过程中，两人需保持密切配合，以确保修剪的准确性和效率	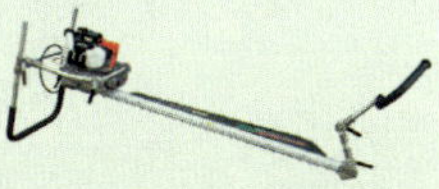 平形双人茶树修剪机

续表

茶树修剪机类型	操作方法和使用技巧	备注
双人茶树修剪机	3. 蓬面与修边操作： a. 进行蓬面修剪时，一人握茶树修剪机汽油机侧把手，另一人握刀杆把手 b. 修边时，两人分握汽油机侧面的两把手，使刀片呈直立状态并稍向内倾斜，以切割茶树的侧枝 三、使用技巧与注意事项 1. 配合默契：双人操作需要两人之间有良好的沟通和配合，避免误操作导致的安全问题 2. 刀片间隙调整：根据使用情况，定期对刀片间隙进行调整，以保证修剪效果。一般情况下，在修剪 15 ~ 20 亩茶园后应进行初次间隙调整 3. 安全操作：在操作过程中，务必保持安全距离，避免刀片伤及自身或他人；同时，注意机器的运行状态，如有异常应立即停机检查 4. 维护保养：使用完毕后，应对机器进行清洁和保养工作，以延长其使用寿命并保持良好性能	 弧形双人茶树修剪机
圆盘锯式修剪机	一、操作前准备 操作前准备与单人茶树修剪机一致 二、操作步骤与单人茶树修剪机一致 三、使用技巧 1. 修剪阶段： a. 操作姿势：一般采用站立姿势，双手握住圆盘锯的把手，保持稳定 b. 修剪方式：从茶树的侧面开始，沿着茶树的树冠边缘，逐步向内修剪。注意保持锯片与茶树的夹角适中，以避免损伤茶树 c. 修剪顺序：通常从上至下，从左至右进行修剪，以保持修剪的均匀性和一致性 2. 其余与单人茶树修剪机一致	
乘用型修剪机	一、操作方法 1. 启动前的准备：检查采茶机的外观，确认没有磨损或松动的部件。特别注意刀片，确保没有变圆或裂开，如有问题应及时更换。确保手把固定，燃料充足。对于乘用型采茶机，还需检查座椅、控制系统等是否完好无损 2. 启动：打开点火开关，按压手油泵几次，使燃料流入汽化器并排出空气。将油门手柄复位至最低档，打开风门，然后轻轻拉动启动手柄，感觉有阻力时用力拉直至发动机启动。启动后，稍微加大油门，待机器预热	

续表

茶树修剪机类型	操作方法和使用技巧	备注
乘用型修剪机	3. 作业操作：根据作业人员身高及茶树行高、宽度，调整机器把手（或驾驶位置）到合适高度。安装好收集袋，确保茶叶能够顺利收集。在茶园中作业时，注意避开铁丝等坚硬杂物，以免损坏机器或造成危险 4. 停机：将油门手柄调至最低速位置，降低汽油机的转速，进行 2~3min 的冷机运转。关闭电路开关，停机 二、使用技巧 1. 安全防护：操作人员必须穿戴好防护装备，如头盔、工作服、防滑鞋等。在机器运转时，禁止将手或其他物品靠近机器，以防受伤 2. 燃料与机油：使用规定的汽油和二冲程汽油机专用机油的混合油作为燃料，注意混合比例（如新机使用 20h 内，混合油容积比为汽油与机油 20 ：1，使用 20h 后改为 25 ：1） 3. 维护保养：定期检查并紧固松动的螺钉和部件。保持散热部位清洁，以确保机器散热良好。按照使用说明书的要求，定期对机器进行维护保养 4. 团队协作与沟通：对于乘用型采茶机，可能需要多名操作人员协同作业，因此团队成员之间应保持良好的沟通。在作业过程中，注意相互配合，确保人、机安全	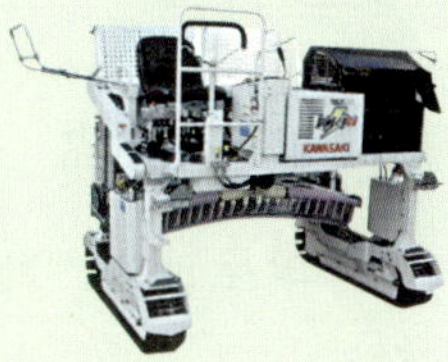

三、常见茶树修剪机械的适用场景

在农业机械化不断发展的今天，茶树修剪机械已经广泛应用于各种茶叶生产场景。然而，由于茶树修剪机械类型、茶园地形、茶树品种等因素的不同，选择合适的茶树修剪机械显得尤为重要。了解各类茶树修剪机械的适用场景，将有助于更好地开展茶树修剪机械的应用，并为茶叶生产中的实际应用提供有益的指导，在实际应用中作出明智选择。

（一）单人茶树修剪机适用场景

适用于坡地、梯地和小地块，以及不规则行距的茶园。因其轻便、操作灵活，特别适合进行茶树的定型修剪、轻修剪、深修剪、重修剪以及机械化茶园的修边作业。以川崎公司的 PST75R 单人修剪机为例，1 人操作，台时工效可达 0.75 亩 / 小时左右。

（二）双人茶树修剪机适用场景

适用于平地、缓坡和规模经营茶园。由于劳动强度低、作业效率高，常用于成龄茶园的轻修剪、深修剪和蓬面修剪。以川崎公司的 SM110 双人修剪机为例，每 2 人为一个操作组，台时工效约 2 亩 / 小时。

（三）圆盘锯式修剪机适用场景

用于对茶树实施离地面 5 ~ 10cm 台刈的机具，适用于衰老茶树台刈改造，以及需要彻底更新树冠的茶园。

综上所述，不同类型的茶树修剪机械各有其适用的茶园场景和作业任务。茶农和茶园管理者应根据茶园的具体条件、茶树生长状况及修剪需求，选择合适的修剪机械进行作业。

素质拓展

学生讨论：随着科技的发展，你期待未来的茶树修剪机械会有哪些改进和创新？

以下是一些可能的发展方向。

1. 高度智能化与自动化

未来的茶树修剪机械将集成先进的传感器、机器视觉和人工智能技术，实现自动识别茶树生长状态、枝条分布及健康状况。通过预设参数或学习算法，机械能够自主规划最优修剪路径，减少人工干预，提高修剪精度和效率。

2. 远程监控与故障诊断

通过物联网技术，将修剪机械与云端平台相连，实现远程监控和故障诊断。茶园管理者可以实时查看机械工作状态，接收维护提醒，甚至远程调整机械参数。这大大提高了设备的可维护性和使用效率。

3. 多功能集成

未来的茶树修剪机械可能不再局限于单一的修剪功能，而是集成除草、施肥、病虫害监测等多种功能于一体。这种多功能集成的设计将大大简化茶园管理流程，降低人力成本。

本内容无固定标准答案，重在鼓励学生积极讨论、大胆发言，激发学生的想象力。

课后思考

模块三 · 项目一 · 任务二

参考答案

任务拓展训练

组建茶机兴趣小组，认真观察和分析各类茶园修剪机的工作零件、使用原理、操作要点，小组成员尝试自己设计一款茶园修剪机，并画出设计草图。

任务三　茶园运输机械

知识储备

一、常见茶园运输机械的种类和工作原理

我国超过 60% 的茶园位于丘陵、山地区域，在茶树种植与管理中，茶鲜叶和农用物资（以肥料为主）两大类物资的运输搬运是困扰茶农的一大难题。茶园运输机械可有效解决农村劳动力结构变化及茶季集中用工导致的用工紧张问题，大幅度降低劳动强度，提升劳动效率，解决茶园茶鲜叶、肥料等物资搬运“最后 公里”问题。现有的茶园运输机械基本以三轮运输车、履带运输车、轨道运输车等为主，其中，轨道运输车主要以单轨运输车为主。动力方面，茶园运输机械主要分为燃油式和电动式。

（一）三轮运输车

三轮运输车的动力源普遍使用电池，电力通过驱动电机转动带动后桥、后轮输出驱动动力。驱动电机将电能转换为机械能，通过传动系统（包括离合器、变速器和驱动链条等）将动力传输到后轮，驱动车辆前进。前轮通过转向系统实现转向，同时前轮靠后轮驱动使整车行进。

三轮运输车

（二）单轨运输机

单轨运输机是一种特殊的交通工具或物料搬运设备，其特点在于通过单一的轨道来支撑和引导运输机或运输小车的运动。这种设备在农业（如茶园管理）、工业及城市交通等领域都有广泛的应用前景。单轨运输机按行走方式可分为自走式和牵引式，由装备动力机的牵引车和载物台组成，载物台骑跨在一条由方管制成的轨道上。轨道通常由高强度的材料（如钢轨、混凝土等）制成，呈环形或线性布置。轨道的形状可以是平直、弯曲或倾斜，以适应不同的地形和运输需求。轨道用固定支架支撑铺设在地面，牵引车上的驱动齿轮与轨道上的齿条啮合，带动载物台在轨道上运行。

单轨运输机

（三）履带运输车

履带运输车的配备有大马力汽油机，汽油机的动力通过传动系统（如变速箱）不断地传递给主动轮，主动轮在接收到动力后，开始旋转并不断地拨动履带进行卷绕运动。当主动轮向前旋转时，两条履带向前运动，推动车辆向前行驶。当主动轮向后旋转时，通过操作传动系统（如改变变速箱挡位），使两条履带朝后运动，车辆即可后退。

履带运输车

二、常见茶园运输机械的适用场景与特点

随着农村劳动力结构的变化，越来越多的农村青年选择进城务工，茶区用工难、用工贵问题日益突出，茶园物资和鲜叶的搬运劳动强度大。现代农业机械化水平的不断提高，茶园运输机械已成为茶园管理中不可或缺的工具。

（一）电动三轮运输车的适应性

1. 多领域应用

电动三轮运输车适用于茶园内的物资运输，如肥料、农药、采摘工具等。适用于各种地形，包括平坦的茶园道路和崎岖的山地小路等。

2. 载重能力

电动三轮运输车具有较强的载重能力，能够满足茶园内不同物资的运输需求。例如，可以承载较重的肥料袋、农药桶以及采摘用的竹篮等。

3. 灵活穿行

电动三轮运输车体积小，能够灵活地穿行于狭窄的茶园道路和田间地头，方便在茶园内进行物资的快速搬运。

（二）单轨运输机的适应性与特点

1. 地形适应性强

单轨运输机的轨道可以依地形铺设，无论是平直、弯曲还是倾斜的地形，都能灵活应对。例如，它可以适应最大坡度达到50º（甚至在某些情况下可达60º）的斜坡，确保农药和肥料的顺利运输。

2. 载重能力强

单轨运输机具有较强的载重能力，通常能够承载300千克甚至更重的货物。这使得它不仅能够运输农产品、物资等，还能搭载茶园作业机具，如喷雾机、修剪机等。

3. 自动化程度高

单轨运输机通常配备有自动控制系统，可以远程遥控。在起点和终点设置自动控制装置，可自动停车，无需人员跟车操作，提高了工作效率和安全性。

4. 操作简便

单轨运输机的操作相对简便，设有前进、倒退和空挡三个挡位，并可在轨道上任意处停留、制动。这种设计使得操作人员能够轻松掌握运输机的运行状态，并根据需要进行灵活调整。

（三）履带运输车的适应性与特点

1. 地形适应性强

履带运输车对地面单位压力小，下陷小，附着能力强，因此能够在各种复杂地形上行驶无阻，如泥泞、沙地、山地等。

2. 载重量大

履带运输车具有较大的载重量，能够满足各种搬运需求。

3. 操作简单

通过简单的操作即可实现车辆的启动、停止、前进和后退等功能。

4. 机动灵活

履带运输车可以在狭窄空间内灵活行驶，适用于各种场景。

素质拓展

学生讨论：随着科技的发展，你期待未来的茶园运输机械会有哪些改进和创新？

以下是一些可能的发展方向。

1. 智能化与自动化

（1）无人驾驶技术。引入无人驾驶技术，实现自动导航、避障和路径规划，减少人力成本，提高作业效率。

（2）智能调度系统。通过物联网和大数据技术，茶园可以建立智能调度系统，实时监控茶园运输机械的工作状态，优化运输路线，实现资源的最优配置。

2. 高效能与节能

（1）能源优化。茶园运输机械将采用更高效的能源系统，如电动或混合动力系统，降低能耗，减少对环境的影响。

（2）轻量化设计。通过采用新型材料和优化设计，减轻机械重量，提高运输效率，同时降低能耗。

3. 多样化与适应性

（1）多功能集成。未来的茶园运输机械可能集运输、施肥、除草等多种功能于一体，提高机械的利用率和作业效率。

（2）地形适应性。针对茶园复杂的地形条件，运输机械将具备更强的地形适应能力，如爬坡能力、越障能力等，确保在各种地形下都能稳定作业。

4. 环保与可持续性

（1）绿色材料。采用环保材料制造茶园运输机械，减少生产和使用过程中的环境污染。

（2）低噪声设计。优化机械结构，降低噪声污染，保护茶园生态环境和周边居民的生活质量。

5. 远程监控与维护

（1）远程监控技术。通过安装传感器和远程监控设备，茶园管理者可以实时了解运输机械的工作状态和性能参数，及时发现并解决问题。

（2）预测性维护。利用大数据分析技术，对茶园运输机械的运行数据进行深度挖掘和分析，预测可能发生的故障，提前进行维护，降低维修成本，提高机械的使用寿命。

6. 智能化管理与决策支持

（1）智能管理系统。建立茶园运输机械的智能化管理系统，实现数据的集中管理和分析，为茶园管理者提供决策支持。

（2）数据分析与优化。通过对茶园运输机械的作业数据进行深度分析，发现作业过程中的瓶颈和不足之处，优化作业流程，提高整体作业效率。

综上所述，随着科技的发展，未来的茶园运输机械将在智能化、高效能、多样化、环保性、远程监控与管理等方面实现显著的改进和创新。这些改进和创新将有助于提高茶园的生产效率、降低生产成本、保护生态环境并促进茶产业的可持续发展。

本内容无固定标准答案，重在鼓励学生积极讨论、大胆发言，激发学生的想象力。

◉ 任务内容

技能实训二十：电动三轮运输车的使用

进行电动三轮运输车的使用训练，根据《电动三轮运输车的使用训练任务评价表》进行任务评价。

一、实训场地

选择校内或合作茶园作为实训场地，确保场地平整、空旷、无障碍物，确保有足够的空间供学生练习电动三轮运输车的行驶与操作。

二、实训机器

选用符合国家标准、质量可靠的电动三轮运输车，确保车辆性能稳定，安全装置齐全。实训前检查电动三轮运输车的电池电量及安全防护装置是否完好，确保机器处于良好状态。

三、实训内容

（一）车辆构造认知

通过实物展示与多媒体教学，使学生了解电动三轮运输车的主要部件及其功能。

（二）安全操作规程

详细讲解并演示电动三轮运输车的启动、行驶、停车、充电等安全操作规程。

（三）日常维护

教授学生如何进行车辆日常检查、清洁保养、电池维护等基本技能。

（四）简单故障排除

模拟常见故障，如电池电量不足、刹车失灵、转向不灵活等，指导学生进行故障排查与解决。

（五）实操演练

在实训场地中，组织学生进行电动三轮运输车的实际运输操作，体验不同路况下的驾驶技巧。

四、实训要求

（一）安全要求

（1）学生必须穿戴好安全防护装备，包括头盔、手套、工作服等。

（2）严格遵守电动采茶机的操作规程，确保人身和设备安全。

（3）禁止在酒后、疲劳或精神不集中状态下进行实训。

（二）技能要求

在掌握电动三轮运输车基本理论知识的基础上，学习电动三轮运输车的启动、行驶、停车、充电等安全操作规程，学习车辆日常检查、清洁保养、电池维护等基本技能。通过实践操作加深理解。

（三）团队协作

（1）学生需分组进行实训，每组分配一台电动三轮运输车及必要的辅助工具。

（2）鼓励团队成员之间相互协作，共同完成实操演练任务。

五、环保意识

实训过程中注意保护场地环境，不乱扔垃圾，不破坏茶树。

电动三轮运输车的使用训练任务评价表

班级：　　　　　姓名：　　　　　日期：

序号	评分要点	分值	评价方式		
			自评	互评	师评
1	车辆启动操作的熟练程度	20			
2	车辆行驶操作的熟练程度	20			
4	车辆停车操作的熟练程度	20			
5	车辆充电等操作的熟练程度	15			
6	团队的合作情况	10			
7	安全意识	15			
总分		100			
课堂评价总结及建议					

课后思考

模块三 · 项目一 · 任务三

参考答案

任务拓展训练

组成不同的小组，到不同地形的茶区调研茶园运输机的使用情况，根据实际应用情况提出运输机的优化方案或推荐方案，并完成《茶园运输机械使用情况调查表》。

茶园运输机械使用情况调查表

序号	调研内容	调研结果	照片采集
1	茶园所在地		
2	茶园地形		
3	茶园规模		
4	运输机械类型		
5	运输物资类型及重量		
6	运输机械使用问题		
7	运输机械优化方案		

项目二

茶园耕作与除草机械

思维导图

项目二 茶园耕作与除草机械
- 任务一　茶园耕作机械
- 任务二　茶园除草机械

学习目标

知识目标：

· 了解常见茶园耕作与除草机械的种类和工作原理。

技能目标：

· 掌握常见茶园耕作与除草机械的操作方法和使用技巧；

· 能够根据茶园规模、地形等情况选择适合的机械。

素养目标：

· 提升个人运用机械化、智能化手段提质增效的思维、理念和能力，推动并开创传统农艺与现代农机结合发展的创新局面。

项目说明

茶园耕作与除草是茶园管理中不可或缺的两个环节，直接关系到茶树的生长环境、土壤肥力和茶叶品质。在追求茶园高产、优质的同时，耕作与除草的科学化、机械化操作越显重要。随着我国茶园种植规模的扩大和农业现代化的推进，传统的耕作与除草方式已难以满足现代茶园管理的需求，机械化耕作与除草逐渐成为茶园管理的主流。

本项目将深入探讨常见茶园耕作与除草机械的工作原理、操作要点和适用场景，帮助学生们全面了解机械化耕作与除草的优势和挑战。

任务一 茶园耕作机械

知识储备

一、常见茶园耕作机械的种类和工作原理

茶园耕作机械是专门用于茶园土壤耕作、改良和管理的机械设备，它们在提升茶园土壤质量、促进茶树健康生长方面发挥着重要作用。根据耕作方式和功能的不同，茶园耕作机械可分为多种类型。常见的茶园耕作机械包括旋耕式、掘耕式、多功能茶园管理机等。其中，旋耕式机械以其高效、均匀的耕作效果受到广泛应用，它通过旋转的刀片将土壤切割、破碎并混合，使土壤松散、通气，有利于茶树的根系发育和营养吸收。掘耕式的茶园耕作机是一种采用掘进式作业方式的茶园耕作机械。多功能茶园管理机是一种专为茶园管理设计的综合性农业机械设备，通常包括耕作、除草、施肥、喷药、修剪、采茶、吸虫等多种作业功能，可以根据茶园的实际需求进行选择和配置。

二、常见茶园耕作机械的操作方法和使用技巧

掌握正确的操作方法和使用技巧，对于茶园耕作机械而言，是确保耕作效率、延长设备寿命以及维护茶园土壤健康的关键。由于不同类型的茶园耕作机在设计和功能上存在差异，因此了解和掌握它们各自的操作方法和使用技巧至关重要。首先，每台茶园耕作机都有其独特的设计和操作要求，这些要求通常会在使用说明书中详细阐述。在操作之前，必须仔细阅读并理解说明书，确保对设备的各项功能和操作要求有清晰的认识，然后才能开始实地操作。

常见茶园耕作机械的操作方法和使用技巧

茶园耕作机械类型	操作方法和使用技巧	备注
旋耕式茶园耕作机	一、操作方法 1. 开机准备：在使用旋耕式茶园中耕机前，确保机器状态良好，无异常声音或振动。检查旋耕刀是否锋利、无损坏，如有需要，及时更换或修复 2. 启动机器：按照说明书上的步骤，正确启动旋耕式茶园中耕机。按下启动按钮，观察机器是否顺利启动，旋耕刀是否开始旋转 3. 进行耕作：将旋耕式茶园中耕机驶入茶园，开始进行中耕作业。注意控制机器的行进速度和旋耕深度，避免对茶树造成伤害。在操作过程中，要保持机器平稳运行，避免剧烈颠簸 4. 结束与清理：完成中耕作业后，将机器驶离茶园，并按下停止按钮，使机器停止运行。清理机器上的泥土和杂物，特别是旋耕刀部分，确保下次使用时能够顺利启动 二、使用技巧 1. 安全防护：在操作旋耕式茶园中耕机时，必须穿戴好个人防护装备，如手套、护目镜等。确保机器在运转时，手或其他物品不靠近危险区域，以免发生意外 2. 土壤条件：中耕作业前，要对茶园土壤进行评估，确保土壤湿度适中、无大石块等障碍物。如有需要，可以提前进行除草、清理石块等准备工作 3. 维护保养：定期对旋耕式茶园中耕机进行维护保养，如清洗旋耕刀、更换机油等。如有必要，可请专业人员进行检查和维修，确保机器性能稳定	
掘耕式茶园耕作机	一、操作方法 1. 开机准备：在启动掘耕式茶园中耕机之前，需对机器进行全面检查，特别关注掘耕刀是否锋利、无损坏，并及时更换磨损部件 2. 启动机器：原地启动按钮，观察掘耕刀是否开始正常运转，并监听机器是否有异常声音，以确保机器成功启动并处于良好状态 3. 进行耕作：将掘耕式茶园中耕机驶入茶园，按照预定的中耕深度和行距进行操作。在作业过程中，保持机器平稳前进，避免突然加速或减速，以免对茶树造成伤害。同时，注意观察掘耕刀的作业情况，确保中耕效果均匀一致。此外，可以根据土壤情况适时调整中耕深度，以达到最佳的中耕效果	

续表

茶园耕作机械类型	操作方法和使用技巧	备注
掘耕式茶园耕作机	4. 关机与清理：完成中耕作业后，将机器驶离茶园，按下停止按钮使机器停止运行。然后清理机器上的泥土和杂物，特别是掘耕刀部分，保持其清洁锋利。定期对机器进行全面清洗和检查，确保机器处于良好状态 二、使用技巧 1. 安全防护：在操作掘耕式茶园中耕机时，务必穿戴好个人防护装备，如安全帽、手套等。确保机器在运转时，手或其他物品不靠近危险区域，避免发生意外。同时，保持工作区域的安全距离，防止他人误入操作区域 2. 维护保养：定期对茶园中耕机进行维护保养，如清洗掘耕刀、更换机油等。保持机器的良好状态可以延长其使用寿命并提高作业效率。如需更换零件，应使用同品牌、同型号的零件，以确保机器的性能稳定 3. 应急处理：在操作过程中，如遇到异常情况或故障，应立即停机检查。对于简单的问题可以自行解决，如清理堵塞物、调整刀片角度等。对于复杂的问题或无法自行解决的问题，应及时联系专业维修人员进行处理。同时，保持冷静和镇定，避免因为紧张或恐慌而加重故障或造成更大损失	
多功能茶园管理机	一、操作方法 1. 准备阶段：在使用多功能茶园管理机之前，需确保机器处于良好状态。检查耕作刀片、传动部分等关键部件是否完好无损，如有问题及时更换或修复 2. 启动机械：原地启动按钮，观察机器是否顺利启动，各部件是否运转正常。如有异常声音或振动，应立即停机检查 3. 进行耕作：将多功能茶园管理机驶入茶园，按照预定的耕作路线和深度进行操作。在耕作过程中，保持机器平稳前进，根据土壤条件和茶树生长情况适时调整耕作深度和速度。同时，注意避开茶树主干和根部，避免对茶树造成损害 4. 关机与清理：完成耕作任务后，将机器驶离茶园，按下关机按钮使机器停止运行。然后清理机器上的泥土和杂物，特别是刀片部分，保持其清洁锋利。定期对机器进行全面清洗和保养，以延长其使用寿命	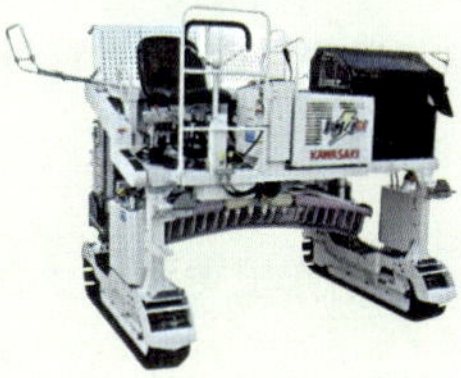

续表

茶园耕作机械类型	操作方法和使用技巧	备注
多功能茶园管理机	二、使用技巧 1. 安全防护：在操作多功能茶园管理机时，务必穿戴好个人防护装备，如安全帽、手套等。确保机器在运转时，手或其他物品不靠近危险区域，避免发生意外。同时，保持工作区域的安全距离，防止他人误入操作区域 2. 维护保养：定期对多功能茶园管理机进行维护保养，如更换机油、清洗滤清器等。保持机器的良好状态可以提高作业效率并延长其使用寿命 3. 灵活应用：多功能茶园管理机具有多种功能，如耕作、施肥、除草等。在实际使用过程中，可以根据茶园的具体需求灵活应用这些功能，以提高工作效率和降低劳动强度。同时，可以根据不同地块的土壤条件和茶树生长情况，调整机器的工作参数，以达到最佳的耕作效果	

三、常见茶园耕作机械的适用场景

在现代化农业技术的推动下，茶园耕作机作为茶园管理的核心工具，已经深入到各种茶叶种植场景中。由于茶园地形、土壤类型、茶树种植密度以及耕作需求等因素的多样性，选择合适的茶园耕作机至关重要。不同的茶园耕作机械适用于不同的茶园环境和土壤条件。在选择茶园耕作机械时，应根据茶园的具体情况进行选择，确保耕作效果和效率的最大化。同时，茶园耕作机械的使用也需要遵循一定的操作规程和安全要求，以确保操作人员的人身安全和设备的正常运行。因此，我们需要深入了解各类茶园耕作机的适用场景，以便更好地理解它们的应用范围，并为未来的茶园管理提供有针对性的指导。

常见茶园耕作机械的适用场景

耕作机类型	适用场景
旋耕式茶园耕作机	适用于山地茶园，特别是大型机械难以进入的区域：由于旋耕式茶园耕作机设计轻巧、灵活，适合在丘陵和山区的小块土地上作业。它们可以轻松地在地形复杂的区域进行耕作，满足茶园管理的需求
掘耕式茶园耕作机	适用于山地、陡坡以及其他复杂地形中的茶园作业：掘耕式茶园耕作机在使用过程中要注意及时清除土壤中大块的石块，防止损伤铲刀，并且在使用过程中，尽可能防止在杂草生长过于茂盛的茶行中使用，以防止缠草而损坏机器
多功能茶园管理机	适用于大规模地形较为平坦的茶园耕作作业，特别是在茶树种植较为整齐、行距较大的茶园中表现尤为出色。由于多功能茶园管理机体型较一般茶园耕作机型大，因此适用于一些标准化规模化的茶园

素质拓展

学生讨论：随着科技的发展，你期待未来的茶园耕作机械会有哪些改进和创新？

经过学生们的热烈讨论，不仅提升了学生在课堂上的主体意识和参与度，使他们更深入地理解了茶园耕作机械的相关知识和技术；同时，也能培养学生们保持开放心态、勇于思考、敢于想象的思维习惯。

◉ 任务内容

技能实训二十一：小型茶园耕作机的使用

进行小型旋耕式茶园耕作机或掘耕式茶园耕作机的使用训练，根据《小型茶园耕作机的使用训练任务评价表》进行任务评价。

一、实训目的

本实训旨在使学生掌握小型旋耕式茶园耕作机或掘耕式茶园耕作机的基本操作技能、维护保养知识及安全使用规范，提高茶园管理的机械化水平，促进茶叶生产效率和质量的提升。通过实践操作，学生能够理解茶园耕作机在茶叶种植过程中的重要性，并能在实际工作中灵活运用。

二、实训场地

（一）实训基地选择

选择具有代表性、面积适中、地形多样的茶园作为实训基地，确保实训环境能够全面覆盖小型茶园耕作机的各种应用场景。

（二）场地准备

清理实训区域内的杂草、石块等障碍物，确保地面平整，无安全隐患。同时，设置明显的安全警示标志，确保实训过程的安全有序。

三、实训机器

（一）机器介绍

本次实训采用的小型茶园耕作机应具备旋耕、除草、松土等多种功能，适合茶园土壤改良和日常管理。详细讲解机器的结构、工作原理、性能参数及安全操作规程。

（二）机器检查

实训前，指导学生检查耕作机的机油、燃油、冷却液等是否充足，各部件连接是否牢固，确保机器处于良好工作状态。

四、实训要求

（一）安全为先

强调安全操作规程，要求学生穿戴好个人防护装备（如安全帽、防护眼镜、工作服等），严格遵守操作规程，确保人身安全。

（二）理论结合实践

在实训前，简要回顾茶园耕作机的工作原理、操作要点及维护保养知识，使理论与实践相结合。

（三）分组实训

将学生分为若干小组，每组分配一台小型茶园耕作机，在指导教师的监督下进行实践操作。

（四）技能提升

通过模拟不同地形、不同土壤条件下的耕作作业，提高学生的操作技能和对机器性能的掌握程度。

五、实训步骤

（一）启动准备

检查机器无误后，按照操作规程启动耕作机。

（二）操作演示

指导教师先进行示范操作，展示耕作机的正确使用方法。

（三）学生实践

学生在指导教师的指导下，轮流进行实践操作，包括调整耕作深度、控制行进速度等。

小型茶园耕作机的使用训练任务评价表

班级：　　　　姓名：　　　　日期：

序号	评分要点	分值	评价方式		
			自评	互评	师评
1	开机与调速操作情况	15			
2	耕作效率	15			
3	耕作效果，漏耕、重耕现象	15			
4	团队的合作情况	15			
5	学习态度	15			
6	安全意识	15			
7	环保意识	10			
总分		100			
课堂评价总结及建议					

（四）问题解决

在实训过程中，鼓励学生发现问题、提出问题，并在指导教师的帮助下解决问题。

（五）训练任务评价

填写《小型茶园耕作机的使用训练任务评价表》。

课后思考

模块三·项目二·任务一

参考答案

任务拓展训练

建立茶园机械兴趣小组，申请机会到茶园耕作机机械加工厂去参观学习，了解茶园耕作机具体的生产、组装过程，尤其是茶园耕作机械的生产创意，并撰写参观心得。

任务二　茶园除草机械

知识储备

一、常见茶园除草机械的种类和工作原理

茶园除草机械是专为茶园环境设计，用于去除茶园中杂草和不需要的植物的机械设备，能够有效提高茶园管理的效率和质量。根据除草方式和操作规模的不同，茶园除草机械可分为多种类型，如手扶式、背负式、耕地式以及智能化除草机等。手持式茶园除草机械通常体积小巧，便于携带和操作，通过高速旋转的刀片或切割器进行除草。背负式茶园除草机械则相对较大，适合中等面积的茶园使用。它们通常配备有更大的刀片或切割器，以及更强大的动力源，能够快速有效地去除茶园中的杂草。耕地式除草机通过翻动土壤的方式破坏杂草根系，多以燃油为能源。茶园耕地式除草机多为具有除草、耕作功能的茶园微耕机，是集茶园除草和松土为一体的茶园管理机械。随着科技的发展，自动化茶园除草机械也逐渐崭露头角，但实际应用较少。这类机械利用先进的导航和传感器技术，能够自动识别茶园中的杂草，并进行精确除草，减少了对非目标植物的伤害。机械除草提高了茶园管理的效率，但要合理控制除草深度和速度，避免对茶树造成伤害。

二、常见采茶机的操作方法和使用技巧

在掌握正确的茶园除草机操作方法和使用技巧，不仅可以提高除草效率，减少劳动力投入，还能有效保护茶树生长环境，促进茶叶的健康生长。由于不同型号的茶园除草机在功能和操作方式上存在差异，需要对各类除草机的操作方法和使用技巧有所了解。首先，每台茶园除草机的设计都针对特定的除草需求和环境条件。在操作之前，务必详细阅读并理解使用说明书，确保对设备的性能特点、功能配置、操作要点有充分的了解，然后再着手机械操作。

常见茶园除草机械的操作方法和使用技巧

除草机类型	操作方法和使用技巧	备注
手扶式茶园除草机	一、操作方法 1. 开机准备：在使用手扶式茶园除草机之前，需对机器进行全面检查，特别是割草刀片及传动部分，确保无损坏或磨损，如有必要及时更换。选择一个无障碍、安全的工作区域，确保周围无人员或障碍物干扰 2. 启动机器：握住手柄，轻轻按下启动开关，听到机器正常启动声音，且刀片开始旋转，则表示开机成功 3. 开始除草：将除草机轻轻推入茶园中，保持稳定的推进速度和角度，让刀片能够均匀、有效地切割杂草。持续推动机器，直至完成整个工作区域 4. 关机与清理：完成工作后，按下停止开关，等待刀片完全停止旋转后，表示关机成功。对机器进行清理，特别是刀片部分，确保无残留物，同时检查是否有损坏或磨损，以便及时维修或更换 二、使用技巧 1. 安全防护：在操作过程中，务必穿戴好个人防护装备，如手套、护目镜等，以防意外伤害。确保在机器运转时，手或其他物品不靠近刀片区域，保持安全距离 2. 茶园准备：在除草前，最好对茶园进行简单的整理，去除较大的石块、树枝等障碍物，以免对机器造成损坏及防止飞石伤人	
背负式茶园除草机	一、操作方法 1. 开机准备：在使用背负式茶园除草机之前，仔细检查机器的各个部件，特别是刀片是否锋利且没有损坏。选择一个开阔、平坦的茶园区域作为工作场所，确保周围没有障碍物和无关人员	

续表

除草机类型	操作方法和使用技巧	备注
背负式茶园除草机	2. 启动机器：佩戴好背负式除草机的背带，并确保其稳固舒适。按下启动按钮，听到机器正常运转的声音，且刀片开始旋转，表示开机成功 3. 开始除草：保持身体平衡，稳定地行走在茶园中，让除草机的刀片贴近地面，均匀、快速地切割杂草。持续行走并调整除草机的角度和高度，确保除草效果最佳 4. 关机与清理：完成除草工作后，按下停止按钮，等待刀片完全停止旋转后，表示关机成功。将除草机从背上取下，清理刀片上的杂草和泥土，注意手部安全 二、使用技巧 1. 安全防护：在操作背负式茶园除草机时，务必穿戴好个人防护装备，如手套、护目镜等。确保机器在运转时，手或其他物品不伸入刀片区域，以免发生危险 2. 茶园准备：在除草前，先清理茶园中的大石块、树枝等障碍物，以免对除草机造成损坏。同时，确保茶园地面平整，以便除草机更好地工作 3. 维护保养：定期对背负式茶园除草机进行清洗和保养，特别是刀片部分。使用清水和软布擦拭机器表面和刀片，确保其干净无锈。如需更换刀片或其他零件，应选择同品牌、同型号的零件，以确保机器的性能和使用寿命	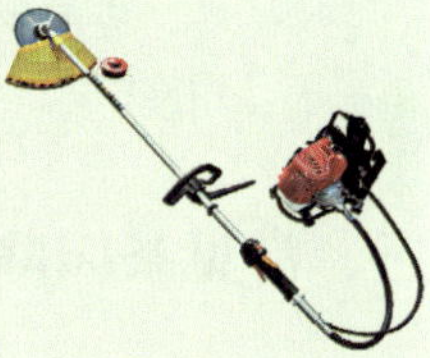
茶园耕地式除草机	一、操作方法 1. 准备阶段：在使用茶园耕地式除草机之前，需对机器进行全面检查，特别是刀片、传动部件和轮胎等关键部位，确保它们无损坏或磨损，并及时更换有问题的部件。确保地面无障碍物，并远离其他人员 2. 启动机械：按照说明书上的指示，正确启动茶园耕地式除草机。通常，需要按下启动按钮或拉动启动杆，待机器正常启动后，刀片开始旋转，表示开机成功 3. 除草作业：将除草机驶入茶园，调整刀片的高度和角度，使其能够均匀、有效地切割杂草。在行驶过程中，保持稳定的速度和方向，确保除草效果最佳。重复此过程，直到完成整个茶园的除草工作 4. 关机与清理：完成除草后，按照说明书上的指示，正确关闭除草机。待刀片完全停止旋转后，方可进行清理工作。清理时，注意手部安全，避免被刀片割伤。清理完毕后，将除草机存放在干燥、通风的地方	

续表

除草机类型	操作方法和使用技巧	备注
茶园耕地式除草机	二、使用技巧 1. 安全防护：在操作茶园耕地式除草机时，务必穿戴好个人防护装备，如手套、护目镜和耳罩等，避免受伤。同时，确保机器在运转时，手或其他物品不伸入刀片区域，以免发生危险 2. 维护保养：定期对茶园耕地式除草机进行清洗和保养，特别是刀片、传动部件和轮胎等关键部位。清洗时，使用清水和软布擦拭机器表面和刀片，确保其干净无锈。如需更换零件，应使用同品牌、同型号的零件，以确保机器的性能和使用寿命	

三、常见茶园除草机械的适用场景

随着农业现代化的发展，茶园除草机作为茶园管理的得力助手，已经广泛应用于各类茶叶种植场景中。由于茶园地形、杂草类型、茶树种植密度以及除草需求的不同，选择合适的茶园除草机尤为关键。深入了解各类茶园除草机的适用场景，对于茶园管理者至关重要，有助于更好地选择和使用除草机，提升茶园管理的效率和质量。

常见茶园除草机的适用场景

除草机类型	适用场景
手扶式茶园除草机	适用于平坦的丘陵和山区茶园：适合小面积茶园或需要精细除草的区域。在前期休整茶园时要休整平坦，地势坑洼可能导致除草效果较差
背负式茶园除草机	适用于山地、梯田、陡坡以及其他复杂地形中的茶园作业：由于这些地区往往地形崎岖，大型机械难以进入和操作，背负式茶园除草机由于其便携性和灵活性，能够适应各种地形条件。包括平坦茶园、丘陵、山区等复杂地形，尤其适合地块小、高差大的茶园。背负式除草机可以轻松进入其他茶园除草机械无法进入的区域，进行高效的除草作业
茶园耕地式除草机	适用于大规模茶园的除草作业，特别是行距较大的茶园中表现尤为出色。茶园耕地式除草机相较于背负式茶园除草机适用地形较少，包括平坦茶园、丘陵和山区茶园。特别是针对地块小、高差大的茶园，茶园耕地式除草机的效率远不如背负式茶园除草机

素质拓展

学生讨论：随着科技的发展，你期待未来的茶园除草机械会有哪些改进和创新？

在学生们热情洋溢的讨论中，各种新颖的观点如雨后春笋般不断涌现。这一过程不仅显著提高了学生在课堂上的主体性和参与度，还使他们对茶园除草机械的相关知识和技术有了更深刻的理解。同时，这次讨论也让学生们深刻体验到科技创新的无穷魅力。让他们意识到，只要保持开放的心态，勇于思考，敢于想象，并乐于与他人交流，就能够不断点燃创新思维的火花。这种创新精神和团队合作能力，对于他们未来在科技领域的发展和成长，无疑是宝贵的财富。学生们通过讨论，不仅为茶园除草机械的技术进步贡献了众多有益的想法和方案，更为未来的科技发展播下了希望的种子。这种积极的学习态度和探索精神，将激励他们在未来的学习和工作中，不断追求创新，为科技进步和社会发展贡献自己的力量。

任务内容

技能实训二十二：背负式茶园除草机的使用

一、实训目的

本次实训旨在使学生掌握背负式茶园除草机的正确使用方法、安全操作规程以及日常维护技巧，提升学生在茶园管理中的实践能力和操作技能，为将来的茶产业生产实践打下坚实基础。

二、实训场地

（一）实训茶园选择

选择一块面积适中、地形较为平坦、杂草生长旺盛的茶园作为实训场地。确保场地内无障碍物，便于操作与移动。

（二）安全准备

实训前需对场地进行安全检查，清除尖锐物、石块等可能对机器造成损坏或人员造成伤害的隐患。同时，设置明显的安全警示标志，确保实训过程的安全有序。

三、实训机器

（一）机器介绍

本次实训使用的背负式茶园除草机，主要部件包括发动机、传动系统、刀片组件、背负式支架及操作控制系统等。机器具有轻便灵活、除草效率高的特点，适合茶园等小地块作业。

（二）机器检查

实训前，指导教师应带领学生检查除草机的燃油、机油、刀片磨损情况、紧固件是否松动等，确保机器处于良好工作状态。

四、实训要求

（一）穿戴防护装备

学生需穿戴工作服、安全帽、防护眼镜、手套等防护装备，以防杂草飞溅或机器故障造成伤害。

（二）安全操作

学生需在指导教师的示范和指导下进行操作，严格遵守安全操作规程，不得擅自更改机器设置或进行危险操作。

（三）技术要点

熟悉机器启动、加速、减速、熄火等操作流程；掌握调整刀片高度以适应不同杂草高度的方法；学会根据地形和杂草密度调整行走速度和机器倾斜角度，以提高除草效率。

五、实训总结

实训结束后，组织学生进行总结交流，分享实训过程中的收获与体会，分析存在的问题与不足，提出改进意见。同时，教师应对学生的实训表现进行点评，填写《背负式茶园除草机的使用训练任务评价表》，肯定成绩，指出不足，激励学生继续努力提高实践能力和操作技能。

背负式茶园除草机的使用训练任务评价表

班级：　　　　姓名：　　　　日期：

序号	评分要点	分值	评价方式		
			自评	互评	师评
1	开机与调速操作情况	15			
2	除草效率	15			
3	除草效果	15			
4	团队的合作情况	15			
5	学习态度	15			
6	安全意识	15			
7	环保意识	10			
总分		100			
课堂评价总结及建议					

课后思考

模块三·项目二·任务二

参考答案

任务拓展训练

成立茶园除草小组，对比不同的茶园除草机械的除草效果，建立长期观察档案，分析茶园恶性杂草的最佳除草时间、除草方法、除草机械，并形成调研报告。

项目三

茶园灌溉与施肥机械

思维导图

项目三　茶园灌溉与施肥机械

- 任务一　茶园灌溉机械
- 任务二　茶园施肥机械

学习目标

知识目标：

· 理解常见茶园灌溉、施肥机械的种类和工作原理。

能力目标：

· 了解常见茶园灌溉、施肥机械的操作方法和使用技巧；

· 能够根据茶树生长特点、土壤情况合理运用茶园灌溉、施肥机械。

素养目标：

· 淡水资源越来越珍贵，不论是在当前的生活，还是未来工作中，都应养成节约用水的环保理念，功在当代，利在千秋。

项目说明

随着茶园规模的不断扩大，传统的人工灌溉和施肥方式已难以满足大面积茶园的生产需求。茶园灌溉施肥机械能够大幅度提高作业效率，减少人力投入，缩短作业周期，从而满足茶园规模化、集约化生产的需要。

本项目介绍茶园灌溉机械、施肥机械的工作原理、操作技巧和适用场景，帮助学生了解不同茶园灌溉机械与施肥机械的工作特点，掌握相关的使用条件和使用技巧。

任务一　茶园灌溉机械

知识储备

一、常见灌溉机械的种类和工作原理

茶园灌溉机器能够实现快速、均匀的灌溉，大幅提高灌溉效率，提高水资源利用效率，同时可以减少人力成本，提高生产效率。基于它们的工作原理、技术特点以及应用方式，可将茶园灌溉机器分为灌溉无人机、自动灌溉系统。灌溉无人机利用无人机作为载体，搭载水箱和喷洒设备，通过飞行控制实现对茶园的灌溉，可以实现高效性、快速性、高精度。无人机可以迅速覆盖茶园，并通过精确控制喷洒量实现精准灌溉。自动灌溉系统，利用管道、喷头、滴灌管等灌溉设备，结合自动控制技术，实现对茶园的定时、定量灌溉，具有节水性、高效性、自动化的优势，系统可以根据土壤湿度、气候条件等参数自动调节灌溉水量和时间，提高水资源利用效率。

二、常见灌溉机的操作方法和使用技巧

掌握灌溉机的操作方法和使用技巧，可以更好地提高灌溉效率，确保茶树的生长需求得到满足，进而促进茶树的生长。

（一）前期准备

在使用茶园灌溉机之前，应仔细检查灌溉机的各个部件，如水泵、管道、喷头等，确保它们完好无损，并处于正常工作状态。根据茶园的布局和地形，合理规划灌溉区域，确定灌溉机的移动路线和喷头的布置位置。

（二）开机与调试

按照灌溉机的操作说明，正确启动灌溉机，并确保各个部件正常运转。根据茶树的生长阶段和需水量，选择合适的喷头型号和喷洒方式，并调整喷头的角度和高度，确保喷洒范围均匀、覆盖整个灌溉区域。

（三）灌溉作业

在灌溉过程中，应时刻监控灌溉机的运行状态和喷头的喷洒情况，确保灌溉均匀、适量。根据茶树的生长需求和土壤湿度等条件，适时调整灌溉量，避免过度灌溉或不足灌溉。

（四）关机与整理

在灌溉作业完成后，清理喷头上的残留物，防止堵塞和腐蚀，延长喷头的使用寿命。将灌溉机和其他相关设备整理好，放回指定的位置，以备下次使用。

（五）使用技巧与注意事项

1. 定期维护

定期对灌溉机的各个部件进行检查和维护，如清洗管道、更换损坏的喷头、检查水泵等，确保灌溉机的正常运行和使用寿命。

2. 合理安排灌溉时间

根据茶树的生长规律和气候条件，合理安排灌溉时间，避免在高温、干燥的天气下进行灌溉，以减少水分的蒸发和浪费。

3. 节约用水

通过精确控制灌溉量和喷洒范围，实现节约用水，提高水资源的利用效率。例如，采用滴灌或渗灌等节水灌溉方式，减少水资源的浪费。

4. 监测土壤湿度

在灌溉过程中，可以使用土壤湿度计等设备监测土壤湿度，根据土壤湿度的变化及时调整灌溉量，确保茶树获得适量的水分供应。

5. 注意安全

在操作灌溉机时，应注意安全事项，如避免触电、防止机械伤害等。同时，在灌溉过程中应注意观察天气变化，避免在恶劣天气下进行灌溉作业。

常见灌溉机的操作方法和使用技巧见下表。

常见灌溉机的操作方法和使用技巧

灌溉机类型	操作方法与使用技巧	备注
灌溉无人机	一、操作方法 1. 准备阶段：根据茶园面积和地形选择合适的无人机。检查无人机的电池、电机、传感器等部件是否正常工作，确保无人机处于良好状态。利用无人机的飞行控制系统或相关软件，设定飞行路线、高度、速度等参数，确保无人机能够覆盖整个茶园。将需要灌溉的水装入无人机上的水箱，注意控制装载量，避免超载。按照无人机的操作说明，进行起飞操作，确保无人机平稳升空。在飞行过程中，通过遥控器或手机APP 实时监控无人机的飞行状态，包括位置、高度、速度等 2. 灌溉作业：当无人机飞到预定位置时，开启灌溉系统，通过喷嘴或滴灌管等装置进行灌溉。根据茶树的生长需求和实际情况，调整灌溉系统的出水量或喷洒范围，确保灌溉均匀、适量。 3. 降落与回收：在灌溉作业完成后，选择安全的降落地点，准备降落。按照无人机的操作说明，进行降落操作，确保无人机平稳降落。回收无人机和水箱等设备，清理残留的水和肥料，整理好设备以备下次使用 二、使用技巧 利用无人机的智能控制系统，实现灌溉量的自动控制和调节，避免人工操作中的误差和浪费。在飞行过程中，注意避开障碍物和高压线等危险区域，确保无人机的安全飞行。定期对无人机的各个部件进行检查和维护，确保无人机的良好工作状态和使用寿命	
自动灌溉系统	一、操作方法 1. 土壤湿度控制：根据茶农设定的土壤湿度标准值，当监测到土壤湿度低于标准值时，打开智能阀门进行灌溉。当监测到土壤湿度达到标准值后，关闭阀门，完成一次灌溉作业 2. 灌溉时间控制：根据茶树的生长需求和气候条件，设定合理的灌溉时间。一般选择在清晨、傍晚或夜晚进行灌溉，以避免白天高温时灌溉导致的蒸腾和蒸发损失 3. 水源利用与节水措施：构建蓄水池，并引用碟片过滤器和砂石过滤器，通过雨水收集装置实现茶园的旱浇涝排，减少对自来水和地下水的依赖性 二、使用技巧 定期维护与检查：定期对自动水灌溉系统进行维护与检查，确保各部件正常运行，及时发现并解决问题。结合茶园环境采集系统：利用茶园环境采集系统实时采集环境数据，结合茶叶的长势调整灌溉策略，使茶树处于最佳生长状态	

三、常见灌溉机器的适用场景

随着现代农业技术的发展，茶园管理越来越注重自动化和智能化。选择合适的灌溉机，可以实现灌溉的自动化和智能化管理，提高茶园管理的科技含量和现代化水平，还可以促进茶园的可持续发展。通过精准灌溉和节水措施，可以减少水资源的消耗和污染，保护茶园生态环境；通过提高茶叶品质和产量，增加茶园的经济收益，促进茶产业的健康发展。合适的茶园灌溉机不仅能够节省大量的人力物力，还能提高灌溉的准确性和效率，使茶园管理更加高效。

常见灌溉机的适用场景

灌溉机类型	适用场景	作业场景图示
灌溉无人机	灌溉无人机适用于地形复杂、坡度较大的茶园。与传统的灌溉方式相比，无人机能够在短时间内完成数十亩甚至上百亩茶园的灌溉任务。无人机的悬停功能使得它能够在需要的地方精准投放，实现精准灌溉	
自动灌溉系统	自动灌溉系统适用于大面积茶园，能够实现均匀、高效的灌溉。自动灌溉系统能够显著提高灌溉效率。通过预设的灌溉计划和自动化的控制系统，系统能够自动完成灌溉任务，覆盖整个茶园区域，确保每一片茶园都能得到充足的灌溉。同样能够根据土壤湿度、气象条件等自动调节灌溉量，有效节约水资源。自动灌溉系统能够自动化完成灌溉任务，减轻人力负担，降低茶园管理的成本。同时，系统还可以减少人为因素对灌溉效果的影响，提高灌溉的准确性和稳定性	

素质拓展

学生讨论：请同学们讨论自己所在生活区的淡水资源和用水习惯，并提出个人的生活用水习惯，相互讨论如何提升淡水利用率。

◉ 任务内容

技能实训二十三：灌溉无人机的使用

进行灌溉无人机的使用训练，根据《灌溉无人机的使用训练任务评价表》进行任务评价。

一、实训目的

本实训旨在通过茶园灌溉无人机的实际操作与技能训练，使学生掌握无人机在茶园灌溉中的应用技术，提高茶园管理的智能化和精准化水平，为现代农业的发展培养高素质技能人才。

二、实训场地

（一）实训场地选择

选择具有代表性且面积适中的茶园作为实训场地，确保场地内无高压电线、高大建筑物等飞行障碍物，同时需考虑风向、风速等气象因素对无人机飞行的影响。

（二）安全区域设置

在茶园周围设置明显的安全警示标志，划定无人机飞行和降落的安全区域，确保实训过程中的安全。

三、实训机器

（一）灌溉无人机选择

选用具有稳定飞行性能、高精度喷洒系统和智能控制功能的茶园灌溉无人机。无人机应具备自主规划航线、精准定位、实时监测等功能，以满足茶园灌溉的精准需求。

（二）配套设备

准备无人机遥控器、电池组、充电器、传感器（如湿度传感器、土壤水分传感器）等配套设备，并确保所有设备处于良好工作状态。

四、实训要求

（一）理论知识准备

学生需提前学习无人机基本原理、飞行控制、灌溉系统原理等相关知识，理解无人机在茶园灌溉中的应用优势。

（二）安全规范

严格遵守无人机飞行安全规范，确保无人机在适航条件下飞行，避免发生安全事故。

（三）操作技能

掌握无人机起飞、降落、航线规划、喷洒控制等操作技能，能够独立完成茶园灌溉任务。

（四）团队协作

实训过程中注重团队协作，合理分配任务，共同解决问题。

五、实训步骤

（一）前期准备

检查无人机及配套设备是否完好，进行电池充电和传感器校准。根据茶园实际情况，制订灌溉计划，确定灌溉区域、水量和频率。

（二）航线规划

利用无人机控制软件，根据茶园图纸和灌溉计划，规划无人机的飞行航线，确保覆盖所有灌溉区域。

（三）飞行操作

按照规划好的航线，操作无人机进行起飞、飞行和喷洒作业。在飞行过程中，注意观察无人机状态，及时调整飞行参数，确保飞行平稳和喷洒均匀。

（四）数据收集与分析

无人机完成灌溉任务后，收集并分析相关数据，如土壤湿度、植物生长情况等，评估灌溉效果。

灌溉无人机的使用训练任务评价表

班级：　　　　　姓名：　　　　　日期：

序号	评分要点	分值	评价方式		
			自评	互评	师评
1	起飞与降落平稳	15			
2	航线规划合理且执行准确	15			
3	飞行过程中无碰撞或异常情况	15			
4	灌溉区域覆盖完整	15			
5	喷洒均匀无遗漏	15			
6	学习态度	9			
7	安全意识	8			
8	环保意识	8			
总分		100			
课堂评价总结及建议					

课后思考

模块三·项目三·任务一

参考答案

任务拓展训练

组建无人机帮扶小组，利用课余时间，在安全使用的前提下，尝试将无人机运用于其他非茶农业产业项目上，一方面提升自己对机器的使用熟练程度，另一方面拓展对其他农业项目的认知。每一次使用后，做好使用情况登记，不断优化无人机的使用效率。

任务二　茶园施肥机械

知识储备

一、常见茶园施肥机的种类和工作原理

茶园施肥机械能够高效、均匀地施加肥料，从而提高茶叶的产量和品质。根据施肥方式，茶园施肥机械可分为开沟施肥机、液态施肥机、耕作施肥机。液态施肥机是将液态肥料直接喷洒在茶树根部或叶面上，适用于需要快速补充养分的茶园。耕作施肥机是将肥料均匀撒布在茶园地面上，然后通过翻耕、深松耕和旋耕等方式将肥料混入土壤中，这种机械适用于面积较大的茶园。开沟施肥机是在茶园中开出一定深度的沟，然后将肥料施入沟中并覆土。这种机械适用于有机肥的施用。

二、常见施肥机的操作方法和使用技巧

掌握施肥机的操作方法和使用技巧，可以更好地提高施肥效率，促进茶树的生长和丰收。

（一）施肥前的准备工作

1. 确定施肥时间和地点

根据作物种类、生长阶段和气候条件等因素，选择适当的施肥方式和施肥量。一般情况下，每亩土地需要施肥两次，建议第一次在春季播种前进行，第二次在春季播种后进行。

2. 选用合适的施肥机和肥料

根据作物需求和土壤类型选择适当的施肥机和肥料，确保施肥机的型号和规格与作业场地和作物类型相适应。

3. 清洁施肥机和肥料箱

使用前应仔细清洁施肥机和肥料箱，避免污染土壤和作物。

（二）施肥机的操作步骤

1. 检查施肥机

在操作前，检查施肥机的各个部位是否完好，无损坏现象。如有损坏，应及时更换或修理。同时，确保施肥机所需的肥料充足，并准备好适量的肥料进行施肥。

2. 装载施肥物料

将处理好的肥料倒入施肥机的施肥箱中，注意不要超出施肥机的承载范围。

3. 调试施肥机

开机后，调整施肥机的喷洒角度、喷洒量和喷洒范围，确保施肥均匀、全面。根据农作物种植的要求和土地条件，调整施肥机的施肥量。

4. 正式操作施肥机

根据作物种类和施肥机的施肥效率，控制施肥机的前进速度和喷洒时间，确保施肥均匀、节约用量。将施肥机平稳地推向田地，按照施肥路线进行喷洒，注意避开地头、墙角等障碍物。

（三）施肥后的处理

1. 清理施肥机和肥料箱

施肥结束后要及时清洗施肥机、管道和喷嘴，防止施肥物料残留而导致施肥机堵塞和腐蚀。

2. 观察施肥效果

施肥后应及时观察作物的生长情况，评估施肥效果，有必要时应进行调整和补充施肥操作。

3. 锁定施肥机

使用完毕后应及时将施肥机锁定，避免未授权人员操作和损坏施肥机。

（四）使用技巧与注意事项

1. 注意安全

在操作施肥机时，应注意避免衣物和身体接触到机械部件和喷雾器具，以免发生人身伤害。同时，使用施肥机时应保持清醒状态，不得饮酒和服用药物，以免影响操作安全。

2. 合理施肥

应根据所施肥料的种类和含量来控制施肥量，切忌过量施肥，避免对土壤和作物造成危害。同时，要保证施肥的均匀性，避免肥料过度集中和浪费。

3. 定期维护

施肥机应该进行定期维护，保证施肥设备的正常运行。例如，定期清理施肥机内部的残留物，防止堵塞和积存；定期检查施肥机的机械部分和电器部分，确保其安全可靠。

4. 避免风力影响

避免在风力大的情况下施肥，以防肥料被风吹散，造成浪费。

常见施肥机的操作方法和使用技巧见下表。

常见施肥机的操作方法和使用技巧

施肥机类型	操作方法和使用技巧	备注
开沟施肥机	一、操作方法 1. 准备工作：检查履带式开沟施肥机的各项部件是否完好，如发动机、履带、传动系统、开沟刀和施肥箱等。根据作物种类和土壤条件，准备适量的肥料并装入施肥箱。清理作业区域，确保无障碍物影响作业 2. 开机与调试：按照说明书正确启动发动机，检查机器运转是否正常。调整开沟深度和宽度，一般开沟宽度在 10 ~ 40cm，深度在 20 ~ 15cm，具体根据作物需求设定。调整施肥量，根据土地类型、种植作物和肥料种类选择合适的施肥量，一般建议在 10 ~ 20cm 深度施肥 3. 作业过程：将履带式开沟施肥机推入作业区域，按照预定的行驶路线开始工作。在作业过程中，注意观察开沟深度和施肥量的均匀性，及时调整机器参数以确保作业效果。如遇到障碍物或特殊地形，应及时停机并调整机器，避免损坏机器或影响作业效果 4. 作业结束：作业完成后，将履带式开沟施肥机停放在安全区域，关闭发动机 清理施肥箱和机器表面的残留物，保持机器的整洁 二、使用技巧 1. 安全操作：操作人员应熟悉履带式开沟施肥机的操作方法和安全规程，确保在作业过程中遵循相关安全规定。在作业过程中，注意保持机器平稳，避免倾斜或侧翻。如遇紧急情况，应立即停机并采取相应措施进行处理 2. 维护保养：定期对履带式开沟施肥机进行维护保养，如更换机油、清洗滤清器、检查履带磨损情况等。在使用过程中，避免让机器过载或长时间连续工作，以保证机器的使用寿命和作业效果。如遇机器故障或异常情况，应及时联系专业人员进行检修和维修 3. 合理使用肥料：根据作物种类和土壤条件选择合适的肥料种类和施肥量，避免浪费和污染环境 在施肥过程中，注意保持施肥量的均匀性，以提高施肥效果和作物产量 4. 合理规划作业路线：在作业前合理规划作业路线，避免重复作业或遗漏作业区域 根据作物种植特点和地形条件选择合适的作业方式，如直线作业或曲线作业等	

续表

施肥机类型	操作方法和使用技巧	备注
液态施肥机	一、操作方法 1. 准备工作：确认液态施肥机处于良好工作状态，检查各部件是否完好，无损坏现象。检查油箱、肥料箱是否清洁，避免污染肥料和茶园。确保液态肥料的充足，并根据作物需求准备适量的肥料 2. 安全防护：操作人员应穿戴适当的工作服和防护设备，如手套、口罩、护目镜等。确保操作区域的安全，其他非操作人员靠近 3. 操作过程：按照机器说明书正确启动液态施肥机，检查发动机运转是否正常。根据茶园地形、作物种类和生长阶段，调整液态施肥机的喷洒速度、压力和角度。确保肥料能够均匀、准确地喷洒到作物上。注意观察施肥效果，及时调整机器参数以保证施肥的均匀性和准确性 二、使用技巧 1. 安全注意事项：在操作过程中，避免衣物和身体接触到液态肥料，以免对皮肤造成刺激或损伤。如遇机器故障或异常情况，应立即停机并检查原因，切勿强行操作 2. 合理使用肥料：根据茶园土壤和作物需求，选择合适的液态肥料类型和浓度。遵循“少量多次”的原则，避免一次性施肥过多导致作物吸收不良或浪费肥料 3. 注意施肥时间：选择晴朗、无风的天气进行施肥，避免雨天或大风天气导致肥料流失或挥发。尽量避免在中午高温时段施肥，以减少肥料挥发和作物叶片灼伤的风险 4. 清洁与保养：每次使用完液态施肥机后，应及时清洗肥料箱和喷嘴等部件，避免肥料残留导致堵塞或腐蚀。定期对液态施肥机进行保养和检查，如更换磨损的部件、紧固松动的螺丝等 5. 安全存储：液态肥料应存放在阴凉、通风、干燥的地方，避免阳光直射和高温环境。远离火源和易燃物品，确保存储安全	
耕作施肥机	一、操作方法 1. 准备工作：使用茶园耕作施肥机前必须仔细阅读使用说明书，了解机器的性能、结构、使用方法及注意事项 2. 检查设备：对机器进行全面检查，确保各部件完好，燃油、润滑油充足，各连接紧固件无松动，耕作刀具安装正确且锋利。检查各操作部件是否灵活有效	

续表

施肥机类型	操作方法和使用技巧	备注
耕作施肥机	3. 操作过程：根据厂家说明，按照正确的步骤启动发动机。正确调整深度与行进方向，设置耕深调节手柄以控制耕作深度，根据茶园的实际需求调整耕作深度，一般在 8 ~ 30cm 可调。同时，根据茶园边界规划好行进路线。作业过程中缓慢加大油门进入工作状态，保持匀速前进，避免猛冲急停导致土壤翻耕不均。作业中密切关注机器运行情况，如遇障碍物或硬土块应及时停车处理；同时注意观察是否有漏油、异响等问题 二、使用技巧 1. 合理施肥：根据茶园土壤情况和茶树生长需求，合理设置施肥量，确保肥料均匀分布在土壤中 注意耕作深度：耕作深度过浅可能导致肥料无法深入土壤， 2. 影响施肥效果；耕作深度过深则可能破坏茶树根系，影响茶树生长。因此，应根据实际情况选择合适的耕作深度 3. 注意机器保养：作业完毕后及时清理机器上的泥土杂物，检查并维护刀具磨损情况，补充机油、燃油等，确保机器处于良好状态 4. 安全操作：在操作过程中，操作人员应特别注意机器上的安全警示标志，遵循安全操作规程，确保自身和他人的安全 5. 避免超载作业：新机不准大负荷作业，以防损坏机器 6. 酒后禁止操作：酒后不准操作机器，以防发生意外	

三、常见施肥机的适用场景

在农业现代化持续推进的当下，施肥机已成为茶园施肥的关键设备，广泛应用于各类茶园管理环节。考虑到茶园的地貌特征、土壤条件、施肥需求以及施肥机的设计和功能差异，挑选恰当的施肥机至关重要。熟悉各类施肥机的适用环境，将有助于更全面地掌握施肥机的使用要领，为未来茶园施肥作业提供科学的指引，使在实际操作中能够作出合理的决策。

常见施肥机的适用场景

施肥机类型	适用场景
开沟施肥机	适用于大型机械无法进入的小块土地、大棚、茶园等不同的地形和土质进行作业，对环境的适应能力强。开沟施肥机通常具有较高的作业效率，开沟速度快

续表

施肥机类型	适用场景
液态肥施肥机	液态肥施肥机特别适用于需要精准施肥、提高肥料利用率的茶园。通过使用液态肥，可以更精确地控制肥料的用量和分布，从而满足茶树生长的不同需求。液态肥施肥机具有较高的作业效率。通过自动化控制，可以实现快速、均匀的施肥作业，减少人工操作的时间和劳动强度。根据茶园的具体情况，液态肥施肥机可以在短时间内完成大面积的施肥工作。液态肥施肥机在施肥过程中能够减少肥料的浪费和流失，降低对环境的污染。同时，液态肥的施用也有助于改善土壤结构，提高土壤肥力，促进茶树的健康生长
耕作施肥机	该机械适用于茶园中的耕作和施肥作业，包括深耕、浅耕、松土、除草、施肥等多种功能。通过调整耕作深度和施肥量，可以满足茶园不同生长阶段的需求。茶园耕作施肥机通常具有较高的作业效率。一些先进的茶园耕作施肥机可以实现每小时数百米的耕作速度，大大提高了茶园管理的效率。同时，其自动化控制功能减少了人工操作的需求，降低了劳动强度

素质拓展

学生讨论：在茶园小型机械大力推广的今天，仍然有很多地区茶农选择传统的手工作业，请分析这种现象产生的原因。

综合分析，选择传统手工作业的茶农多在落后的山区，一方面，山区茶农经济能力有限，无法承担相应的机械购置费用；另一方面，山区茶农多为年龄较大的老人，学识不足的他们不懂得如何使用现代化的机械，年事已高造成的体力不支也让他们没有能力将相关生产机械搬运至崎岖的茶园；最后，尽管很多茶农购置了茶园机械，但是当机械出现故障的时候却联系不到可以及时上门服务的技术人员，很多机械都处于闲置锈蚀的状态。

基于以上原因，便携式耕作机械的开发迫在眉睫，农业机械创新发展大有前途。

◉ 任务内容

技能实训二十四：茶园液态施肥机的使用

进行茶园液态施肥机的使用训练，根据《茶园液态施肥机的使用训练任务评价表》进行任务评价。

一、实训目标

本次实训旨在使学生掌握茶园液态施肥机的操作技能，了解液态施肥的基本原理与优势，提升茶园管理效率与施肥精准度。通过实践操作，学生能够熟悉液态施肥机的构造、操作流程、维护保养及故障处理，为今后的茶园生产与管理打下坚实基础。

二、实训场地

（一）实训茶园选择

1. 地点

选择学校自有或合作的茶园作为实训场地，确保茶园面积适中，便于液态施肥机的操作与展示。

2. 条件

茶园应具备良好的排水系统，土壤结构适宜茶树生长，同时保证实训期间无严重气象灾害影响。

（二）场地准备

1. 通风与安全

确保实训场地通风良好，远离火源与易燃物品，设置必要的防火、防爆设施。

2. 地面平整

清理实训区域内的杂物，确保地面平整无积水，防止施肥机作业过程中发生倾覆或滑移。

3. 标识与隔离

设置明显的安全警示标识，划定实训区域，防止非实训人员进入。

三、实训机器

（一）液态施肥机型号与规格

1. 型号

选用市场主流、性能稳定的液态施肥机型号，如 ZYL—1—20T 水溶肥生产线配套的液态施肥机。

2. 规格

详细介绍施肥机的技术参数，如灌装范围、计量精度、灌装速度、动力系统等。

（二）设备检查与准备

1. 检查设备

实训前对液态施肥机进行全面检查，确保各部件连接紧固、无损坏，电源稳定可靠。

2. 准备肥料

根据茶园需求准备适量的液态肥料，确保肥料品质合格、无污染。

3. 安全防护

佩戴好个人防护装备，如安全帽、防护眼镜、手套等。

四、实训要求

（一）操作流程

1. 开机自检

启动液态施肥机，进行设备自检，确认无异常后开始作业。

2. 参数设置

根据茶园实际情况和施肥计划，调整施肥机的计量装置，确保施肥量准确。

3. 施肥操作

按照既定路线和速度，操控液态施肥机进行施肥作业，注意观察施肥均匀度与设备运行状态。

4. 停机检查

施肥作业完成后，及时停机检查设备，清理残留肥料，确保设备整洁。

（二）注意事项

1. 安全操作

严格遵守操作规程，禁止违规操作，确保人身安全。

2. 观察调整

在施肥过程中，注意观察施肥效果与设备状态，及时调整参数或停机处理异常情况。

3. 团队协作

实训过程中注重团队协作，相互配合，共同完成实训任务。

茶园液态施肥机的使用训练任务评价表

班级：　　　　姓名：　　　　日期：

序号	评分要点	分值	评价方式		
			自评	互评	师评
1	能否快速、准确地完成设备启动、参数设置	15			
2	理解液态施肥的基本原理与优势	15			
3	熟悉液态施肥机的构造、技术参数	15			
4	团队的合作情况	15			
5	学习态度	15			
6	安全意识	15			
7	环保意识	10			
总分		100			
课堂评价总结及建议					

课后思考

模块三·项目三·任务二

参考答案

任务拓展训练

利用课堂所学组成互助小组，到附近茶农家中调研茶园施肥机的使用、维护情况，并实地帮助茶农开展机械的检查、保养工作，提升机械的使用效率，建立良好的互助小组关系。

项目四

茶园植保机械

思维导图

项目四 茶园植保机械

- 任务一　茶树病虫害防治机械
- 任务二　茶园防霜冻机械

学习目标

知识目标：

· 理解茶园常见病虫害防治机械和防霜冻机械的种类和工作原理。

能力目标：

· 了解茶园常见病虫害防治机械和防霜冻机械的操作方法和使用技巧；

· 能够操作茶园病虫害防治机械和防霜冻机械，包括选择适宜的机械、调整参数、实施防治作业及简单故障排除等。

素养目标：

· 培养安全、环保的作业意识，注重生态保护与可持续发展，具备科学防治、精准施药的职业素养。

项目说明

茶园植保机械是指用于茶园病虫害防治、防霜冻等植保作业的机械设备。随着农业现代化的推进，茶园管理逐渐从传统的人工操作向机械化、智能化转变。植保机械的应用不仅减轻了劳动强度，提高了作业效率，还有助于实现精准植保，减少农药使用量，提升茶叶的安全性和品质。

本项目介绍常见的茶园植保机械的工作原理、操作技巧和适用场景，帮助学生了解不同茶园植保机械的工作特点，熟悉相关的使用条件和使用技巧。

任务一　茶树病虫害防治机械

知识储备

一、常见病虫害防治机械的种类和工作原理

目前针对茶园病虫害防治的方法主要有化学防控、物理防控和生物防控。其中，国内外大多偏重研究病虫害物理和化学防治机械，常见的物理防治机械有诱虫灯、负压吸虫机等，常见的化学防治机械有背负式喷雾机、植保无人机等。

（一）诱虫灯

LED 诱虫灯

目前，应用于茶园中的诱虫灯主要为频振式诱虫灯和 LED（light—emitting diode）诱虫灯。频振式诱虫灯和 LED 诱虫灯都通过发出特定波长的光波来吸引害虫并实现杀灭。它们在茶园管理中具有重要的作用，能够有效减少害虫数量、保护茶叶生长并促进茶园生态平衡。频振式诱虫灯主要利用害虫的趋光性，通过光、波、色、味等多种诱杀方式来实现对害虫的杀灭。其原理是通过特定频率的振动波与光波相结合，吸引害虫靠近，并利用高压电网将其触杀。这种杀虫灯不仅能有效诱杀茶园中的多种害虫，还能在一定程度上保护天敌。LED 诱虫灯则主要利用 LED 光源发出的特定波长光线来诱杀害虫。LED 光源具有高效、节能、环保等优点，且能够发出对害虫具有吸引力的光波。当害虫被

光源吸引并靠近时，LED诱虫灯可能采用物理收集或结合其他触杀装置来杀灭害虫。

（二）负压吸虫机

负压吸虫机在农业、林业、茶园等领域有多种类型，根据具体应用和设计特点，在茶园常见的种类可以大致分为背负式负压吸虫机、车载式负压吸虫机等。背负式负压吸虫机设计有背负系统，操作人员可以背负机器进行作业，减轻手部负担。车载式负压吸虫机安装在车辆上，具有较大的吸力和储虫能力。

背负式负压吸虫机和车载式负压吸虫机

（三）背负式喷雾机

背负式喷雾机是最常用的茶园病虫害防治机械之一，包括手动喷雾器、机动式喷雾机（电动式、燃油式）等。手动喷雾器的工作原理是通过手动方式产生的压力迫使药液通过喷嘴喷出，形成雾滴覆盖在茶树表面，达到防治病虫害的效果。背负式机动喷雾机的工作原理是采用汽油机或电动机作为动力源，通过气压输液和气力喷雾原理，将药液或粉剂均匀喷洒在茶树上。该机具具有结构紧凑、操作灵活、作业效率高等优点。

背负式喷雾机

（四）植保无人机

茶园植保无人机的工作原理主要依赖于其搭载的喷雾设备、飞行控制系统以及数据传输与监控系统。植保无人机在操作人员的遥控下，根据预定的路径和作业要求，在茶园区域内进行飞行，并在适当的位置和高度进行农药喷洒。茶园植保无人机分为燃油与电池动力两种。燃油动力载荷大、抗风续航强，但成本高、维护难；电池动力成本低、稳定轻便，操作简便，目前在我国市场占有率为 80%。按旋翼结构，常见的茶园植保无人机可分为单旋翼和多旋翼。单旋翼植保无人机类似直升机，只有一个旋翼，也称为单轴无人机。多旋翼植保无人机具有多个旋翼动力支臂。

单旋翼植保无人机其结构简单，平行性好，操作灵活，噪声较小，适合在农田及茶园等场合使用。由于其灵活性，单旋翼无人机在茶园中可以精准喷洒农药，减少对周围环境的噪声污染。

多旋翼无人机操作简单、机动灵活、成本低，且飞行高度低、机身振动小，可以搭载精密仪器进行精准喷洒适合在茶园中进行大面积、高效率的农药喷洒作业。

单旋翼无人机

多旋翼无人机

二、常见病虫害防治机械的适用场景

介绍病虫害防治机械，特别是诱虫灯、负压吸虫机、背负式喷雾机和植保无人机的适用场景，对于提升同学们的实践能力和理论素养具有重要意义。以下是对这些机械适用场景的详细分析：

（一）诱虫灯的适用场景

频振式诱虫灯适用范围较广，不仅适用于茶园，还可在农业、林业、蔬菜、烟草、园林、果园等多个领域应用。它能够诱杀多种害虫，对保护作物生长具有重要作用。频振式诱虫灯在使用过程中可能会产生一定的噪声和电磁辐射，但总体来说对环境的污染较小。同时，由于其采用了高压电网触杀方式，因此在使用过程中需要注意安全问题，避免触电事故的发生。LED 诱虫灯同样具有广泛的适用范围，但可能更侧重于特定环境或特定害虫的诱杀。随着 LED 技术的不断发展，LED 诱虫灯的性能和效果也在不断提升。LED 诱虫灯则具有更高的环保性和安全性。LED 光源本身具有低能耗、长寿命、无辐射等优点，且在使用过程中不会产生有害物质对环境造成污染。同时，LED 诱虫灯通常不采用高压电网等危险触杀方式，因此在使用过程中相对更安全。

（二）负压吸虫机的适用场景

负压吸虫机在茶园害虫防治中发挥着重要作用。茶园中常见的小型飞翔类害虫，如茶小绿叶蝉、茶蚜、白粉虱等，对茶叶品质和产量构成严重威胁。这些害虫具有飞行能力强、繁殖速度快等特点，传统的手动捕杀或化学防治方法效果有限且存在安全隐患。负压吸虫机利用负压吸附原理，能够高效、精准地捕获这些害虫，减少对茶叶的损害和农药的使用量，从而保障茶叶的品质和茶园的生态环境。背负式负压吸虫机适用于小、中等面积茶园或需要精细操作的场合。车载式负压吸虫机适用于大面积茶园或需要高效作业的场合。

（三）背负式喷雾机的适用场景

背负式喷雾机因其轻便、灵活的特点，非常适合在茶园中使用。它可以快速移动到茶树的各个部位，进行病虫害的精准防治。也适合复杂地形作业，在茶园中，由于地形复杂，有些地方大型机械难以进入。此时，背负式喷雾机就显示出了其独特的优势，能够轻松应对各种地形，确保防治工作的全面覆盖。此外，对于小规模茶园来说，背负式喷雾机成本相对较低，操作简单易上手，是茶园管理者的理想选择。

（四）植保无人机

植保无人机凭借其高空飞行、大范围覆盖的能力，在茶园病虫害防治中表现出极高的效率。它可以在短时间内对整片茶园进行喷洒作业，大大提高了防治速度。在山区、丘陵等复杂地形的茶园中，传统防治机械往往难以发挥作用，而植保无人机则可以轻松飞越这些障碍物，完成病虫害防治任务。随着物联网、大数据等技术的不断发展，植保无人机还可以通过搭载的高清相机、红外相机等高科技设备，植保无人机可以精准识别病虫害的分布情况，实现精准施药。

素质拓展

学生讨论：在琳琅满目的病虫害防治机械和措施当中，如何科学地选用相关的器械、药物、防治方法？

该问题的提出能够培养学生实事求是的精神。基于现实生产情况综合考虑，由学生提出个人的见解和判断。三人行必有我师，学生要学会多角度地看待问题，善于采纳吸取他人合理意见。

通过讨论，不仅能加深学生对茶园病虫害物理和化学防治机械的理解，还能了解机械的优缺点，促进学生进一步掌握相关知识。

◉ 任务内容

技能实训二十五：茶园诱虫灯的使用

一、实训目的

本次技能实训旨在使同学们掌握茶园诱虫灯的基本原理、安装方法、使用技巧及维护保养知识，提高茶园病虫害绿色防控能力，促进茶园生态平衡与茶叶品质提升。

二、实训场地

（一）理论教学场地

选择配备多媒体教学设备的教室或会议室，用于讲解茶园诱虫灯的理论知识、工作原理及安装维护要点。

（二）实践操作场地

选取茶园内的适宜区域作为实训现场，确保场地安全、无障碍物，并具备通电条件。同时，考虑到实际操作的需要，应事先规划好诱虫灯的安装位置和线路布局。

三、实训机器与材料

（一）诱虫灯设备

准备若干台茶园专用诱虫灯，确保设备完好、性能稳定。

（二）安装工具

安装工具包括螺丝刀、扳手、电钻、电线、接线端子、绝缘胶带等，用于诱虫灯的安装与接线。

（三）安全防护用品

为每位同学配备安全帽、绝缘手套、工作服等安全防护用品，确保实训过程中的安全。

（四）测量工具

卷尺、水平尺等，用于测量安装位置与高度，确保诱虫灯安装规范。

四、实训要求

（一）理论知识准备

实训前，同学们需通过自学或课堂讲解，了解茶园诱虫灯的基本原理、分类、优缺点及适用条件。

（二）安全注意事项

实训过程中，严格遵守安全操作规程，穿戴好安全防护用品，防止触电、摔伤等事故发生。

（三）团队协作

实训以小组形式进行，每组 4 ~ 5 人，明确分工，相互协作，共同完成诱虫灯的安装与调试。

（四）实践操作

（1）按照规划位置，使用工具进行诱虫灯的安装，确保安装牢固、线路连接正确。

（2）调试诱虫灯，检查其工作状态是否正常，记录相关数据。

（3）学习并掌握诱虫灯的日常维护与保养方法。

（五）环境保护

实训过程中，注意保护茶园生态环境，避免对茶树造成损伤，减少废弃物产生，做到垃圾分类投放。

五、评分标准

（1）理论知识掌握情况（20 分）。通过提问或测试，评估同学们对茶园诱虫灯理论知识的掌握程度。

（2）实践操作技能（40 分）。评估诱虫灯的安装质量、调试效果及维护保养操作的正确性、熟练度。

（3）填写《茶园诱虫灯的使用实训任务评价表》。

茶园诱虫灯的使用实训任务评价表

班级：　　　　姓名：　　　　日期：

序号	评分要点	分值	评价方式		
			自评	互评	师评
1	茶园诱虫灯理论知识的掌握程度	20			
2	诱虫灯的安装质量、调试效果	20			
3	维护保养诱虫灯操作的正确性、熟练度	15			
4	学习态度	15			
5	安全意识	15			
6	环保意识	15			
总分		100			
课堂评价总结及建议					

课后思考

模块三 · 项目四 · 任务一

参考答案

任务拓展训练

组建兴趣小组，认真观察和分析各类茶园诱虫灯的工作零件、使用原理、操作要点，小组成员尝试自己设计一款茶园诱虫灯，并画出设计草图。

任务二　茶园防霜冻机械

知识储备

一、常见茶园防霜冻机械的种类和工作原理

霜冻，作为茶树生长的一大威胁，严重影响着茶叶的产量与品质，特别是在早春时节，当茶树刚刚吐露新芽，对温度的变化尤为敏感。为了守护我们珍贵的茶树资源，确保每一片茶叶都能在最适宜的环境中茁壮成长，茶园防霜冻机械应运而生。这些高科技的“守护者”以其独特的设计和高效的工作性能，为茶树筑起了一道坚实的防线。

茶园防霜冻风扇

常见的防霜冻机械主要有防霜冻风扇和喷灌设备。防霜冻风扇是茶园中常用的防霜冻设备之一，根据其设计和功能，可以分为多种类型，如轴流风扇、离心风扇等。这些风扇通常安装在茶园的高处，如 8 米以上的铁杆顶部，以确保其能够有效地覆盖和调节茶园内的温度。防霜冻风扇的工作原理主要基于机械原理和物理原理。当茶园气温下降到一定阈值（如 0℃或 4℃以下）时，通过电脑或感应探头监测到的低温信号会触发风扇的启动。风扇启动后，其扇叶旋转产生风力，推动茶园上空的冷空气与下方的热空气进行交换。具体来说，风扇将高空相对较暖的空气吹向茶树，同时将低空的冷空气向上抬升，从而在茶树周围形成一个局部的热空气保护层。这个保护层能够有效地防止茶树受到霜冻的侵害，确保春茶的产量和质量。

固定式喷灌设备

另外一种常见的防霜冻机械是茶园喷灌系统，按照其组合方式主要分为三种类型：移动式、固定式和半固定式。茶园喷灌系统利用水循环的原理，通过喷头将水源雾化成微小的水滴，再将其均匀地喷洒在茶树上。现代茶园喷灌系统常配备自动控制系统，通过传感器监测土壤湿度、温度和光照等参数，自动调节喷水时间和水量，实现精准灌溉，进一步节约水资源。喷灌系统通过向茶树叶片和周围环境喷洒细小的水滴，一方面，增加了茶园近地面层的空气湿度，湿润的空气能够减缓夜间地面向空间的长波辐射散热速度，有助于保持较高的近地面层温度。当喷洒的水滴遇到冷空气时，还会释放出潜热，这部分热量有助于提升周围环境的温度，减缓霜冻的形成。另一方面，喷洒在茶树叶片上的水滴在结冰前能够形成一层薄薄的保护膜，这层膜能够在一定程度上减缓霜冻对茶树叶片的直接伤害。

常见茶园喷灌系统组成及特点

喷灌系统类型	组成	特点
移动式喷灌系统	由动力设备（如柴油机或电动机）、有压输水管道和喷头组成	机组轻便，可用手抬或手推车式移动，使用灵活，投资少，操作简便，利用率高。但转运搬动较多，较费时
固定式喷灌系统	除喷头外，所有设备均固定不动。其干、支管道常埋设在茶园土层内，由水源、动力机和水泵构成泵站，或利用有足够高度的自然水头供水	操作简便，节省劳力，生产效率高，便于配套自动控制灌溉。适合灌期长的茶园和苗圃应用。但所需设备管材较多，投资较高
半固定式喷灌系统	干管埋设于地下，泵站供水或直接利用自然水源。支管、竖管与喷头可以移动，用支管的接头与干管的预留阀门连接进行喷灌作业	结合了固定式和移动式的优点，部分设备可移动，灵活性较高，投资适中

二、常见茶园防霜冻机械的优缺点和适用场景

茶园防霜冻风扇通过有效防止霜冻，能够保护茶树的嫩芽不被冻伤，从而确保春茶的产量和质量，对于名优茶的生产尤为重要。其能够实时监测茶园温度，并根据设定阈值自动启动或关闭，大大降低了人工操作的需求，提高了管理效率。自动化操作减少了人工干预的需要，降低了茶园管理的劳动强度，有助于节省劳动力成本。

茶园防霜冻风扇的购置、安装及配套设施建设需要一定的资金投入，对于小规模茶园来说可能是一笔不小的开支。此外，为了确保防霜效果，茶园防霜冻风扇需要安装在距离茶树一定高度和位置的地方，且需要保持稳定，这可能对茶园的地形和布局有一定要求。

茶园喷灌系统相比传统的地面灌溉方式，可使灌水量分布均匀，节水效果显著，水的利用率可达 80% 左右。此外喷灌可以调节茶园小气候，促进茶树生长，提高茶叶的产量和质量。也可以大大减少人工投入，提高生产效率。喷灌系统适合大面积茶园使用，能够实现区域化控制，提高耕地利用率。同时，喷灌还能保持水土，减少水土流失，有利于茶园生态环境的维护。但喷灌系统需要机械设备进行加压和喷洒，因此运行能耗相对较高。这可能会增加茶园的管理成本，尤其是在电力供应不稳定或电价较高的地区。此外，由于喷灌是将水喷洒在空中再落到地面上，因此部分水分会在空中蒸发掉，导致蒸发损失较大。这可能会影响灌溉效果，特别是在风力较大的情况下。在风力较大的情况下，喷洒的水滴也可能会被吹散，导致灌溉不均匀，甚至造成水资源的浪费。

但实施喷灌防冻时要掌握时机，喷灌防冻应掌握在气温接近霜冻温度时进行，通常是在凌晨 3：00 ～ 4：00 开启喷灌系统，连续喷洒至太阳升起后停止，可以最大限度地发挥喷灌的防霜冻作用。另外，还需控制水量适中，既要保证茶树叶片和周围环境得到充分湿润，又要避免过多水分导致土壤湿度过大而影响茶树生长。

当霜冻发生时可采取多种措施结合的方式，如覆盖防护、排水防护、喷施防寒抗冻剂等，以形成更加完善的防霜冻体系。

素质拓展

学生讨论：近年来，由于环境变化导致的极端天气确实越来越频繁，这对人类的生活和自然环境都带来了严重影响。为了减少极端天气的出现，我们在日常生活中可以怎么做？让同学们在日常生活中注意节能减排，降低温室气体排放，并积极参与植树造林和绿化活动，增强环保意识和行动能力。

◉ 任务内容

技能实训二十六：茶园防霜冻风扇的使用

进行茶园防霜冻风扇的使用训练，根据《茶园防霜冻风扇的使用训练任务评价表》，进行任务评价。

一、实训目的

本次技能实训旨在使同学们掌握茶园防霜冻风扇的基本原理、操作技巧、安装与维护方法，以及如何在霜冻天气中有效使用风扇来预防茶树受冻，从而保障茶叶产量与品质。

二、实训场地

（一）理论教学场地

选择配备有多媒体教学设备的教室，用于讲解茶园防霜冻风扇的理论知识、工作原理、使用注意事项等内容。

（二）实践操作场地

在茶园内选定一块具有代表性的区域作为实训现场，确保场地开阔、无障碍物，且具备电源接入条件。同时，考虑到风扇的覆盖范围，需合理规划风扇的安装位置。

三、实训机器与材料

（一）防霜冻风扇

准备若干台茶园专用的防霜冻风扇，确保设备完好、性能稳定，具有可调节的风速和风向功能。

（二）安装工具

安装工具包括螺丝刀、扳手、电钻、电线、接线端子、绝缘胶带等，用于风扇的安装与接线。

（三）测量工具

卷尺、水平尺等，用于测量安装位置与高度，确保风扇安装规范。

（四）安全防护用品

为每位同学配备安全帽、绝缘手套、工作服等安全防护用品，确保实训过程中的安全。

（五）理论知识准备

实训前，同学们需通过自学或课堂讲解，了解茶园防霜冻风扇的基本原理、操作方法及使用场景。

（六）安全操作规程

实训过程中，严格遵守安全操作规程，穿戴好安全防护用品，防止触电、摔伤等事故发生。在操作风扇时，注意避免手部或其他身体部位接触旋转部件。

（七）团队协作

实训以小组形式进行，每组 4 ~ 5 人，明确分工，相互协作，共同完成风扇的安装、调试与操作。

（八）实践操作

选定位置，用工具风扇安装，确保安装牢固、电线连接正确。调试风扇，检查其工作状态是否正常，包括风速、风向的调节是否顺畅。模拟霜冻天气条件，操作风扇进行防霜冻实验，观察并记录风扇对茶园温度、湿度等环境参数的影响。学习并掌握风扇的日常维护与保养方法，包括清洁风扇叶片、检查电机运转情况等。

（九）环保意识

实训过程中，注意保护茶园生态环境，避免对茶树造成损伤，同时做好垃圾分类投放工作。

茶园防霜冻风扇的使用训练任务评价表

班级：　　　　姓名：　　　　日期：

序号	评分要点	分值	评价方式		
			自评	互评	师评
1	茶园防霜冻风扇理论知识的掌握程度	15			
2	风扇的安装质量、调试效果	15			
3	风扇的安装调试的操作熟练度	15			
4	团队的合作情况	15			
5	学习态度	15			
6	安全意识	15			
7	环保意识	10			
总分		100			
课堂评价总结及建议					

课后思考

模块三·项目四·任务二

参考答案

任务拓展训练

选择一个当地的茶园场景（包括地形、气候、茶树品种等条件），分析该茶园可能面临的霜冻风险及现有防霜措施的不足。结合所学知识，提出至少三项切实可行的优化建议。

附录

▸《茶树栽培与茶园管护》考试试卷

▸《茶树栽培与茶园管护》考试试卷——答案

▸ 茶树栽培与茶园管护重要规定文件

参考文献

1. 骆耀平 . 茶树栽培学 [M]. 中国农业出版社，2010.
2. 张楠宁 . 茶艺 [M]. 第二版 . 高等教育出版社，2021.
3. 陈椽 . 茶业通史 [M]. 中国农业出版社，2021.
4. 王平盛，虞富莲 . 中国野生大茶树的地理分布、多样性及其利用价值 [J]. 茶叶科学，2002,22(2):105—108.
5. 陈宗懋 . 中国茶叶大辞典 [M]. 中国轻工业出版社，2015.
6. 陈宗懋，杨亚军 . 中国茶经 [M]. 上海文化出版社，2012.
7. 虞富莲，薄子宝 . 中国北方茶树栽培与茶叶加工：兼纪山东南茶北引 [M]. 中国农业出版社，2021.
8. Wenxuan Li, Yu Wen, Sanyan La, et al.2024. Accumulation patterns of flavonoids during multiple development stages of tea seedlings[J].Beverage Plant Research 4: e013.
9. 陈宗懋 . 我国茶树病虫发生与防治的现状与问题 [J]. 植保技术与推广 ,1993(03):17—19.
10. 张汉鹄 . 茶区食虫益鸟及其对茶园害虫的生态控制 [J]. 昆虫天敌 ,1986(03):160—165.
11. 赖明志，谢振伦 . 茶园铺草对土壤动物群落影响的调查 [J]. 中国茶叶 ,1996(05):10—11.
12. Fo—Ting Shen, and Shih—Han Lin. Priming Effects of Cover Cropping on Bacterial Community in a Tea Plantation[J]. Sustainability. 2021, 13(8).
13. 李远华 . 茶学综合实验 [M]. 中国轻工业出版社，2018.
14. 罗军武 . 茶学实验技术 [M].2 版 . 中国农业出版社，2020.
15. 安丰轩，古能平，苏文航 . 生态茶园建设与管理 [M]. 中国农业出版社，2023.
16. 古能平 . 茶叶标准化生产加工技术 [M]. 中国农业大学出版社，2014.
17. 杨亚军 . 中国茶树栽培学 [M]. 上海科学技术出版社，2005.
18. 阮建云 . 中国茶树栽培 40 年 [J]. 中国茶叶，2019,41(07):1—7.
19. 刘美雅，伊晓云，石元值，等 . 茶园土壤性状及茶树营养元素吸收、转运机制研究进展 [J]. 茶叶科学，2015,35(02):110—120.
20. 倪康，廖万有，伊晓云，等 . 我国茶园施肥现状与减施潜力分析 [J]. 植物营养与肥料学报，2019,25(03):421—432.
21. 阮建云，马立锋，伊晓云，等 . 茶树养分综合管理与减肥增效技术研究 [J]. 茶叶科学，2020,40(01):85—95.
22. 耿赛攀，马立锋 . 施肥对茶园土壤质量及茶叶产量、品质的影响研究进展 [J]. 茶叶学报，2021（01）.
23. 林新坚，黄东风，李卫华，等 . 施肥模式对茶叶产量、营养累积及土壤肥力的影响 [J]. 中国生态农业学报，2012（02）.

24. 龚伟，颜晓元，王景燕．长期施肥对土壤肥力的影响[J]. 土壤，2011,43(3):336—342.
25. 田景涛，陈玲．茶树栽培与良种繁育技术[M]. 中国轻工业出版社，2020.
26. 焦剑．生态观光茶园对产茶区乡村旅游发展的推动作用[J]. 生态旅游，2018(03).
27. 聂昆．基于乡村旅游的观光茶园规划设计思路与策略[J]. 福建茶叶，2019(04).
28. 吴良．茶文化生态旅游营销策划研究[J]. 生态旅游，2019(04).
29. 陈义，张永瑞，张禄焕，等．不同嫩度茶树新梢主要滋味物质分布规律研究[J]. 食品研究与开发，2020,41(22):7—11.
30. 项志平．安徽休宁县山地茶叶机械采摘技术[J]. 农业工程技术，2022,42(17):57+59.
31. 蒋美艳，杨国育．低产茶园的改造[J]. 云南农业，2017(07):93—94.
32. 韩文炎．蒸青茶茶园栽培管理技术要点[J]. 中国茶叶，2000(06):37—39.
33. 姚元涛，宋鲁彬，田丽丽．茶树的设施栽培技术及其效应[J]. 落叶果树，2009,41(03):36—37.
34. 郑亚琴．北方绿色大棚茶栽培管理技术[J]. 安徽农业科学，2005(04):668.
35. 李鑫，张丽平，张兰等．茶园高温干旱灾害防控技术[J]. 中国茶叶，2018,40(7):38—41.
36. 钱半吨，徐玉琴，任义方等．茶树春霜冻害发生规律分析及预警等级标准建立—以溧阳市茶园为例[J]. 中南农业科技，2022,43(5):3—9.
37. 左从国，罗垚，张显晨等．茶园绿色控草技术应用现状及展望[J]. 中国茶叶，2022,44(7):10—15.
38. 唐美君，肖强主．茶树病虫及天敌图谱[M]. 中国农业出版社，2018.
39. 胡方洁，杨海滨，盛忠雷，等．茶园杂草控制研究进展[J]. 河南农业科学，2018,47(10):7—11.
40. 周孝贵，郭华伟，姚惠明，等．茶园主要病虫草综合危害损失评估试验初报[J]. 茶叶通讯，2020,47(3):416—420.
41. 吴慧平，齐蒙，李叶云，等．中国茶园杂草无效名录修订[J]. 茶叶科学，2019,39(3):247—256.
42. 齐蒙，吴慧平，李叶云，等．中国茶园杂草有效名录[J]. 中国茶叶，2019,41(3):29—35.
43. 石元值，马立锋，伊晓云等．名优茶机采园建设及树冠培育技术[M]. 中国农业科学技术出版社，2020.
44. 王文明，肖宏儒，宋志禹，等．茶叶生产全程机械化技术研究现状与展望[J]. 中国农机化学报，2020,41(05):226—236.
45. 肖宏儒，梅松，丁文芹，等．多功能茶园管理机节能高效作业技术研究[J]. 中国农机化学报，2013,34(06):211—215.
46. 谢宇，陈辉，卢炎，等．南方丘陵地区茶园耕作松土机械的发展趋势[J]. 福建农机，2018(02):20—24.

47. 王楷雯 . 坡地茶园电动除草机关键技术研究 [D]. 贵州大学，2023.
48. 田景涛，陈玲 . 茶树栽培与良种繁育技术 [M]. 中国轻工业出版社，2020.
49. 蔡烈伟 . 茶树栽培技术 [M]. 中国农业出版社，2022.
50. 李赛君 . 茶树良种与栽培 [M]. 中国农业出版社，2020.
51. 朱旗 . 茶学概论 [M]. 中国农业出版社，2020.
52. 江昌俊 . 茶树育种学 [M]. 中国农业出版社，2022.
53. 于龙凤，安福全 . 茶树栽培技术 [M]. 重庆大学出版社，2013.
54. 黄意欢 . 茶学实验技术 [M]. 中国农业出版社，1997.
55. 周才碧，杨再波，崔宝禄 . 茶叶质量安全控制与溯源 [M]. 西安交通大学出版社，2020.